国家出版基金项目
NATIONAL PUBLICATION FOUNDATION

中国猪业科学与技术创新系列丛书

福利化养猪与工程防疫

李保明　施正香　等　编著

Welfare Pig Farming and
Engeering Epidemic Prevention

中国农业大学出版社
China Agricultural University Press
·北京·

内 容 简 介

《福利化养猪与工程防疫》一书全面总结了作者团队近20年来在福利化健康养猪工艺、精准环境控制、绿色环境净化技术、智能设施设备研发等方面取得的进展。该书充分考虑了猪的生物学特点和行为需求，提出了不同饲养阶段猪的空间环境需求、圈舍功能分区、福利设施设备配置、分区环境调控、生物安全与工程防控等新理念，分享了自主研发的关键技术及装备的试验应用效果，为我国现代养猪生产工艺转型、实现绿色高质量健康生产，促进福利化健康养猪技术的推广应用提供了理论支撑。该书可作为动物科学、动物医学、农业工程等专业的教学参考用书，也可为我国不同地区在现代化猪场建设、健康养猪工程技术选择和应用，以及关注动物福利的社会各界人士提供借鉴和参考。

图书在版编目(CIP)数据

福利化养猪与工程防疫/李保明等编著.--北京：中国农业大学出版社，2023.1
(中国猪业科学与技术创新系列丛书)
ISBN 978-7-5655-2936-8

Ⅰ.①福… Ⅱ.①李… Ⅲ.①养猪学②猪病-防治 Ⅳ.①S828②S858.28

中国国家版本馆CIP数据核字(2023)第018363号

书　名 福利化养猪与工程防疫
Fulihua Yangzhu yu Gongcheng Fangyi
作　者 李保明　施正香　等编著

总 策 划 席　清　丛晓红
策划编辑 王笃利　韩元凤　赵　中
出版发行 中国农业大学出版社
社　址 北京市海淀区圆明园西路2号
电　话 发行部 010-62733489，1190
编辑部 010-62732617，2618
网　址 http：//www.caupress.cn
经　销 新华书店
印　刷 涿州市星河印刷有限公司
版　次 2023年1月第1版　2023年1月第1次印刷
规　格 185 mm×260 mm　16开本　14.75印张　365千字
定　价 98.00元

责任编辑 韩元凤
封面设计 李尘工作室
邮政编码 100193
读者服务部 010-62732336
出 版 部 010-62733440
E-mail cbsszs@cau.edu.cn

丛书编委会

本书编委会

李保明（中国农业大学）

施正香（中国农业大学）

王朝元（中国农业大学）

王美芝（中国农业大学）

滕光辉（中国农业大学）

郑炜超（中国农业大学）

顾招兵（云南农业大学）

庞真真（海南大学）

席　磊（河南牧业经济学院）

李　伟（重庆市畜牧科学院）

李　浩（中国农业大学）

陈　刚（中国农业大学）

周道雷（通标标准技术服务有限公司）

倪　莉（西南大学）

李修松（青岛大牧人机械有限公司）

张建龙（山西农业大学）

—序一—

养猪产业作为畜牧业占比最大的产业，改革开放40年以来，特别是“863”和“973”计划实施以来，取得了巨大的进步，保持着持续快速的发展。但是，我们也应该清楚地看到，与先进国家相比，与现实需求和国家整体战略发展目标相比，还存在着相当大的差距。

目前中国养猪业面临的环保、效率、疫病等问题与挑战仍十分严峻。近几年的蓝耳病和非洲猪瘟，更是给生猪产业造成严重的损失。不论是消费需求还是生产供给，两个方面都出现了新的特点。这种局面昭示中国猪业大生态发生重大变化，进入了转型攻坚新阶段。我国养猪业如何进一步转型升级，提高竞争力，克服资源和环境的约束难题，走出一条健康、稳定、可持续发展之路，是行业内专家和管理者需要认真思考和回答的问题。

到本世纪中叶，我国将建成为富强民主文明和谐美丽的社会主义现代化强国。在未来30年，中国猪业将进入一个高质量发展的快车道。作为产业发展的重要驱动力，科技在养猪产业未来发展中将起到越来越关键支撑作用。基于此，由行内多位优秀专家编写的、聚焦当前我国生猪产业链重要技术领域热点、难点，以及未来走向等问题的这套《中国猪业科学与技术创新系列丛书》，对于解决当前问题，引导行业未来的健康发展，有着特别重要的意义。

从已经提交的书稿来看，本系列专著是基于产业发展的需要，全面阐述养猪业具有前沿性的创新性科研成果。《猪基因组选择》论述了应用现代生物信息学技术、大数据理论和人工智能技术结合的全基因育种技术，将性状选择从单一性状跨越到多性状选择的新阶段，会极大改变中国猪育种现状，大大提高育种效率。该书对于猪的良种选育工作很有价值。猪病已经是制约生猪产业发展的瓶颈，必须从理论上突破，《基因编辑与猪抗病育种》介绍了基因编辑技术在猪抗病育种方面的最新研究成果，并提出了利用基因编辑技术进行抗病育种的新策略，对于抗病育种工作有重要的参考价值。《猪主要传染病与防控新技术》《猪病毒病研究与防控》和《疫苗免疫与养猪生产》专著，基于生猪产业疫病防控理论与方法的创新，把现代猪病防治理论突破与实践结合在一起。猪的肠道健康是决定猪健康水平和养猪生产效益的关键因素之一，《猪肠道健康与营养调控》作为国内第一本系统论述猪的肠道健康研究的专著，对于猪精细化、高效化健康养殖提供了重要的理论和技术支撑。《福利化养猪与工程防疫》专著，论述养猪生态补偿的创新性机制，并从系统工程理论提出工程防疫的概念和技术。《人工智能与智能养猪》将信息技术与智能养猪新技术导入猪业生产系统，全面提高饲养效率。基于人类健康与生物安全，《无抗饲料营养调控》与《饲用抗生素替代品》代表了最新的对于无抗饲养要求下饲料的营养调控理论与技术，以及抗生素替代品的研发及应用。《中国地方猪种质资源特性研究》对我国现有地方猪种保种理论与方法的研究进行系统分析，对于我国地方品种猪的品种保护、品种选育、遗传资源保护都具有重要意义。总之，各分册专著，都体现了养猪主要领域的国内外最新研究、技术发展的成果。

系列专著各分册主编年龄都是在 45～60 岁之间，是我国猪科学研究领域里的中坚力量。他们一直紧跟猪业科技国际研究水平，结合中国猪业生产实际开展和承担国家相关科学研究项目，很多成果已获得国家级科技进步奖。这些学者多年研究的成果，是中国猪业科学研究领域不可多得的宝贵财富。

本套专著作为一批优秀专家学者前瞻性科技创新成果的集成，具有战略引领意义，将为中国养猪业未来高质量的发展发挥重要导向和推动作用。相信这套系列专著的出版，将促进中国养猪生产整体水平的极大提升。

吴常信院士

2022 年 10 月

—序二—

经过改革开放40年的发展，中国养猪业取得了举世瞩目的成绩，猪肉产销量占全世界一半以上，生产方式从最初的分散小规模饲养走向规模化机械化，正在向智能化发展。随着规模化养殖集约化程度的日益增强，一些矛盾逐步显现，猪业发展与资源环境、疾病暴发、养猪福利等矛盾越来越突出，生产力提高与品质风味下降、品种单一、退化等矛盾不断加大，养猪成本高，市场供给大起大落，未来养猪产业仍面临多种挑战。尤其近几年非洲猪瘟的暴发，更是集中暴露了养猪行业业已存在亟待解决的问题。全社会对于高质量健康食物的要求，生态环境对于产业发展的要求，促使养猪业必须反思过去，重新选择新的发展道路，选择基于健康、绿色、环保理念的新的道路和策略。面对这样的发展瓶颈，迫切需要行业内有识之士、行业内科学家共同研究和提出系统化的应对策略，用前瞻性的理论和理念、创新性技术指导产业转型升级。

非常欣喜地看到，集合行业内众多领军科学家的集体智慧，共同编著的这套《中国猪业科学与技术创新系列丛书》，具有鲜明的针对性、创新性和引领性，全角度反映了养猪业目前迫切关注和需要解决的核心问题的最新研究进展，特别对于猪基因组选择、肠道营养、基因编辑与抗病育种等新的抗病防病机制的研究，对于工程防疫、智能化养殖、无抗饲料的理论研究与技术研制，以及我国猪种质资源的研究等，这些科学家在自身扎实的研究基础上，结合国内外最新研究进展提出的新理论新技术新方法，对于解决我国目前猪业发展中面临的问题，推进我国养猪业健康发展，争取在本世纪中叶真正实现绿色、健康、环保和高效的目标，有着重要的战略引领意义和技术指导作用，是不可多得的全角度系统化集中反映养猪业前沿研究成果的高水平系列专著。

本套著作立意高远，作者队伍权威。各分册均由高等院校、科研院所获得过国家及省部级奖励的长江学者、国家杰青等正在岗位上工作的中年骨干学者专家担任主要编著者，以他们研究团队多年的科研成果为基础集体完成。本套专著是创新性科技成果集成的再创新，对于中国养猪业未来的发展具有重要的战略引领作用和科学技术支撑作用。

李德发院士 李德发

2022年10月

— 前言 —

《福利化养猪与工程防疫》一书重点针对当前我国规模养猪生产存在的疫病多、防控难、成本高等现状，从养猪生产工艺转型与理念变革入手，强化提升猪自身的健康与抵抗力，强化工程设施手段做好场区环境净化与安全消毒，实现工程防疫与绿色高质量健康养猪。

规模猪场的福利化养殖工艺近年来在欧美发达国家得到快速推广应用。特别是以德国、丹麦、荷兰为代表的欧盟国家，发现母猪定位饲养带来的繁殖障碍、返情母猪增加、难产与死胎提高、健康水平与生产性能下降等诸多问题，在 20 世纪初开始不断研发新的福利化群养工艺，从母猪的小群饲养到大群饲养工艺技术不断规范，相关智能化、标准化设备持续开发，显著提升了猪的健康水平与生产性能。母猪的 PSY 从定位饲养工艺的 25 头提升到群养工艺的 30 头以上。与此同时，通过智能饲喂器便于对母猪的个体生理信息进行采集，利用声频传感器对猪的声音进行定向采集与健康评价，减少了不必要的抗生素使用，提高了劳动生产效率，综合养猪成本显著降低。这是福利化养猪工艺模式能够在欧美国家快速推广应用的根基所在。

该书总结了作者团队近 20 年来在福利化健康养猪工程工艺、精准环境控制、微酸性电解水环境净化技术、智能化养殖设施设备研发与应用等方面的进展。围绕规模养猪的福利化与智能化国际发展前沿，结合中国养猪产业发展趋势与实际条件，团队成员与相关企业紧密协作，在教育部优秀青年教师教学科研奖励计划“畜禽规模化养殖工艺及工程配套”（2001—2005）、国家“十五”重大科技攻关项目课题“畜禽规模化养殖环境工程技术研究开发与示范”（2001—2005）、教育部重点项目“规模化猪场清洁生产工艺及配套设备研究”（2003—2005）、国家 863 计划数字农业项目课题“猪舍环境信息检测与控制”（2003—2005）、国家“十一五”科技支撑项目课题“畜禽新型工业化健康养殖工艺技术及关键设备研究与开发”（2006—2008）、高等学校博士点基金项目“微酸性离子水杀菌机理及其在畜禽养殖中的应用基础研究”（2009—2011）、农业部引进国际先进农业科学技术“948 计划”项目“微酸性电解水消毒剂生成系统关键技术”（2010.01—2010.12）、国家农业科技成果转化重点项目“云南省健康养猪生产工艺模式研究应用及产业化示范”（2010—2011）、国家“863 计划”课题“畜禽环境监控与数字化养殖关键装备开发”（2013—2017）、国家“十三五”重点研发计划项目“畜禽养殖智能装备与信息化技术研发应用”（2018—2021）以及中国农业大学 2115 高水平团队专项等项目的连续支持下，先后投入 14 名博士和 35 名硕士研究生，分别对妊娠母猪、分娩哺乳母猪、保育仔猪、生长育肥猪的行为与福利化养殖工艺，不同阶段精准环境控制与环境净化机制，及其与设施设备间互作机理等进行了系统深入的研究；探明了猪不同饲养阶段的舍饲散养空间环境需求，提出了采食区、躺卧区、排泄区、玩耍区等福利化养猪的分区工艺设计理念；研发了配套的福利养殖设施设备；优化了猪舍分区域局部环境的精准调控技术；针对养殖生长过程中猪的体尺、体重、体况监测需求，研发了非接触式远程监测福利化技术与算法模型，对相关养殖装备技术进行了应用验证，为福利化健康养猪工艺在我国的应用推广提供了技术支撑。

面对"非洲猪瘟"疫情防控新形势，规模猪场的严格隔离与消毒措施受到高度重视，各类消毒剂和消杀技术在猪场普遍使用，但消毒效果与生物安全依然难以有效保障，过度消毒不仅使劳动效率降低、管理难度加大，而且使养猪成本明显提升。近10多年来，作者团队系统研究了现有消毒产品与消毒技术存在的制约瓶颈，研发了一种广谱、高效、安全、环保的微酸性电解水消毒技术与设备，在对场区进行有效隔离基础上，可对进入场区的人、车、物等进行彻底有效消毒，及对饮用水进行安全净化。外防输入、切断外来传染源传播途径是生物安全工程防控的基础。面对我国养猪环境形势，与病毒共存、带毒生产成为较普遍的事实，用常规消毒技术与方法要想彻底消灭病毒，几乎是不可能的，或者是成本难以接受的。迫切需要转变生物安全防控理念，在强化工程措施隔离防控的基础上，利用微生物学原理，在场区要依靠有益微生物去抑制有害微生物，创造适宜有益微生物生存的场区环境条件，而不是一味地消毒！在场区或舍内过度带猪消毒，容易把有益微生物也同时抑制了，影响消毒效果。工程设施＋微生物技术才是做好场区生物安全的可靠保障。

参与本书编写的人员有中国农业大学农业农村部设施农业工程重点实验室的李保明教授、施正香教授、王朝元教授、滕光辉教授、郑炜超副教授、李浩副教授、陈刚副教授，原该重点实验室的研究生，现河南牧业经济学院席磊教授，云南农业大学顾招兵副教授，海南大学庞真真副教授，重庆市畜牧科学院李伟副研究员，西南大学的倪莉副教授，青岛大牧人（胶州）机械有限公司的李修松总经理，山西农业大学的张建龙博士，中国农业大学动物科技学院的王美芝副教授。中国农业大学的博士生齐飞、雷凯栋，通标标准技术服务有限公司宁波分公司周道雷博士，湖北钟祥聚龙德心生态农牧有限公司的赵剑荣，广西奇昌种猪养殖有限公司的陈忠洪，原北京京鹏环宇畜牧科技股份公司的王雷等为本书提供了大量素材，《猪业科学》的孙德林团队为本书的出版给予了大力支持与帮助，在此一并致谢！由于作者水平所限，书中错误或不足之处在所难免，请广大读者批评指正和不吝赐教。

编　者

2021年9月

目录

第1章 福利化养猪的工程生物学基础

本章提要

了解猪的生物学特点和行为习性是福利养猪的前提。本章结合猪的生物学特点与行为习性，提出福利化健康养猪的活动与行为需求、环境参数要求，以及躺卧区、排泄区与采食区分区布局与空间需求，为猪的群体规模设计、饲养设备与猪舍建筑要求等工程设计提供理论基础。

1.1 动物福利与健康养猪的关系

1.1.1 健康养猪的内涵

健康养殖的概念最早是在20世纪90年代中后期我国海水养殖界提出的，起因是我国对虾养殖业遭受白斑综合征（WSS）病毒病的严重袭击，以后陆续向淡水养殖、生猪养殖和家禽养殖渗透并完善。一些专家学者从养殖过程中的病害、健康养殖的原理以及目标、动物营养和生态条件等不同角度对健康养殖进行了阐述。

近几年来，我国生猪养殖业疫病发生频繁、有效供给不足、出现了价格大幅波动等诸多问题，要使我国保持生猪养殖业的持续、稳定发展，提高食品安全和生态环境保护水平，保障消费者的健康，大力发展健康养殖是其必由之路。

最早将“健康养殖”概念引入畜牧业的张国红，2001年在辽宁大连召开的“畜产品安全高层研讨会”上指出，健康养殖是根据养殖对象的生物学特性，运用生理学、生态学、营养学原理来指导养殖生产的一系列系统的原理、技术和方法，以保护动物健康、保护人类健康、生产安全营养的畜产品为目的，最终以无公害畜牧业的生产为结果。

可以认为，健康养猪必须要依据猪的生物学特点，通过利用各种材料、方法和工艺、设施、装备，为猪营造一个良好的生活环境，来满足猪生长发育和生产过程中的生存健康和心理健康要求，且对环境友好。我国的养猪业正处于从追求数量增长为主的传统养殖业转向数量、质量和生态效益并重的绿色高质量转型发展阶段，传统的集约化饲养方式对猪的健康和生产性能的影响问题开始受到关注，发达国家近年来推行的福利化健康养猪工艺模式是否适用于中国的养猪业，如何研发和推出更具中国特色的福利化健康养猪工艺模式问题，近20年来已在中国各地不断开展了比较系统地研究与实践。

1.1.2 福利化健康养猪的特点

（1）福利化健康养猪的目的是为了保护生猪健康、人类健康和生态环境安全、生产产品安全,在保证经济效益的前提下实现生态效益、社会效益与经济效益的和谐统一。

(2)能充分利用现代养殖高效率的生产方式和精确的环境调控技术,实现生物技术和工程技术的有机结合。

(3)可以克服传统养猪生产效率低下、人居环境较差、环境污染严重、疫病发生频繁等问题。

(4)生产的猪肉产品品质优良,符合国内高端和国际市场的要求,增强产品的国内外市场竞争力。

(5)疫病防控体系健全,很少发生疫病,生猪产品质量安全。

(6)福利养猪要求养殖过程对环境友好,有利于资源的合理开发利用和生态良性循环。

1.1.3 福利化养猪的设计理念

福利化健康养猪模式的设计,应既能保证猪的健康,同时也能保证环境健康、人类健康和产业健康。要使种猪具有高的遗传潜能、抗病能力强、耐粗饲性能好,其饲养过程应符合种猪的生产要求和繁殖目标,后备母猪与基础母猪保持合理的比例,无动物疫病,繁殖过程中不会传播疾病。对于仔猪和生长育肥猪,须经过必要的免疫程序,其饲养过程和环境条件应符合仔猪和生长育肥猪的生产要求。生长育肥猪的健康是保障猪肉产品质量安全的基础,注重养殖过程中动物本身的生理和行为学要求,通过改善饲养环境和福利水平,降低动物应激水平,注意日粮的全价和均衡供应,提高猪自身的抗病能力,减少兽药、消毒药、添加剂的使用,防止在提高生产性能的同时,引起兽药、重金属等添加物残留量的超标,减轻对人类健康的负面影响。

福利化养猪的生产环境设计应既符合猪的生长繁衍需要,还要能够改善人的作业条件。如在空间设计时,首先要考虑猪的体型尺寸和活动空间,其次考虑人体尺度和人体作业所需要的空间;在设备选型时,应满足不同生理阶段的猪的需要,避免对猪体造成损伤。在实施环境调控措施时,不能给猪造成额外的应激。将动物福利的思想引入猪的日常生产管理中,按照猪的生物学特点和行为习性进行猪群的管理和利用,体现"以猪为本""以人为本"的理念。

1.2 猪的生物学特点与行为习性

1.2.1 猪的生物学特点

1.多胎、高产,世代间隔短

猪是常年发情的多胎高产动物,一般一年能产两胎,若采取早期断奶措施,一年可产两胎以上。猪每胎产仔 10 头左右,繁殖力高的品种,如我国的太湖猪,每胎平均产仔超过 14 头。猪一般 4～5 月龄即可达到性成熟,6～8 月龄可以初次配种,妊娠期短(114 d),1 岁时或更小的年龄就可以产仔。我国有些地方品种在 4 个月龄就可以发情配种,8 个月龄即可产仔,因此猪的世代间隔不超过 1 年。

2.生长发育快,生产周期短

由于胚胎期短、同胎仔猪数多,猪出生时生长发育不充分,初生体重小(平均只有 1.0～1.5 kg,不到成年体重的 1%),对外界环境的适应能力较差。出生后猪的生长发育特别快:对于性能优良的肉用型猪种,在满足其生长发育所需的条件时,1 月龄时体重可为初生重的 5～6 倍,160～170 日龄时体重可达 90～110 kg,相当于初生重的 80～100 倍。

3.杂食性,饲料利用率高

猪是杂食动物,可利用的饲料类型非常广泛,而且猪的消化能力强,饲料利用率高。例如,猪对精料中有机物的消化率在70%以上,对青草和优质干草中有机物的消化率分别达到64.4%和51.2%。

4.皮下脂肪厚、汗腺退化,体热调节能力差

成年猪有很厚的皮下脂肪,加之汗腺退化,皮肤的散热能力很差,所以大猪怕热;但仔猪皮下脂肪少、皮薄、被毛稀疏,皮肤的散热能力很强,所以小猪怕冷。在生产中,夏季需对成猪采取一定的防暑措施,冬季则需对仔猪采取一定的保温措施。

5.嗅觉发达、听觉灵敏

猪的嗅觉十分发达。猪凭借发达的嗅觉来辨别群内个体、圈舍和卧位。仔猪通过嗅觉寻找乳头,母猪依靠嗅觉识别自己生下的仔猪。仔猪生下数小时后再寄养到其他母猪时,仔猪拒绝吃乳,母猪则攻击仔猪,因此,当需要寄养时,应采取涂抹有刺激性气味物质的方法。

猪的听觉也很灵敏,很容易通过调教形成条件反射。当听到饲喂用具发出的声响时,立即起身并发出饥饿的叫声。当有意外声响时,即使是睡眠时,也会立即苏醒并站立警备。因此,为了保持猪群安静,应尽量避免突然的声响。

6.适应性强,分布广泛

猪对气候寒暑、饲料、饲养管理方法和方式都有很强的适应能力,因此,除因宗教和社会习俗禁止养猪的地区外,凡是有人类生存的地方都可养猪。但只有在适宜的条件下,猪才能充分发挥其遗传潜力。

1.2.2 猪的固有行为

无论是野猪还是家猪,都有一系列固有的行为习性。

1.猪的感觉

猪的嗅觉和听觉灵敏。猪能凭借嗅觉准确地找到食物,识别猪群内不同个体、投宿地点和躺卧位置,以及进行母仔之间的联系。初生仔猪依靠嗅觉寻找并固定乳头,在不同性别联系中嗅觉也起着十分重要的作用。猪的听觉极其敏锐,很易通过调教形成条件反射。猪的视距、视野范围小,对物体颜色等缺乏精确的辨别能力。

2.猪的身体结构

猪有坚硬的吻突,好拱土觅食,因而对建筑物和饲养地有破坏作用。猪的被毛稀疏、皮肤表层较薄,对外界的刺激较为敏感,体表很易受到损伤引发感染。平时,为保持皮肤的清洁,需要依靠树木、墙体等固定设施摩擦、蹭痒。

3.猪的群体和社交行为

猪的合群性强,并形成群居位次。群饲条件下,具有很强的模仿性、争食性和竞争性。新组建的猪群通常会发生激烈的咬斗现象,一般经过24~48 h会建立起明显的位次关系,而形成一个群居集体。因此,生产中应避免频繁调换不同群的猪只,以减小因争斗对生产和健康产生的不利影响。

4.猪的活动行为

猪的活动行为有明显的昼夜节律,野猪喜欢夜间活动,家猪则在驯化过程中改变了这一特性,主要在白天活动,其活动内容主要包括采食、饮水、排泄、站立、行走等。通常,喂饲前后的活动最为强烈,夜间则基本处于安静睡眠状态。一天中,猪有70%~80%的时间为躺卧休息

和睡眠，采食和饮水时间占15%～16%。

猪的昼夜活动因猪的年龄、性别、生理阶段不同而有所差异。如夜间休息时间，仔猪占60%～70%，种公猪占70%，母猪占80%～90%，生长育肥猪占75%～85%。猪的体重越大，休息时间相对越长。妊娠母猪的躺卧休息时间达到将近95%。

5.猪对生活环境的要求

猪喜干燥，爱清洁。猪喜欢在高燥的地方躺卧，选择阴暗潮湿或脏乱的地方排泄粪尿。猪有极强的区域感，即使在很有限的地方，仍会留出躺卧区和排泄区。生产中，如果圈舍设计合理，管理得当，可使猪只养成定点趴卧、定点排泄的习惯。

1.2.3　舍饲条件下猪的行为表现

舍饲条件下，大部分猪的固有行为都能得到表现，但因舍饲环境的改变，一些行为也会发生相应的改变。

1.活动时间变化

舍饲条件下，猪无须觅食。除限饲外，猪一般都能够得到充足的日粮，因此，采食时间相应减少，休息时间相对增加。生产中，由于采用定时饲喂，故猪的采食时间和采食高峰都相对固定，各种活动行为有明显的高峰时段。

2.群体大小、季节对猪行为的影响

猪群大小对猪的行为有一定影响。如生长育肥猪采用单独饲养与90头一群饲养相比，休息时间没有差异，但采食时间会减少(表1-1)。230头群养较90头群养下猪的活动增加将近1倍；小群饲养和大群饲养猪的躺卧时间有明显差异，如猪群为10头、20头和40头时，其躺卧时间占比分别为83.76%、82.64%和78.74%。在炎热的夏季，猪的夜间活动时间和采食时间则会增多。

表1-1　单养与群养时猪的行为时间占比　%

时间	单独饲养			90头一群饲养		
	休息	活动	采食	休息	活动	采食
白天(12 h)	79.4	13.6	7.0	81.8	9.8	8.4
夜间(12 h)	96.2	3.6	0.2	93.4	3.1	3.4
昼夜平均	87.8	8.6	3.6	87.6	6.5	5.9

3.争斗行为

舍饲条件下，由于饲养密度的增加，猪的活动以及群体交往行为会受到较大影响。特别是当躺卧和采食位置不足时，易引发争斗。

4.舍饲条件下的异常行为

生产中，舍饲养猪采用的建筑设施多为混凝土结构或轻钢结构，地面大多硬化处理，活动的空间狭小，猪的生存环境较为贫瘠，加之饲养密度大，每天进行程式化管理，给予丰富的日粮等，使猪无所事事，容易引发各种异常行为，如咬尾、咬耳、拱腹、啃咬栏杆、恶性争斗、逃逸、毁坏墙壁和圈栏、伤害仔猪等。

1.2.4　福利化养猪工艺中的行为利用

1.采用群养方式

考虑到猪属于群养动物，单养不利于猪的社群行为表达，在健康养猪工艺设计时应尽可能采用群养方式。群养较单养即使在不增加饲养面积的前提下，也能使每头猪获得更多的生存空间，从而有利于猪的活动和逃避争斗。但过大的群体可能会导致为争夺食物、躺卧地产生更为激烈的争斗，导致弱者或群体位次等级较低的猪无法满足正常的食物和躺卧需求。此外，群体过大也不利于精细化管理。

2.躺卧区域的合理设计

猪的一生大部分时间都处于躺卧休息状态，合理的躺卧区设计，可使猪获得最大限度的舒适性。因此，健康养猪工艺设计中，对躺卧区的环境设计十分重要。如采用地板加温，可以最大限度地降低仔猪白痢的发生率；冬季，良好的地面隔热设计可减少猪的传导失热，有利于猪的增重和提高饲料利用效率；炎热季节为成年母猪提供降温地板、降温猪床，或提供浅水池、淋浴设施，可以有效缓解猪的热应激，提高母猪的繁殖性能、增加活仔数。猪的皮肤感觉灵敏，气流与皮肤之间的摩擦会使猪感觉不适，因此，即使采用漏缝地板或网上饲养的，也宜将躺卧区地面设计成实体地面，或在躺卧区域铺设垫草、橡胶垫等。

3.福利性设施利用避免环境的单调，减少异常行为发生

如在舍内提供垫草，可减少群养空怀母猪的争斗、咬尾等行为，提高育肥猪的生长率；为断奶仔猪提供橡胶软管、铁链、音乐球、金属挂件等玩具，可明显降低混群时争斗行为的发生频率。通常，越容易被毁坏的材料对猪的吸引力越大。

4.定点排泄行为的利用

利用猪喜欢在低湿角落里排泄的行为规律，把猪圈划分为休息区和排泄区，排泄区略低于休息区，并把饮水器设在其中，诱使猪只在该区排便。相邻各圈的排泄区又能临时贯通起来形成清粪通道，便于实行机械清粪作业。

1.2.5 福利化养猪工艺模式的特点

福利化养猪工艺应充分考虑猪的生物学特性和行为需求，避免舍饲饲养条件下猪异常行为的产生，在猪场工艺设计中，应始终贯彻动物福利的思想。表 1-2 总结了能体现福利化养猪的几种生产工艺模式。可以看出，这些工艺模式具有以下共同特点：①饲养方式和日常管理均很好地利用了猪的行为习性；②改传统限位定位饲养为舍饲散养方式，给母猪提供更多的自由活动空间，并尽量为猪提供丰富的饲养环境，如垫草、玩具或可变的环境等，以减少猪的异常行为出现；③需由具有丰富知识和经验的人员从事饲养管理；④人性化设计。

表 1-2 体现健康养殖的福利化养猪模式特征描述

工艺模式	特 征 描 述	生产性能	饲养操作要求
荷兰家庭农场模式	空怀母猪采用可自由出入的限位栏，可以实现猪只之间的互动；妊娠母猪采用大群饲养，母猪按初产母猪和经产母猪分群，初产母猪 100 头/群，经产母猪 200 头/群，设有专门的躺卧区和采食区，每 50 头配一个电子饲喂站；分娩舍按单元设置，采用升降产床，可以实现无人接产、避免仔猪压死；保育仔猪采用按单元大群饲养方式，保育期内，及时将弱仔从群里挑出单独饲养。	母猪单胎产仔数低于 13.5 头则需要淘汰，每年平均可提供育肥猪不少于 32 头。	高度依赖设备，重点做好配种和分群管理，严格按照节律安排日常生产活动。提供舒适的猪舍环境，对排出空气统一除臭净化；场外人员进出猪舍严格清洗消毒，一律更换场内衣服。

续表1-2

工艺模式	特征描述	生产性能	饲养操作要求
Andersson 模式	空怀妊娠母猪、妊娠小母猪和公猪可在妊娠和分娩舍自由行走，进行社交活动，而其仔猪待在其分娩栏内直到断奶。采用计算机控制的饲料运送系统，带有两个饲喂站，允许母猪在任何时间采食，但一天的采食量不能超过个体的最大供食量。母猪的发情发生于哺乳期，一般在分娩后第 21 天。由于公猪一直与母猪混养，可随时配种。	母猪在哺乳期内的发情率约为 43%；母猪每年平均可产断奶仔猪数为 26.4 头。	具备丰富的饲养管理知识和技术；懂得猪的行为习性。
母猪控制模式	一种新的改进饲养方式，母猪可以自由地离开仔猪活动区域，到单独的隔离区域内，类似于 Andersson 模式中的分娩母猪饲养方式。母猪可实现远离仔猪的强烈愿望，还可与其他母猪进行社会交流。仔猪可减少断奶初期生长停止和缓解争斗程度。	缩短返情时间和减少母猪哺乳期体重的下降。	检查母猪躺卧行为，减少仔猪被压的可能性。
多窝仔猪混养母猪控制模式	在母猪控制饲养方式上加以改善，也为仔猪提供公共的生活区域，即母猪和仔猪分别混养；母猪可远离仔猪减少不必要的哺乳，还增加参与其他母猪的社会交流机会；仔猪则可减少断奶时体重急剧下降和缓解激烈的争斗现象，特别有利于断奶后仔猪采用大群饲养情况。	缩短返情时间和减少母猪哺乳期体重；减少仔猪断奶后体重损失。	加强饲养管理措施，使仔猪对母猪的乳头形成吃奶次序。
厚垫草舍饲散养模式	群养系统，通常圈栏内饲养母猪 30～40 头，采用厚垫草饲养、并为母猪提供单独的饲喂栏，以减少采食争斗；仔猪断奶后转入另一厚垫草畜舍进行饲养。	减少母猪蹄病；减少仔猪的异常行为。	每天照料和检查母猪情况。
Nürtingen 暖床饲养模式	根据猪的行为习性而设计的群养系统。提供暖床供其躺卧以解决躺卧区的局部环境；提供干湿“自拌”料箱；夏季降温的开关淋浴系统；满足磨牙生理要求的磨牙链、拱癖槽及蹭痒用的蹭痒架等；在功能分区上设计适于猪群定点排粪的可以自行出入的“猪厕所”。	育成育肥全程料肉比达到（2.7～2.5）：1，育肥猪达到 90～100 kg 的日龄为 150 d。	每天检查猪群，对猪进行适当调教，使之形成良好的排粪行为。

1.3 福利化养猪的环境需求

1.3.1 对猪舍环境的基本要求

虽然猪对环境有一定的适应能力，但不良环境所造成的应激会给养猪生产带来不利影响，因此，生产中为猪创造适宜环境是很有必要的。舍饲条件下，舍内热环境对猪的健康和生产影响最大。猪对温度的要求随生理时期、性别、年龄等而不同，“大猪怕热、小猪怕冷”。此外，光环境、饲养工艺、日常管理以及猪的群居环境和生活空间环境对猪的健康和生产性能也有影响。由于各种环境因素是经常变化的，且各因素对猪的影响往往不是单一的。生产中若将各因素均控制在“适宜”范围内，不仅技术上难度很大，经济上也不可行。因此，须对各种环境因子加以综合考虑。表 1-3 对温度、湿度、通风、采光、空气质量以及生活空间等方面的环境要求进行了归纳。

表 1-3 猪舍环境参数要求

环境参数	空怀、妊娠前期母猪	种公猪	妊娠母猪	哺乳母猪	哺乳仔猪	断奶仔猪	后备猪	育成猪	育肥猪
温度/℃	14～26	14～26	16～28	16～28	30～32	20～24	15～28	14～28	12～28
湿度/%	60～85	60～85	60～80	60～80	60～80	60～80	60～80	60～85	60～85
换气量/[m³/(h·kg)]									
冬季	0.35	0.45	0.35	0.35	0.35	0.35	0.45	0.35	0.35
春、秋季	0.45	0.60	0.45	0.45	0.45	0.45	0.55	0.45	0.45
夏季	0.60	0.70	0.60	0.60	0.60	0.60	0.65	0.60	0.60
风速/(m/s)									
冬季	0.30	0.20	0.20	0.15	0.15	0.20	0.30	0.20	0.20
春、秋季	0.30	0.20	0.20	0.15	0.15	0.20	0.30	0.20	0.20
夏季	≤1.00	≤1.00	≤1.00	≤1.00	≤1.00	≤1.00	≤1.00	≤1.00	≤1.00
光照度/lx	75(30)	75(30)	75(30)	75(30)	75(30)	75(30)	75(30)	50(20)	50(20)
噪声/dB	≤70	≤70	≤70	≤70	≤70	≤70	≤70	≤70	≤70
细菌总数/(万/m³)	10	6	6	5	5	5	5	8	8
有害气体浓度/(mg/m³)									
CO_2	4 000	4 000	4 000	4 000	4 000	4 000	4 000	4 000	4 000
NH_3	20	20	20	15	15	20	20	20	20
H_2S	10	10	10	10	10	10	10	10	10
栏圈面积/(m²/头)	2～2.5	6～9	2.5～3	4～4.5	0.6～0.9	0.3～0.4	0.8～1.0	0.8～1.0	0.8～1.0

①哺乳仔猪的温度应为：第 1 周 30～32 ℃，第 2 周 26～30 ℃，第 3 周 24～26 ℃，第 4 周 22～24 ℃。除哺乳仔猪外，其他猪舍夏季温度不应超过 28 ℃。②人工照明的光照度括号外数值为荧光灯，括号内为白炽灯。若使用 LED 灯，通常，10～15 W 的 LED 灯相当于 40 W 普通荧光灯照度。

1.3.2 福利化养猪的空间环境需求

猪对空间的需求包括休息区、活动区、交流区 3 个部分。供猪躺卧、站立的休息区面积可根据公式(1-1)计算：

$$A = k \times W^{0.666} \tag{1-1}$$

式中，A 为面积(m^2)；W 为猪的体重(kg)；k 为不同姿势需要的面积系数(m^2/kg)，站立、俯卧、侧卧时分别为 0.02、0.02、0.05，为避免打架需要的空间面积系数为 0.11。在实际饲养面积配置时，可根据同时饲养的猪头数来计算，其中的活动空间应将采食、排泄区等综合加以考虑。

不同饲养模式下，每头猪占有的饲养面积可以是相同的，但实际可享受的生活空间会有很大区别。与限位栏相比，母猪群养能获得更多的需求空间。包括独立于群养规模外的动物个体体型大小所需要的空间，与群养规模有关的动物共享的行为空间。随着欧盟 2013 年全面禁止妊娠母猪限位栏饲养法规(Directive 2001/88/CE)的实施，妊娠母猪今后将主要采用群养方式。欧盟除了禁止采用母猪限位栏饲养外，对母猪的饲养面积也做了相应的规定：母猪和后备母猪的法定面积分别不得少于 2.25 m^2/头和 1.64 m^2/头，若猪群少于 6 头，法定面积应当相应增加 10%；当多于 40 头时，则法定面积可减少 10%。同样，在断奶仔猪、生长育肥猪饲养过程中，猪群规模大小不同，每头猪所生活空间会有很大差异，因而有可能对猪的正常行为表达产生本质影响。

1.3.3 福利化养猪的水质环境要求

养猪生产过程中，饲料的清洗与调制、猪舍及设备的清洗与消毒、猪体清洁以及小气候环境改善等都需要大量的水。对猪而言，水的需要比其他营养物质的需要更为重要。缺水或长期饮水不足，猪的健康会受到损害。当体内水分减少到 8%时，会出现严重的干渴、食欲丧失、消化作用减缓等症状，并因黏膜的干燥而降低对传染病的抵抗力。长期缺水会使血液变得浓稠，仔猪生长发育迟缓。因此，没有充足的水源或水质达不到卫生标准，养猪生产就不能正常进行，猪的健康、生长发育和生产性能得不到保证。加强猪场水源管理，满足用水需求是十分必要的。

除满足需水要求和水质卫生要求外，饮用水的温度对猪的健康也有很大影响，特别是对于仔猪，由于其胃肠功能发育还不完善，饮用冷水很易引起冷应激。研究表明，冬春寒冷季节，有利于提高断奶仔猪的日增重，降低腹泻率，饮用水温度 26 ℃对猪最为适宜。即使是大猪，或者温度较高的其他季节，适宜的饮水温度对猪的健康和生产性能也都是有益的。

1.3.4 环境改变对猪健康和福利的影响

1.分娩与初生仔猪的健康

对于初生仔猪来说，分娩过程是一个环境剧变的过程，养猪生产中的很多伤亡事故都发生在这一阶段，如冻死、冻伤、压死、病死等。分娩后 1 周的环境管理至关重要。为了降低仔猪在这 1 周内的死伤率，应做好以下几项工作：①妥善接产及保暖防潮；②让初生仔猪及时吃上初乳，以增强抗病能力；③固定奶头，这是减少初生仔猪死亡和提高仔猪群均匀度的重要措施；④及时补铁、补硒，防止缺硒和贫血；⑤恢复母猪体况，防止产后感染。

2.断奶与仔猪的健康和福利

哺乳仔猪饲养至 28 日龄左右进行断奶。对断奶仔猪而言，断奶后 1 周是应激最严重的时期。主要发生的环境改变包括：进口的食物由液态的奶变成固态的饲料，与母猪分离，母源抗体停止供应，同时还会引起舍温降低。以上的每一种应激都会对仔猪产生非常不利的影响，并成为其发病的诱因。减少应激是帮助仔猪顺利断奶的关键，舒适的环境条件和优质的饲料是仔猪断奶成功的保证。

3.转群应激

新的饲养环境会引起猪生理和心理上的不适应，抗病力也会有所降低。同时，猪到一个新环境后，吃、拉、睡三点定位一般在转群后 1 周内完成，活动量比正常状态下高出很多，机体需要消耗大量的能量。为让猪实现顺利的转群，应做到：①使转群前的环境温度和新环境的温度接近；②先用原来的饲料饲喂一段时间，待猪群状况稳定后再逐渐换料；③加强药物预防，防止病菌乘机侵入；④转群时，有时需要将不同圈的猪混群，经常出现打斗现象，所以对一些应激反应较大的品种，必须时刻注意防范。

4.冷热应激对猪的影响

日常生产中，气候突变、环境管理不当会对猪产生过热、过冷应激，影响猪的健康。通风是猪舍环境调控中最主要的技术措施，它可以有效调节舍内温度、湿度，减少粉尘，降低有害气体浓度。对于开放式猪舍，主要依靠自然通风，一般不会造成舍内温度骤升或骤减。但对于密闭式猪舍，通风调控措施不当有时会造成环境温度的骤变。如 20 世纪 80 年代中期以后，我国很多猪场将湿帘-风机纵向通风降温系统引入密闭式猪舍，对缓解夏季热应激、保证夏季母猪正常繁殖起到了很好的作用。但该系统在夏季应用中普遍存在降温速度过快问题。以北京为例，其最大降温幅度可以达到 7 ℃以上。由于这种显著的降温效果是在湿帘供水系统开启后的极短时间内（一般 10～20 min）实现的（图 1-1），对于猪而言，很易产生过冷应激，导致感冒、咳嗽等呼吸道疾病的发生，对猪群健康极为不利，甚至会影响生产性能。

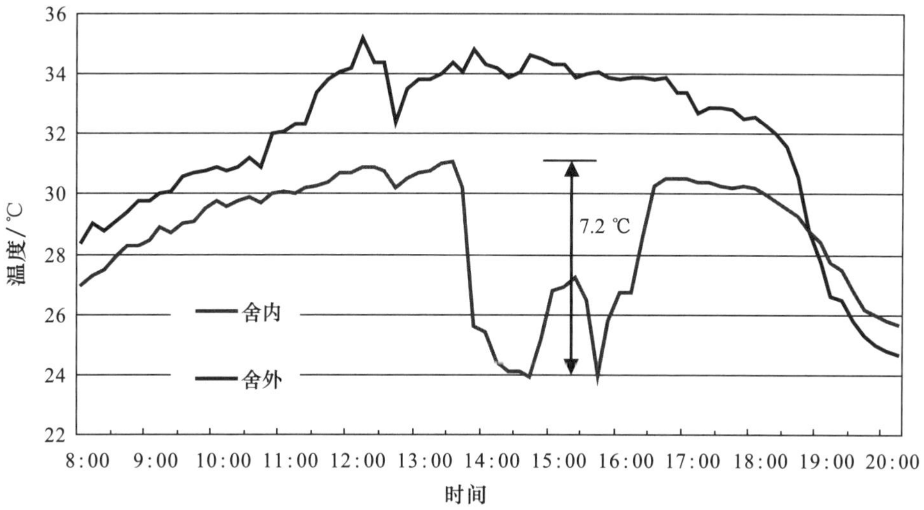

图 1-1　密闭式畜舍在湿帘-通风降温系统开启后的舍内温度变化

（施正香）

第2章 后备母猪及空怀配种母猪福利化饲养工艺与工程配套

本章提要

本章主要介绍了母猪不同阶段的体尺变化、后备母猪的行为特征及其对环境的要求，满足福利要求的后备母猪、空怀配种母猪的养殖工艺设计方法和工程配套措施。

2.1 母猪健康养殖系统的工程基础

2.1.1 母猪饲养阶段划分

猪场为了有计划地组织生产和更好地进行饲养管理，应以年龄、体重、性别和用途划分不同的猪群。其中，母猪分为后备母猪和种母猪。后备母猪指5月龄至初配前留作种用的母猪。种母猪分为初产母猪和经产母猪。初产母猪是指生产第一胎仔猪的青年母猪；经产母猪是指生产两胎及其以上的母猪。基础母猪是指一胎产仔经鉴定合格，留作种用的母猪。基础母猪根据种母猪生产阶段的不同可分为空怀配种母猪、妊娠母猪和哺乳母猪。空怀配种母猪是指仔猪断奶后至再次妊娠前的母猪；妊娠母猪是指从卵子受精开始至分娩前的母猪；哺乳母猪是指分娩开始至仔猪断奶前的母猪。但是，在猪场工艺设计过程中，对母猪分群计算猪群结构时，空怀配种母猪指饲养在空怀配种猪舍的母猪，该类母猪指从哺乳猪舍断奶后转入该舍一直饲养至配种完毕即转入妊娠猪舍，也有可能母猪配种完毕过一定时间(确定妊娠后或其他时间)再转入妊娠猪舍；妊娠母猪指从空怀配种猪舍转入妊娠猪舍后饲养至转出该猪舍转入哺乳猪舍前的母猪(可能是分娩前1周或几天)；哺乳母猪指从妊娠猪舍转入哺乳猪舍饲养至仔猪断奶，然后哺乳母猪转出哺乳猪舍转入空怀配种猪舍前的母猪。

母猪的妊娠期一般为108～120 d，平均为114 d。母猪从上次发情时间开始到下次发情时间开始的这段时间，称为发情周期，约21 d。一般一个发情期配种2次或3次为宜，可本交或人工授精，人工授精时一般在第1次输精后，间隔8～12 h重复输精1次。一般情况下，母猪配种后，经过一个发情周期未表现发情，基本上认为母猪已妊娠。但配种后不再发情的母猪并不绝对肯定已妊娠，因为有的母猪发情周期有延迟现象，有的母猪受精后，胚胎在发育早期死亡或因营养太差，胚胎被母体吸收而造成长期不发情。所以，根据配种后是否发情来判断妊娠会有一定差错。利用超声波诊断法可以进行早期妊娠诊断，配种后20～29 d的诊断准确率为

80%,40 d 以后的准确率为 100%。

2.1.2 后备母猪饲养期间的体尺变化与空间需求

对配种后 107～110 d 和产前 21 d 的 208 头母猪(杜洛克、汉普夏和长白杂交为主的母猪)的体型尺寸统计结果显示,母猪产前体重 161.4～343.2 kg (第 95 百分位数猪的体重 304.5 kg),母猪产后体重 145.5～331.8 kg (290.3 kg)。体重 250 kg 的猪第 95 百分位静态体长 178.3 cm[产后体长(cm)＝40.82×$W^{0.267}$],宽 46.5 cm[产前肩宽(cm)＝9.59×$W^{0.286}$],高 99.0 cm[产后高度(cm)＝31.92×$W^{0.205}$]。

母猪空间尺寸要求受行为影响,因此,为满足母猪某些行为,可改变母猪栏的尺寸。如欧盟要求群养妊娠母猪最低占栏面积为 2.25 m^2/头。动态群养的母猪占栏面积为 3 m^2/头与 2.25 m^2/头比较,生产性能与争斗行为差异不显著,但是刚混合数日内,面积较大的较面积较小的猪栏内单向争斗行为平均数显著变小,面积较大的猪栏内刚加入群体的新猪受伤的平均数也小。可见,较大的占栏面积有利于电子饲喂站动态群养猪的福利。

研究表明,后备母猪以 6 头/群组群时,每头母猪分配不同面积空间时,拥挤的空间易造成母猪慢性应激从而影响发情率和配种成功率,结果见表 2-1。

表 2-1 后备母猪不同空间面积对发情率、配种成功率和应激的影响(Hemsworth, et al., 1986)

每头所占空间/m^2	发情率/%	配种成功率/%	皮质类固醇浓度
1	79	77	高
2	88	85	低
3	100	97	低

研究人员对每头母猪提供 1.4 m^2 的空间面积,对 2 头/群、4 头/群和 8 头/群在发情和配种成功率方面进行了研究。结果表明,三组群体在采食时争斗行为和发情方面没有差别,但是配种成功率均较低,可能是每头母猪所占空间面积较小的原因。母猪采用 2 头/群的母猪饲养方式有一定的应激出现,见表 2-2。

表 2-2 后备母猪不同群体大小对应激的影响(Barnett, et al., 1986)

每群头数	皮质类固醇浓度/(ng/mL)	单独躺卧行为平均观察数(观察次数共 88 次)
2	3.1±0.29	6.4
4	2.3±0.26	3.6
8	1.9±0.12	1.9

在美国较老的资料 MWPS(Jedele, et al.,1987)中,对猪栏尺寸以及猪群体大小也有涉及,见表 2-3。近些年养猪实际生产中,群养母猪的群体,特别是在使用电子饲喂站饲养时有趋向于增大的现象。

表 2-3 MWPS 中猪栏尺寸以及猪群体大小(Jedele, et al.,1987)

猪种类		体重/kg	群养栏			限位栏尺寸/(m×m)
			实体地面/(m^2/头)	全漏缝或部分漏缝地板/(m^2/头)	每栏头数	
配种母猪	后备母猪	113.5~136.2	3.72	2.23	最多 6	—
	经产母猪	136.2~227	4.46	2.79	最多 6	—
公猪		136.2~227	5.57	3.72	1	0.71×2.13
妊娠母猪	头胎母猪	113.5~136.2	1.86	1.30	6~12	0.56×1.83
	二胎及以上母猪	136.2~227	2.23	1.49	6~12	0.61×2.13

2.1.3 待配母猪的行为习性

1.采食、饮水和排泄

待配母猪具有和其他阶段猪相同的行为包括采食和饮水,喜欢拱地。小群饲养的待配母猪经常会用鼻子拱地,并发出“呵嗤呵嗤”的声音。如果提供良好的环境,猪有不随地排便的习惯。它们喜欢睡在保持干净和干燥的地方,通常在猪圈的一个角落里排便排尿并远离睡觉的地方。在现代舍饲方式下,猪饲养在有限的区域,打乱了它们的排泄方式,饲养员通过训练猪定点排粪,在猪舍内利用全部或部分漏缝地板,可防止粪便的大量积聚。待配母猪多在进食后1~2 h 排泄,若采用半漏缝地板的养殖模式,多数猪只会选择在漏缝地板上排泄。少数猪只会在实体地面上排泄。排粪是 1~2 次/d,排尿是 2~4 次/d。母猪一般选择在水泥地面而不是在漏缝地板躺卧。

2.性行为

性行为包括求偶和交配。这种行为主要受激素的调控。发情的母猪兴奋不安、外阴红肿。简单检测母猪发情的一个较重要的标志是公猪和母猪以鼻对鼻的方式接触,发情母猪接受公猪的爬跨。当手压母猪背部时,母猪采取呆立不动的姿势,两耳竖立。使用公猪检测母猪发情是最精确的方法,特别是对青年母猪。

待配母猪到了发情期时,会出现爬跨现象(两只母猪也会互相爬跨)。员工为了试情,也会将公猪引入猪圈,观察有哪些猪愿意被爬跨,或者人为地骑在母猪身上,观察猪只是否会静立不动。若母猪未到发情期却被其他的猪爬跨,则会出现惊恐不安,大声嚎叫的现象,拒绝被爬跨。但主动爬跨的猪只不一定到达发情期,可能只是受到发情期的猪只外生殖道分泌的性激素的诱导。只有接受爬跨的猪才处于发情状态。

3.争斗行为

争斗行为包括进攻、逃避及其他与争斗有关的反应。妊娠母猪群养时,社会等级关系明显,具有优势的母猪总是具有优先采食权或优先选择躺卧或休息的地方。食槽附近发生的争斗行为和咬尾,可能和高载畜量和食槽空间小有关。研究证明,占有优势的猪体重较大、体长较长。然而,也有 2 头猪处于同一社会位序或存在一种三角社会位序关系的情况。一旦猪群等级关系建立起来,个体间就会相安无事。如果陌生的猪引入这个群体,群体解散导致爆发新的争斗,也就建立起一种新的猪群等级关系。当猪饲养在有限的空间时,猪群等级关系变得很重要，特别是在对母猪限制饲喂时，优势位序母猪将低位母猪赶出采食区，结果会造成后者营养不良。提供足够的采食空间通常能解决这个问题。

群养待配母猪爬跨的时候，如果有两头猪想爬跨同一头猪，会有争斗现象。小群饲养的母猪在刚到一个猪栏的时候会有争斗现象，但是随着优势地位确定之后，争斗现象会减少。

猪只在饮食的时候，有比较明显的地位分层现象，处于领导地位的猪会率先霸占料槽/水槽，等到它吃完之后，其他猪只才会陆续吃料/饮水。

Eu Council Directive 2008/120/EC 规定，妊娠母猪配种后 4 周至产前 1 周必需群养。国内外对于空怀待配母猪有的群养，有的限位栏饲养。对于群养空怀待配母猪，约每 5 个月就进行 1 次混群(混群后群体存在约 4 周)。这些群养母猪的优势等级很特别，每次混群之后就会形成新的等级。母猪的争斗高峰大概在混群后 2 h 达到，一旦优势等级形成，争斗次数显著降低。这种强烈的争斗主要由于好争斗的猪想得到优势位序。由于交往的频繁，为了优势等级进行的争斗很强烈但很短暂，对于空怀待配母猪大多数的打斗发生在 2～3 d 之内。成功获得优势地位的母猪接下来争斗的需求降低，在群体中争斗的发生次数也降低。混群之后成功获得优势位序的母猪接下来还会对低等级的同种个体进行攻击。后备母猪和其他母猪混群后的攻击行为和之后整个妊娠期的争斗相关。

母猪群养时，若采用电子饲喂站大群饲养，则确定容纳能力的电子饲喂站的设置(饲喂间隔、饲喂量、门的管理)对母猪交往和在饲喂站附近的攻击行为、阴门受伤和皮肤受伤等具有一定影响。据研究，饲喂站容纳头数为 40～60 头/个饲喂站，饲喂量 2.52～2.63 kg/头，理论饲喂时间 8.8～15 min/头，1 次下料量 100～125 g，下料速度为 200～750 g/min，最后 1 次下料至入口门打开时间 120～330 s。母猪访问饲喂站次数的 50%并非为采食而访问，进入饲喂站采食的母猪的 1/3 被别的母猪攻击。当饲喂站的母猪更换时，4～6 头母猪在入口排队，并且这些母猪的 1/3 已经采食过；1/3 的母猪阴门受伤；许多伤较为严重、甚至流血。当饲喂站提高容纳猪的头数时，会导致每头母猪采食时间缩短，因而排队母猪头数增多。容纳头数越多，阴门受伤严重的比例越大，饲料浪费越多，非正常咬尾受伤越多。可见，生物功能受制于饲喂站的设置。

一旦建立了等级制度，侵略通常发生在获取或捍卫有限资源的竞争上。例如，自然环境中生活的母猪每天 75%的时间用来觅食，商品猪场中的母猪每天仅用 15%～24%时间觅食。

实际上，即使群养母猪等级制度建立后，仍然会发生攻击行为，尤其是妊娠后期及后备母猪阶段最为突出。这是因为，这二个阶段猪只通常采用限制饲喂，容易产生强烈的饥饿感，待采食时易出现攻击行为。攻击行为多数由优势位序母猪发起，母猪混群后 5～9 d，采食时都会出现强烈的攻击行为，一般在混群后 28 d 才会稳定。此外，在争抢其他资源如饮水器或者好的躺卧区域时，攻击行为出现较为频繁。饲养环境单调或限制饲喂带来的挫折感也可能增加攻击行为的发生率。

研究表明，在混群后的第 2 天，随着每头猪占地面积的增加，攻击性下降(1.0 和 2.0 m^2/头后备母猪；1.4 和 3.0 m^2/头母猪)，因此，提供母猪有足够的空间能够进行正常的社会交往，可能会减少为形成等级制度所需的攻击和逃跑的时间和水平。

建议混群之后给予每头母猪较大的面积，待等级制度建立之后再缩小每头母猪占地面积。有报告称混群时给予更大的每头母猪占地面积(4.0 或 6.0 m^2/头)，然后混合 4 d 后减小占地面积至 2.0 m^2/头，对攻击行为无影响，该策略值得进一步研究。随着空间变得更加有限，优势母猪可能垄断好的躺卧和"社交"区域。事实上,在配备自由栏位的猪栏中,超过一半的母猪花费了少于5%的时间在公共区域,最小的母猪花在离开自由栏位的时间最少。有限空间还抑制顺从行为的表现(例如,退缩、回避)。看来,在群养的猪栏内设置遮挡视线的实体栏板或限位栏比较重要。

混群之后群体大小对母猪攻击行为的影响尚不清楚。Hemsworth 等的研究发现,组群后 30～80 头/群时,群体大小对攻击行为没有影响。由熟悉的猪组成的群体攻击行为会减少(例如,4～6 周前在一个群体),猪群体大小在 20～30 头/群时,猪能够相互识别同伴。在大型群体中,猪相互识别对方比较困难,将对优势位序等级制度产生危害。大型群体也可为位次低的母猪提供更多可以藏身于别的猪身后或逃跑进群体中的机会。

已观察到母猪混合成大群时形成较小的子群,在每一个亚(子)群中形成社会等级制度。在 1 个为 40 头母猪的群体中,母猪确实分为亚群休息,当通过提供猪栏内部隔板来加强子群时,子群在整个妊娠期间保持不变。促进形成分组将有助于在动态房舍系统(猪群中定期转出和转入猪只)中减少攻击行为的发生次数。例如,Durrel 等的研究发现在组建大群前提前组建小群,不仅可减少亚群的攻击行为次数,而且减少原来群体中猪只和新加入亚群猪之间的攻击行为次数。

不同个体猪的攻击行为有明显差异。通常,社会地位高低与母猪体重、胎次有显著的相关性,体重大、胎次多的母猪相对而言更占主导地位。

对于后备母猪和其他母猪来说,占优势的动物具有最大的攻击性,并在整个妊娠过程中接受攻击性最小。据研究,当在地板上同时饲喂母猪时,次优势母猪冒着受到优势母猪攻击的风险,而顺从的母猪则有可能在提供的地面空间不足时受到攻击(1.8 m^2/头母猪)。有趣的是,据报道,当提供的地面空间更大时,次优势母猪比顺从母猪受到更多的攻击(2.7 m^2/头母猪)。可见,混群后空间较为重要,特别是对最脆弱的动物。

遗传是导致个体母猪攻击性行为的因素。对于后备母猪和其他母猪,混群后受到的攻击是适度可遗传的,但是严重攻击行为的遗传力(连续多次打击或咬伤)较低。Verdon 等的研究发现,当与不同个体混群时,母猪的攻击行为在妊娠期中较在妊娠期之间更容易重复。研究人员认为社会经验和群体构成有助于成年猪攻击性表型的表达,这一说法的证据是,比起 2 胎次至 3 胎次,个体母猪在混群后早期的攻击性行为从 1 胎次到 2 胎次不那么可重复,增加后备母猪在青春期的社交经历,通过经常重组,也降低了它们在第 1 次妊娠过程中混群后的攻击性。

其他可能影响母猪在混群时攻击的因素包括:①提供稻草或稻壳(使其分心和增加立足点);②自由采食的食物(减少竞争和分散母猪的战斗);③提供公猪(作为"超优势"公猪可能抑制母猪的攻击性);④合理的猪栏设计,能确保母猪在受到攻击时不会被逼入绝境,有逃跑的机会或隐藏的地方;⑤使用掩蔽气味,这是基于嗅觉丧失后,可以减少其攻击性;⑥猪只自身的心理承受能力,对于镇静的猪,通常会选择休息而不是战斗;⑦混群时猪所处的生理时期,研究认为母猪受精后比妊娠确认后更具攻击性。

竞争水平受饲喂系统类型的影响。地面饲喂:将饲料直接投放到猪栏地面(即地面饲喂)需要母猪同时采食。由此造成的为竞争获取饲料的攻击行为发生在投放饲料后的时刻。当每天饲喂 1 次时,地面饲喂时一般母猪在投放饲料后 20 min 内采食完毕。只要有饲料,优势母猪将一直占领饲喂地面,此时发出最多的攻击、受到最少的攻击,结果,低等级的母猪在整个妊娠期采食量减少并显示出体重较优势母猪低，每天饲喂2次较饲喂1次，可降低猪的采食动机。当日粮多次给予时，优势母猪发出的攻击和其他母猪受到的攻击将随着随后的下料而降低。

另外两种可选饲喂系统可减少采食时的攻击行为和母猪采食量的差别，一种是限位栏饲喂，可以是猪身体的部分长度或全长长度，可以增加机械锁也可以没有机械锁。用限位栏饲喂后备母猪，特别是全身长限位栏，与地面饲喂相比，可以减少采食时的攻击行为次数。虽然向母猪采食限位栏输送的大部分饲料在10 min内都被消耗掉了，但随着较大的母猪比较小的母猪吃得更快，这一完成率有很大的个体差异。为进入采食限位栏采食成为竞争和攻击的原因，首先完成限位栏内采食的母猪可能试图赶走在其他限位栏内采食的母猪从而取而代之。同样重要的是，考虑到母猪的同时喂养可能会先于接触饮水器竞争，这突出了接触饮水器和饲料具有相同的重要性。

地面饲喂的第二种常见替代方法为电子饲喂站(ESF)。这种系统允许对单个母猪的摄入量进行最大的控制，但迫使母猪按顺序采食。这导致强势母猪攻击和替代弱势母猪排在等待进入电子饲喂站队列的前面。电子饲喂站的设计与放置位置可能会影响攻击行为的发生次数。例如，将每个电子饲喂站管理的母猪数量减少，从出口到进入电子饲喂站的路线设计很长，将电子饲喂站远离繁忙地区或其他资源(如饮水器、干草架)，都可能有助于减少攻击性和降低弱势母猪到电子饲喂站的难度。在猪栏内把干草放在干草架上可以减少在电子饲喂站的攻击，但是增加了在干草架旁边的攻击。当把干草作为垫料时，对使用电子饲喂站的猪栏内的攻击行为没有影响。

4.群居行为

野猪群通常是在1头公猪领导下，由5～10头母猪组成，有时可多达80头。驯养情况下，猪保留了其群居性，但人类使之改变了很多。目前，猪通常饲养在有限的空间内。小群饲养栏中的待配母猪，在休息时，基本上每个猪栏的猪都会卧在一起，或者三两成群，偶有例外的猪会独自睡在角落。

5.探究行为

母猪和其他动物一样具有好奇性并有探索其生活环境的倾向。通过看、嗅、听、尝和触摸进行探究。只要母猪一进入新的饲养环境，它的第一个反应就是探究它。猪也有好奇心，当陌生人接近猪群时，它们就会发生警报或"低吼声"，接着立即四散逃跑。此时，如果人站立不动或坐着不动，猪总是返回来通过嗅、拱和啃的形式进行探究。当猪在舍内饲养时，它们就没有多少空间探究活动了，特别是在限位饲养时。绳子、橡胶条和固定的木头三种富集物中，群养母猪最喜欢绳子，这种偏好可能是因为绳子具有促进觅食行为的其他基质的特征，但是不同富集物对皮肤损伤和动物活动影响差异不显著。母猪通常的行为模式中，建立社会等级制度要优先于追求环境富集物。

6.热调节行为

猪对冷和热极为敏感。在热的环境中，一有机会猪就会在湿处浸水。当环境温度过高时，猪张口喘气，躺卧时四肢张开，以最大限度地暴露躯体表面；当环境温度过低时，睡卧时则蜷缩躯体表面。

7.猪的正常行为

饲养人员需要熟悉猪的正常行为以发现和处理异常状况——尤其是疾病。健康状况良好的猪会表现出满足、机警、食欲旺盛，皮肤柔软而有弹性、被毛顺滑而有光泽，眼睛明亮、结膜呈粉红色，粪便正常，以及体温(38.9～39.8 ℃)、心率(60～80 次/min)、呼吸频率(8～13 次/min)等为正常。

8.学习行为

如果给予适当的强化，通常是食物，猪很容易训练或建立起特定的条件反射。养猪业上使用的是行为条件作用——猪学习控制某些环境的能力。如训练猪压下配电板开关去开灯，完成动作后给食物作为奖励，就能建立起这一行为的条件反射。实际应用的例子如揭开自动饲喂器的盖子和饮用饮水器中的水。训练母猪使用电子饲喂站，一般分区使母猪习惯使用这个设备，但训练起来较为困难。

9.猪福利水平与饲养管理人员的关系

Kauppinen 等的研究发现，后备母猪的生产性能以及头胎母猪产仔数与农场主对母猪的态度关系较大。生产性能较高的猪场的管理人员态度更为积极，并做了大量提高动物福利水平的工作。

2.1.4 母猪发情行为诱导与分群管理

后备母猪通常是指 150～160 日龄经过选择确定作为繁殖使用，至 200～220 日龄的青年母猪在第 2 或第 3 情期进行配种，大约为 2 个月。达到性成熟且能够进行周期性发情的后备母猪又称为待配性成熟后备母猪，待配种的后备母猪转群至配种舍后应进行配种前的适应性训练，在第 2 或第 3 情期时进行配种，从而完成整个后备母猪培育的生产和技术环节。

1.公猪诱导培育技术

提前后备母猪的性成熟日龄可提高母猪的终生繁殖生产性能。公猪诱导技术能够使后备母猪的性成熟日龄提前，并在相对集中的时间区间达到性成熟，从而提高繁殖母猪的生产效率。试情公猪一般为输精管结扎的成年公猪。公猪主要是通过视觉、触觉、嗅觉和听觉的联合作用刺激后备母猪提早发情，促进母猪血液中催乳素水平上升(通过嗅觉和触觉的作用)，引起母猪子宫和输卵管收缩。常用的公猪诱导技术有隔栏接触、后备母猪进入公猪圈舍、诱导公猪与后备母猪同圈舍、公猪舍与母猪舍毗邻饲养等。后备母猪在 150～180 d 转群时与公猪每天接触 15～20 min 即可，长期接触会导致隐性发情现象产生。

2.后备母猪培育场地、设备以及培育方式

后备母猪的培育舍通常与公猪舍分离，舍内按照小群饲养方式进行设计。后备母猪单栏饲养或 3 头/栏时，母猪的青春期晚于每栏 10 头或更多头数，但是每群 50 头及以上时，母猪受胎率小于小群饲养母猪。北美每栋 500 头母猪以上的猪场中，90%的猪场采用单体限位栏饲养配种妊娠母猪，而欧洲母猪妊娠 4 周至产前 1 周必须群养。为优化母猪生产，生产者应尽量减少母猪热应激，并避免过多的光期或黑暗期。可见，后备母猪较好的群体大小可以是十几头每群，至少应为 5～6 头/栏。应满足每头后备母猪 1.0～1.5 m^2 的空间，每天的光照时间达到 10～12 h，光照强度达到 100 lx。

体重从 50～90 kg 采取自由采食的饲喂方法，让后备母猪充分发育。此段时间的后备母猪采食量好，生长速度快，哺乳期间采食量也好。体重 90 kg 开始应根据后备母猪的个体重和膘情，控制后备母猪的采食量和生长速度，将日均采食量控制在 2.0～2.5 kg，日增重保持在 600～700 g。主要目的是维持生殖器和骨骼的健全发育，使后备母猪到达 210～240 日龄(性成熟)时体重达到 115～125 kg(体成熟),背膘厚 17～20 mm。不同品种猪背膘厚不同,引进种猪在国内若干年后背膘一般低于该数值,而国内一些地方猪猪背膘可能高于该值。该方法主要是针对三元种猪而言,因为这些种猪具有生长速度快,饲料转化率高的特点。如果不控制采食量和生长率,这些后备种猪会因为生长过快,肌肉和体脂肪过早沉积而肥胖,进而影响后期繁殖性能。

在培育期间,大部分后备母猪都会正常发情配种而进入繁殖母猪群体。对于达到一定日龄未发情的后备母猪,可以采取混群、增加运动、转换栏舍等技术措施刺激或诱发其发情。

3.激素诱导

在美国的大规模猪场,对后备母猪饲喂烯丙孕素 14 mg/(头・d),连续 14 d,85%的后备母猪停止饲喂后 4～9 d 发情,为达到最好的同期发情效果,最好过了初情期的母猪至少显示过 1 次发情再使用该方法。通常情况下,生产者在断奶母猪中使用烯丙孕素延迟发情 1～2 周来组群或组织批次。

美国唯一的商业化诱导青春期前母猪和产后母猪的发情与排卵发情的有效激素制剂为 PG600,即含有绒毛膜促性腺激素(HCG)和孕马血清促性腺激素的激素(ECG);许多研究表明,对初情期前和处于初情期的母猪肌肉注射 PG600 诱导发情,在 5 d 内发情率达到 50%～90%。最为常见和有效使用促性腺激素治疗的对象是头胎母猪和季节性不发情母猪。为诱导发情,PG600 通常在断奶当天使用以使断奶至发情时间更加同步化。

2.2 母猪的健康环境要求及控制技术

后备母猪舍与空怀配种母猪舍环境条件要求基本相同。具体要求如下:一般引进猪种后备母猪、配种妊娠母猪的适宜温度为 15～20 ℃,最高不宜超过 25 ℃,最低不宜低于 13 ℃(在月平均温度高于 28 ℃时,允许将温度高限提高 1～3 ℃,在月平均温度低于 −5 ℃时,允许将低限温度降低 1～5 ℃);相对湿度适宜范围为 60%～70%,最高不宜超过 85%,最低不宜低于 50%;猪舍内冬季 CO_2 浓度最高不宜超过 3 000 mg/m^3;氨气浓度最高不宜超过 20 mg/m^3,最好不要超过 10 mg/m^3;H_2S 浓度不宜超过 5 mg/m^3;细菌总数不宜超过 6 万个/m^3;粉尘浓度最高不宜超过 1.5 mg/m^3。

日本的一项统计研究表明,长白、大白杂交后备母猪的首配日龄受高温(高于 25 ℃)和日照时长影响,相对湿度对首配日龄影响不明显,光照延长 1 h,首配日龄减少 1.13 d,高温时间越长,光照时间越短,首配日龄越延迟,其平均首配日龄为 247.9 d,在 15 h 光照时长环境下猪的首配日龄小于在 9 h 光照时长环境下猪的首配日龄。人工光照的光照强度可设计为 50～100 lx。

后备母猪、空怀配种妊娠母猪的通风参数有中国(GB/T 17824.3)和美国 MWPS(Jedele, et al.,1987)两种,其中中国通风参数冬季、春秋季和夏季分别为 0.30、0.45 和 0.60 m^3/(h・kg),美国猪舍通风参数冬季、春秋季和夏季分别为 20.4、67.9 和 254.7 m^3/头(147.3 kg 体重)。

后备母猪舍的环境应保证猪舍内通风充足、有害气体浓度不超标,温湿度适宜,避免高温高湿环境。在进行漏缝地板下粪污排放时,应使猪舍内无猪,或者有猪时提供足够大的通风量,以免猪和人因排出粪污瞬时产生的 H_2S 浓度过大使人和猪中毒乃至死亡。

夏季温度过高地区猪舍需要配置湿帘-风机通风降温系统、喷雾-风机降温设备、猪体喷淋降温设备或空调降温设备等。

冬季温度过低地区猪舍需要配置地暖、暖气管、风机盘管、燃气热风供暖设备或电热风供暖设备等，并应防止猪只遭遇贼风。在禁止燃煤供暖的地区，若猪舍内为全漏缝地板时，猪舍可选择液化天然气热风供暖或空气源热泵热风供暖（寒冷地区），如图 2-1 和图 2-2 所示。

a.悬挂式燃气暖风机　　b.直立式燃气暖风机

图 2-1　液化天然气热风供暖设备

图 2-2　空气源热泵热风供暖设备

2.3　后备母猪福利养殖工艺与设施设备配套

2.3.1　后备母猪福利化饲养工艺设计

后备母猪的存栏数主要由猪场母猪的年淘汰率和基础母猪头数决定。据调查，北美不同规模猪场（以基础母猪存栏数计）、不同母猪年淘汰率占所调查猪场的比例结果见表 2-4。中国猪场母猪年淘汰率与美国相似（未进行大规模调查），规模较小的猪场年淘汰率约为 33%，规模较大的猪场年淘汰率约为 45%。在非洲猪瘟影响下，某些猪场为减少引种带来的风险，母猪年淘汰率甚至低于 33%。

表 2-4 不同规模猪场、不同母猪年淘汰率占所调查猪场比例(Knox, et al., 2013) %

年淘汰率	猪场规模/头		
	1～500	501～2 000	2 001～8 000
<30	48	10	5
31～40	32	38	15
41～50	12	34	38
51～60	4	14	26
>60	4	4	15

在猪场工艺设计中，后备母猪饲养时间有的设计并采用 45 d(165～210 日龄，第 2 个情期配种)，有的猪场后备母猪饲养时间设计并采用 60 d(170～230 日龄，第 3 个情期配种)。美国 Calderón Díaz 等的一项试验研究中，长白、大白杂交后备母猪 184 日龄和 212 日龄时背膘厚分别为 12～15 mm 和 16～19 mm；体重分别为 104～120 kg 和 130～148 kg；日增重分别为 0.83～0.99 kg/(d·头)和 0.88～0.93 kg/(d·头)；采食量分别为 2.3～2.6 kg/(d·头)和 2.4～2.6 kg/(d·头)。首次发情日龄平均为 202 d，范围为 166～222 d。

中国一个关于后备母猪的研究中，长白和约克夏杂交后备母猪 205 日龄之前自由饲喂，之后限制饲喂 2.5 kg/(d·头)，205 日龄和初情期体重分别为 105～107 kg 和 118～130 kg。205 日龄至初情期日增重为 661～689 g，205 日龄和初情期背膘厚分别为 13～15 mm 和 14～15 mm，初情期日龄为 225～241 d(Zhuo，et al.，2017)。

泰国 Tummaruk 等对长白约克夏杂交后备母猪生产性能方面的调查结果为，一般后备母猪进、出后备母猪舍的年龄为 163～230 d，后备母猪饲养时间平均为 61 d，平均第 1 次发情时间为 200 日龄，进、出后备母猪舍的平均体重分别为 90 kg 和 134 kg，平均背膘厚分别为 13.8 mm 和 15.6 mm(A 超测量)，后备期间平均日增重为 624 g/d。在后备母猪日龄在 24～34 周时，用性成熟的公猪每天 1～2 次隔着栏杆诱情并发情鉴定，每天都对阴户和压背反应鉴定发情。

美国较老的资料 MWPS(Jedele, et al.，1987)显示，考虑各种因素，后备母猪应预备 3～6 倍需要补充母猪的数量，即后备母猪的存栏头数可按照基础母猪头数除以年淘汰率，然后根据饲养日和按照 3～6 倍配置。以国内某大型猪场为例说明后备母猪存栏头数配置：猪场规模为 4 800 头基础母猪，后备母猪饲养日为 45 d，母猪年淘汰率约为 45%，后备母猪存栏 700 头(年淘汰母猪头数的 2.63 倍)，后备母猪舍 1 栋，2～3 头试情公猪。国内另一大型猪场，母猪年淘汰率为 40%，后备母猪选留率 60%，其后备母猪存栏头数计算值为：基础母猪头数×母猪年淘汰率/365 d×后备母猪饲养日/后备母猪选留率。总之，不同猪场的母猪年淘汰率与后备母猪选留率不同，每个拟建猪场需要根据本场的饲养工艺要求确定。

国内一些猪场在后备母猪 170 日龄以后对其限制饲喂，在限制饲喂时期，后备母猪会很饿，除了高能日粮之外，应给予一些填充饲料或高纤维饲料，一天内的高能饲料可以一次性饲喂，但填充饲料或高纤维饲料应该在每天的大部分时间内都有。在某些情况下也要提供用于玩耍的物料。

后备母猪饲养期间发现首次发情即将其转移至配种(妊娠)猪舍。

2.3.2 后备母猪福利化饲养设备配套

如果一群中的母猪不同时饲喂,那么饲喂时间将成为争斗的触发器,但可以让母猪自己选择采食时间的饲喂方式除外。在人工饲喂的母猪舍,应尽量减少第 1 头母猪和最后 1 头母猪饲喂的时间间隔。使用自锁式限位栏饲喂的猪栏内应保证母猪有独立的躺卧休息区。机械饲喂设备和计算机控制的饲喂设备应定期保养以保证不使猪饿着。

每头母猪(120 kg 体重)的食槽宽度要大于 30 cm。后备母猪、配种妊娠母猪每天饮水需要量 5~8 L/(d·头),乳头式或鸭嘴式饮水器的最小水流速需要 2 000 mL/min。适用于十几头一群的电子饲喂站也可以用于后备母猪饲养,如图 2-3 所示。

a.电子饲喂站控制器　　b.电子饲喂站猪群

图 2-3　电子饲喂站(可用于后备母猪,群体 10~20 头)

2.3.3 后备母猪福利化饲养的圈栏设计

限位栏饲养母猪在福利方面的优点:可以避免母猪之间的打斗和伤害;每头母猪都能得到给予它的那一部分饲料,避免强势母猪抢食;所有母猪都能同时饲喂;饲养管理较为容易;阴户流血容易发现并可得到及时处理。主要福利问题是:出现高频率的刻板行为和无反应性的迟钝行为,骨骼和肌肉脆弱。

群养系统与限位栏系统比较在福利方面的优点:母猪可以自由活动;有更多的机会参与社交;有更多潜在的拱地和玩耍物料的机会;腿骨畸形更少,肌肉发育较好,异常行为较少,因为不运动造成的尿路感染也更少。群养系统的缺点:阴户和皮肤容易受伤,容易滑倒在地面上,打斗和伤害还能导致死胎,死亡不容易发现。

为了使母猪得到更好的福利,后备母猪最好群养。后备母猪可以采用 5~6 头/栏或 10~12 头/栏,每头后备母猪占栏面积不小于 1.0~1.5 m^2。后备母猪舍应放置试情公猪栏位。图 2-4 为群养后备母猪舍平面示意图。

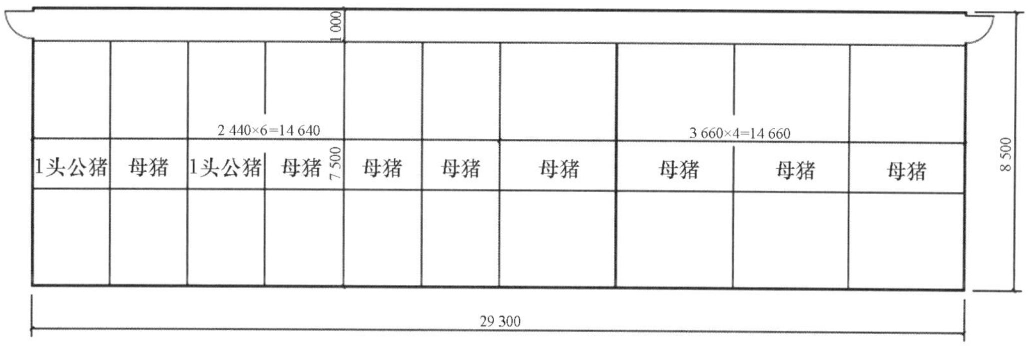

图 2-4　群养后备母猪舍平面示意图(单位:mm)

图 2-4 中,选择 2 个猪栏内放置公猪(1 头/栏),其他猪栏内放置后备母猪(可放置 12 头/栏),总栏位数量可以放置后备母猪 96 头。

对于规模较大的猪场,后备母猪头数达几百头,可以将后备母猪栏横向设置得更多,并可设置多列,一栋几百头后备母猪的猪舍内设置公猪栏一般也为 2～3 个。对于后备母猪后期,农场主偏向于将其饲养于限位栏中,以便其转到配种妊娠舍时尽快适应限位栏。因此,有些猪场将后备母猪舍内除了设置群养栏之外,还设置有限位栏,如图 2-5 所示。

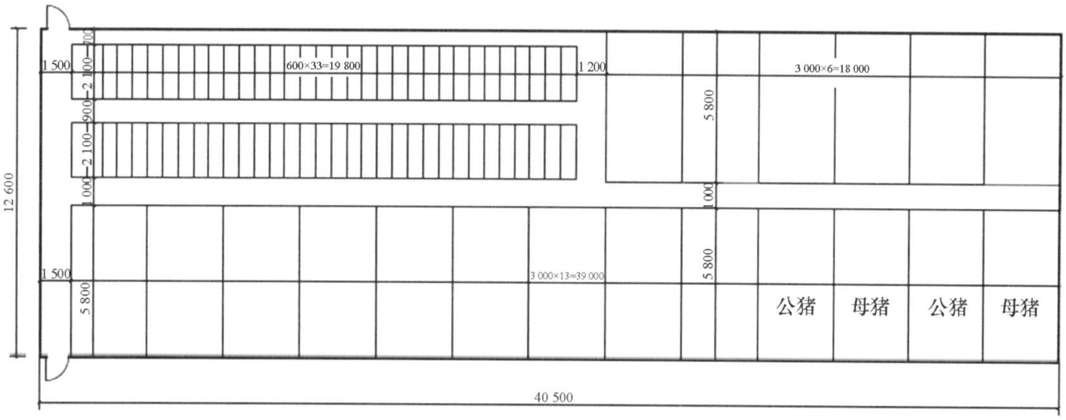

图 2-5　群养后备母猪舍兼有限位栏(单位:mm)

图 2-4 和图 2-5 中猪栏尺寸均可以根据地形和其他要求进行调整,公猪栏面积也可以缩小,公猪栏的面积至少应为 7.5 m^2/头,如果公猪栏用作本交(自然交配)猪栏,面积应至少 10 m^2。栏位数量可以根据猪场工艺计算确定。

对于群体为 10～12 头/群或 5～6 头/群的后备母猪,饲喂方式可以采用地面饲喂或在猪栏内设置半限位栏或全限位栏饲喂,直接地面饲喂易引起强势母猪抢食弱势母猪饲料并打斗,限位饲喂可在一定程度上减少采食时的抢食现象发生率。

对于后备母猪和空怀配种母猪,猪栏内地面应防滑、防止划伤猪皮肤,使之躺卧时舒服,没有垫料的地面应平整,应使地面尺寸及承载能力足够。对于使用漏缝地板养殖的地面,缝隙宽度不超过 20 mm,板条宽度不小于 80 mm。地面及猪栏破坏后应及时修理或更换以避免使猪体受伤。当猪栏内放置垫料时，应保证垫料清洁、干燥和对猪无害，并应定期更换垫料。猪栏内躺卧区应保持干燥，排粪尿区应保证粪污及时排走。应使猪栏内猪只随时可以接触稻草(麦秸)、干草、木头、锯末等对猪无害的环境富集物。环境富集物必须具有以下特性：猪可以吃、可以嚼，可以调查和探究。

2.4 空怀配种舍福利化养殖工艺设计

2.4.1 空怀配种舍饲养管理要点

加拿大 Langendijk 等的一个试验研究中，断奶至配种后 28 d 采用自由采食，母猪断奶后 5.1 d 发情。研究表明，与限位栏比较，群养不影响发情检测率和发情持续时间，但是群养可推迟发情时间 10 h，同时推迟排卵时间。约克夏长白杂交母猪断奶后平均体重 233 kg，限位栏尺寸 2.2 m×0.65 m。

母猪断奶 3 d 之后开始使用公猪诱情，断奶至发情平均 4.5 d，断奶至发情时间不受公猪诱情次数影响(1 次/d，2 次/d 和 3 次/d)。发情至排卵时间平均 44.7 h，不受公猪诱情次数影响，但是受断奶至发情时间影响。近年的研究趋向早配，即母猪出现发情表现后 24 h，只要接受公猪爬跨，即配第 1 次。第 1 次配种后 18～24 h 再配第 2 次。如果第 2 次配种后经 18～24 h，母猪还愿意接受公猪爬跨，则可再配 1 次。一般 1 个发情期配种 2 次或 3 次为宜。为准确判断适宜配种时间，应每天早晚 2 次利用试情公猪对待配母猪进行试情。以品种讲，地方猪种适当晚配，引进猪种适当早配，我国培育品种和杂种母猪居中。

为达到批次化生产，经产母猪可通过同期断奶初步实现性周期同步化，生产中为进一步提高同步化率，在母猪断奶后 24 h 注射 PMSG 促进母猪同期发情；56～72 h 后注射 GnRH 促进排卵(此时对出现静立反应的经产母猪可进行人工授精处理，注射 PMSG 和 GnRH 的间隔时间依据哺乳期长短而定，一般哺乳期大于等于 4 周时，间隔时间为 56 h；哺乳期小于 4 周时，间隔时间为 72 h。注射 GnRH 后 24 h 第 1 次输精，间隔 16 h 第 2 次输精。对于哺乳期小于 4 周的母猪，断奶后 6 d 完成第 2 次输精，若配种成功后 28 d 可确定妊娠，则空怀配种母猪转为妊娠母猪。在欧洲动物福利法规中，配种成功确定妊娠后母猪需要群养，在配种确定妊娠之前可以限位栏饲养，因此，为了管理方便，多数猪场倾向于在空怀配种阶段对断奶母猪实行限位栏饲养。母猪断奶之后 3 d 内一般不需要公猪诱情，也一般不发情，为让断奶母猪自由活动，可在空怀配种母猪舍内设置 3 d 饲养量的群养栏。

国内引进猪种母猪断奶后平均发情间隔为 5.8～6.1 d，地方母猪断奶后平均 5.9～7.3 d 发情。

在空怀配种猪舍，需要对配种的母猪进行妊娠诊断以确定其是否妊娠，一般猪场在对配种母猪确定妊娠后将母猪转出空怀配种猪舍(栏位)至妊娠猪舍(栏位)。最为常见判断配种后是否妊娠的方法为：在配种后 17～23 d 每日用公猪试情；然后在 28～45 d 用 B 超检查。另外，配种 3 周后实时 B 超检查也较为准确。在北美，大多数中等和大规模猪场在母猪配种后 3～5 周使用 B 超检查以确定母猪是否妊娠。

2.4.2 空怀配种舍的空间环境需求

群养母猪栏的长度要大于 2.8 m，当群体小于等于 6 头时，猪栏长度不小于 2.4 m。配种之后的小母猪和其他母猪畅通无阻的地面面积应保证分别不低于 1.64 m^2 和 2.25 m^2，当群体小于等于 6 头/栏时，每头猪地面面积应增大 10%，当群体大于等于 40 头/栏时，地面面积可以减少 10%。

限位栏的尺寸一般设计为长 2.2 m、宽 0.65 m。空怀配种猪舍应设置 2～3 头诱情公猪使用的猪栏。

2.4.3 空怀配种舍饲养设备配套

空怀配种猪舍内的饲养设备主要包括食槽和自动输料系统（机械饲喂时），自动输料系统对于每一个阶段的猪都相同。空怀配种母猪的饲养管理以限位栏为主，限位栏饲养时，食槽可以是单体食槽，一般长 43 cm，宽 36 cm，深 23 cm，如图 2-6 所示。也可以是通体食槽，通体食槽可以是不锈钢材质或其他金属材料（图 2-7），也可以采用钢筋混凝土现浇或预制。

图 2-6 单体食槽

（Elmore，et al. ，2012）

图 2-7 不锈钢通体食槽

在尚无非洲猪瘟疫苗的情况下，通体食槽饲喂特别是通体食槽内有水流通情况下可能有传播疾病的风险，建议可将通体食槽按照一定栏位进行实体分隔，不使正常养猪情况下有水从猪舍的首端流动到末端。通常，食槽还可配置排水口以便于冲洗食槽，排水口的开启可手动开启，也可配置自动刷洗料槽装置。

猪舍的自动输料系统一般由料塔、驱动输送、下料器、下料释放、料管支撑、控制系统几部分组成。其中，料塔主要有玻璃钢料塔和镀锌板料塔两种。玻璃钢料塔耐腐蚀、高强度，密闭防水防风，但运输不太方便。镀锌板料塔运输便捷。驱动输送分为绞龙输送、塞盘输送、绞龙和塞盘结合输送 3 种形式。绞龙输送多用于直线输送，距离较短，适用于单列饲喂，包含绞龙主机、PVC 输送料管、弹簧绞龙等部件。塞盘输送可循环输送，距离长，适用于多列串联饲喂，包含驱动主机、转角器、输送料管（不锈钢管或镀锌管）、塞盘链条等部件。绞龙和塞盘结合的输送方式不受空间限制，输送灵活。空怀配种、妊娠猪舍、分娩猪舍、公猪舍单个食槽上方配置配量器加下料管，配量器下料的均配备有释放装置，可手动或电动控制单列或每单元的下料。料线控制系统包括料位传感器、料线控制器等，可控制料线的启动和关闭，实现每天多个点定时上料以及组合料线的有序开闭。

猪场自动化机械喂料方式消减了传统人工喂养中的一些工作，降低了猪场劳动力成本；同时，机械喂料设备中配备的释放装置可以做到同时喂料，减少了人工饲喂时第 1 头和最后 1 头母猪饲喂时间差，可减少饲喂不同时带来的应激。同时，可通过手动调节配量器对每头母猪设定 1 次饲喂量，做到定时定量饲喂。

另外，空怀配种猪舍还需配置 B 超仪。

（王美芝）

第3章 妊娠母猪福利化饲养工艺与工程配套

本章提要

本章主要介绍了妊娠母猪定位饲养与群养的特点及其对环境要求，群养工艺设计与设备配置方法，高温高湿地区的降温猪床设计，小群饲养下的冬季躺卧区保温设计，以及可便于母猪群养管理的个体隔离栏设计等内容，并就相关参数、应用效果进行了阐述。

3.1 妊娠母猪生物学特点与环境要求

3.1.1 妊娠母猪的生理特点

1.体温调节能力

不同环境温度下，猪可通过生理变化和行为改变进行体热调节，成年猪的热极限温度30 ℃，当环境温度超过这一临界点时，体温会突然增高，采食量减少。长期处于热应激状态下的母猪，免疫力下降、疾病多发、生产性能下降，气温骤增和极端高温对母猪的危害更严重，甚至导致母猪流产和死亡。通过从16～32 ℃逐步升高12头母猪的环境温度，并且在每种温度条件下分别设置50%、65%和80%三种相对湿度，发现呼吸率是环境温度到达上临界温度(UCT)或临界点温度(IPT)首先发生变化的生理参数。试验表明，群养母猪呼吸率改变的上临界温度为21.3～22.4 ℃，而母猪产热量、采食量和直肠温度也随着温度的升高都发生了变化，其中22.9～25.5 ℃是产热量和采食量的上临界温度，而直肠温度变化的临界温度为24.6～27.1 ℃，因此建议把猪的上临界温度界定为当采食量下降和呼吸率升高的临界点温度。同时，猪的呼吸率可以认为是测量猪的产热量的一种手段。

2.行为习性

环境变化不仅影响猪的生理变化也对猪的行为产生了影响。研究表明，100 kg以上的成年猪当环境温度超过20 ℃会改变躺卧和排泄行为。猪在热环境中的会减少活动量、四肢伸展、改变躺卧姿势、减少与其他猪接触，并寻求打湿体表等方式来改变行为。当温度超过临界温度，猪最先出现的热调节行为即在水中甚至排泄物中打滚打湿体表散热。猪通过表皮蒸发能缓解热应激，水浴能持续30 min、泥浴能持续90～120 min有效的降温效果。

3.繁殖特性

高温不仅影响了母猪的生理和行为变化，同时对母猪的生产和繁殖性能带来严重的后果。研究表明热带地区气温持续高于30 ℃时，夏季配种期妊娠的死胎率增加、产仔率下降、返情增加，导致母猪生产性能下降30%，且在母猪断奶及配种初期、分娩初期的高温高湿天气严重影响了产仔率；环境温度升高1 ℃则每窝仔猪的产仔率减少0.07头。高温显著地影响母猪受胎率和胚胎死亡率。潘建治等发现热应激环境下胚胎早期损失大幅度增加，并增加胚胎死亡的敏感期，在妊娠20 d内，配种后8 d和胚胎在附植后的11～20 d以及母猪妊娠后期(100 d以后)非常脆弱，对热的耐受力低。尤其是当母猪在配种前及妊娠前期(0～21 d)期间经历热应激，会延迟发情、降低受胎率且导致死胎率上升。试验表明，当空气温度从18 ℃上升到30 ℃时母猪的采食量下降超过40%，而采食量减少是推迟发情的一个重要因素，因此高温气候会增加母猪断奶间隔以及推迟返情，产奶量也会因为热应激而减少，并且受胎率减少，死胎率增加。妊娠末期热应激则死胎数增加、窝重减少，甚至流产。热应激对母猪分娩前3周(胎儿增重的关键时期)影响尤为严重，造成胎儿初生重小，因此不仅影响了母猪的健康和福利，同时也严重影响了后续的生产性能。研究也表明当母猪在持续高于25 ℃环境中的时候，断奶仔猪的窝重减少。

3.1.2 妊娠母猪福利化饲养的环境要求

养猪中的热环境主要受气温、湿度和风速的影响，其中温度是影响猪健康和生产力的主要环境因素之一。妊娠母猪适宜的温度为16～20 ℃，相对湿度为60%～80%，高温时气流可以促进散热，低温时会加剧冷应激，而且过大的气流会造成体表不适，风速以不超过2 m/s为宜。温度适宜时，湿度高低一般不会对猪的健康和生产力产生影响。高温下猪常通过喘气、体表沾湿进行自我热调节散热，高湿则会阻碍蒸发散热的进行，使热应激程度进一步加剧，热应激影响生产性能，在热带地区养殖的猪不仅呼吸率较高，同时体表温度也较高，因此在高温条件下，相对湿度对生产性能有一定的影响。目前，我国夏季猪舍中常用的环境调控方式有：对流降温、蒸发降温、传导降温和辐射降温，蒸发降温属于潜热散热，其余方式则为显热散热。畜禽舍的降温方式主要分为整舍降温和局部降温，其中整舍降温常用的有通风降温和蒸发降温，局部降温主要为接触降温和非接触降温。冬季北方地区的气温较低，且为了保温减少通风换气导致舍内湿度过高，低温潮湿的环境对母猪繁殖不利，母猪机体就需要调用物理和化学调节以维持产热和散热平衡，导致代谢率提高，因而需要增加食物的消耗来补充能量的损失。低温还会对妊娠母猪行为产生一定的不利影响，俯卧增多以减少与混凝土地板接触面积或与同伴扎堆躺卧，但这也同时会增加躺卧的不舒适性，因此北方养猪冬季需做好保温工作。

前人对热应激的评价指标进行了研究，一般认为定义猪热调节的指标是呼吸率、直肠温度、表皮温度、行为姿势和生产性能。常用热应激评价指标是呼吸率增加，采食时饮水率增加，其次是产热量及采食量减少，随后是直肠温度的增加。

3.2 妊娠母猪不同饲养模式及其特点

3.2.1 妊娠母猪饲养模式

妊娠母猪的主要养殖模式分为单栏饲养和群养，其中群养分为固定饲养(static)及动态饲养(dynamic)。静态饲养群体相对固定，而动态饲养是定期地对猪群进行调整，静态群养比流动群养更稳定，能减少社群的不稳定性，但是动态群养使得群养动物的规模更大，相应的增加母猪的社会和自然环境。欧盟(Directive 2001/88/CE)已于2013年禁止妊娠母猪限位栏饲养,妊娠母猪禁止在限位栏里养殖,在受精后应当群养至少4周直到分娩前1周。母猪和青年母猪最小的法定面积分别为2.25 m^2/头和1.64 m^2/头。当每群少于6头母猪时,法定的最小空间应当相应增加10%,当多于40头时法定的最小空间可减少10%,但是具体的母猪群养合适空间并没有科学的定论。群养的空间需求包括独立于群养规模外的动物个体体型大小所需要的空间,与群养规模有关的动物共享的行为空间,例如社会交流其中包括等级制度的建立。

很多学者对不同的群养模式、圈栏尺寸、每头猪的占有面积及饲喂方式都进行了相关研究。Seguin等(2006)将母猪分为每群11~31头,在尺寸为34.0~49.5 m^2 的小圈栏,每头猪的面积2.3 m^2,而在尺寸为72.5~74.5 m^2 大圈栏内,每头猪的面积为2.8 m^2 或3.2 m^2。混群24 h后皮肤有大量的损伤,但是不受面积或圈栏的尺寸影响,而且随着时间的增加而减少。群养的母猪的每窝产仔数比单栏饲养的多,并且仔猪的体重要稍重。从单独饲养转变到群养并不影响身体的状况或减少母猪的生产性能。O'Connell等(2003)对每组4头的小群饲养和小群饲养后混入的动态的大群(40±2)头里饲养两种饲养方式进行对比,发现从小群转入到大群后损伤程度增加。当混入小群或大群中时,较低等级的母猪增重较慢,且损伤程度较高。在大群饲养中,较低等级的母猪被迫多次离开饮水器,低等级的母猪拒绝到主要的躺卧区去休息,小群饲养及大群饲养都降低了等级较低的母猪的福利。Broom等(1995)对限位栏饲养、每群5头的小群饲养和38头大群饲养进行了对比,其中限位栏中采用单独料槽,每头猪2.2 kg/d,无垫草;小群饲养也有单独料槽,每头猪2.2 kg/d;大群饲养采用电子饲喂系统(ESF),每头猪2.2 kg/d,加垫草。结果表明,限位栏饲养限制了母猪的走动,与群养的母猪相比,出现明显的规癖行为,比如喝水、筑巢或咀嚼的行为占到了总观测时间的0.5,而群养的母猪只占到总时间的0.037和0.082。其中限位栏饲养的母猪到第4胎的时候比群养的母猪更有攻击性,同时它们的体重也较轻,但在生理或免疫检验以及繁殖能力的检验都没有显著性的差别。Zonderland等(2004)对每圈5头猪的养殖模式进行试验,其中每圈(5.5 m×3.25 m)前端分别有5个料槽。料槽是1.4 m的实心地板,中间2.7 m为漏缝地板,尾部1.4 m为实心地板(休息区)。圈栏内每头猪的面积为3.6 m^2,其中实心地面是1.8 m^2。每天定位饲喂2次,室温控制为20 ℃,发现在该饲喂方式下与饱足感有关最相关的因素是静止、自发行为及与其他物体接触的相关行为,而侧卧、站立、移动及警觉、啃咬都与饱足感有关。Weng等(1998)把每组6头的群养模式分为每头猪的空间为2.0、2.4、3.6或4.8 m^2 4种情况,每天饲喂一次2.7 kg的标准母猪精料,饲喂时固定在独立的饲喂槽里1 h,母猪躺卧的时间占了82%,非躺卧的时间里有37%的时间在用垫草筑巢。试验表明,2.4 m^2/头和3.6 m^2/头的面积能给母猪提供较好的福利水平。Boyle等(2002)对单体饲养和每组4头的群养进行了对比,其中限位栏(2.0 m×0.6 m)由铁栏杆组成,水泥地面,其中后部0.5 m为漏缝地板,平均每头的占地面积为1.8 m^2;群养模式下活动区为漏缝的水泥地面(2.9 m×2.44 m),圈内设有4个独立的自由采食料槽(2.0 m×0.6 m),料槽前方有水泥地面(1.5 m×0.6 m),平均每头的占地面积为2.99 m^2。表明母猪在妊娠期间小群饲养能降低皮肤损伤度,但是妊娠期间散养的母猪比在限位栏中的母猪在分娩时及分娩初期更容易烦躁。采取的饲养模式为每组18头,圈栏尺寸为长4.9 m×宽2.6 m,栏内有4个料槽,圈栏内的料槽由栏杆隔开,中间为实心地面(1.4 m×0.65 m),而圈栏其余的地面都是漏缝地板,平均每头的占地面积为0.7 m^2。有研究对每群34头猪的饲养模式进行的探讨表明，圈栏面积分为 76.5 m^2 和 102 m^2 两种。其中面积 76.5 m^2 的圈栏宽度为 7.5 m，休息区长度为 7.8 m，排泄区长度为 2.5 m，平均每头的占地面积为 2.2 m^2；而面积 102 m^2 的圈栏宽度为 10 m，休息区长度为 7.8 m，排泄区长度为 2.5 m，平均每头的占地面积为 3 m^2。两种面积下均采用电子自动喂料，室温为(17.7±4.7)℃，且每周加垫草。其中混群每 5 周换 1 次新混群的猪，每次换掉其中 1/3，如11～12 头。研究结果表明平均 3 m^2/头面积下的福利程度较 2.2 m^2/头好，面积增大减少了争斗行为及持续性的伤痕，但是对生产无影响，同时生理的影响需做进一步研究。对每组 4 头猪的饲养模式和单栏饲养进行了对比，圈栏面积为 3.94 m×2.44 m，包括 4 个 2.21 m×0.61 m 的料槽，其中后部的公共活动区为 2.44 m×1.73 m，平均每头的占地面积为 2.4 m^2；单栏饲养的圈栏面积为 2.21 m×0.61 m，平均每头的占地面积为 1.3 m^2。研究表明群养与单栏饲养的在体重、繁殖性能、健康状况及行为上均无太大的区别，表皮损伤在第 1 周时无区别，但是在 13 周以后皮肤损伤程度大于单栏饲养，可能是由于栏位尺寸设计所限制。

妊娠母猪通常都是在限位栏里饲养，并提供单独的护理和饲喂，但是妊娠母猪的限位栏饲养主要有两大缺点：第一，限位栏限制了母猪移动和运动的必要的空间，缺少锻炼，关节损伤较多，同时空间较少不能自由地站立及躺卧等导致了更多的损伤；第二，限位栏减少社群活动并影响了母猪的其他正常的行为模式。群养能满足群居动物必需的社会交流，小群饲养能降低皮肤损伤度，但是食物竞争及由于混群导致的社群不稳定性也能引起相互争斗，同时影响动物的福利。有研究表明群养的生产性能比单栏饲养的差，而且妊娠期间散养的母猪比在限位栏中的母猪在分娩时及分娩初期更容易烦躁。因此目前对群养的饲养模式还未有一个定论，对其中的饲养面积、组群规模和饲养方式都仍需进一步的研究。

3.2.2 妊娠母猪群养模式下的社会等级与争斗

争斗与猪群大小、管理及圈舍系统的设计等有关，不熟悉的动物争斗是为了等级制度的确定，而熟悉的动物争斗较少，除非资源如食物或者空间的竞争，争夺资源的次数较多。社会位次的争斗不经常发生，但是程度较为激烈，争斗易引起抓伤、啃伤以及腿病。因此，虽然等级制度的建立时间较短，但是新混群的母猪应当加以监督。争斗与养殖方式有关，越大的群体争斗越多，空间越大并不能减少在混群时的争斗，但能减少长期争斗；屏障物能使得弱势猪体躲得更快；自由采食能减少短期的争斗；猪体体型大小不均争斗较少，可能是由于能显露出等级大小来；厚垫草对争斗无影响；化学干预能使斗争推迟，但不能使争斗减少。

1.等级制度的确立

持续时间短说明等级制度的确立很快。Barnett 等(1992)发现由 5 或 6 头母猪组成的群体在混群的 90 min 中有 68 次接触(咬或用头撞)，其中 8%是用于确定关系的，第 2 天就减少了，一直到接下来的 15 d 都较少，一般来说 3 d 都会相对稳定。地板采食的到 56 d 才稳定下来，因此群养的稳定性受资源竞争的影响。

2.猪群规模及猪群组成

目前，最优的群养规模还没确定，当母猪断奶后 3 头、6 头或者 9 头一群，在一个标准的 22.8 m^2 的圈栏里，由于空间较大，争斗的次数减少了。36 头的争斗比 5 头的多，母猪混养里动态的组比静态的争斗次数多。大群饲养中由于空间较大，群体争斗较少，而大群饲养的猪对不熟悉的猪没有像小群饲养的猪那么有侵犯性。体重差异较大的争斗比体重差异不大的少，但是没有显著的差别。

3.空间需求

根据动物的需求分为 3 种空间需求：休息区，活动区，交流区。供猪躺卧和站立的休息区为 $A=k\times W^{0.666}$，其中 A 为面积(m^2)，W 是体重(kg)，而 k 动物姿势的常量，因此一头 200 kg 的母猪分别需要 0.65 m^2 和 1.61 m^2 用来俯卧或侧卧。而活动空间包括采食及排泄区，可根据同时进行的动物来计算，但是具体的面积目前还没有确定。群养的母猪还要提供一定的空间来确定位次以及避免攻击行为的产生，如争斗的面积为 $0.11\times W^{0.667}$，因此一头 200 kg 的母猪最少需要 3.8 m^2 来争斗。

有的研究者认为圆形的圈栏拥有较大的空间能最好地减少应激(其中 9.3 m^2/头，5 头母猪混群)。小母猪在小空间(1～1.4 m^2/头)起初的争斗较少，但是 10 d 以后的损伤程度与较大空间的(2～2.4 m^2/头)没有太大区别。6.1 m^2/头与 3.7 m^2/头的空间比较中，发现在较大的空间增加相互接触的次数，但是降低了由于争斗造成的损伤程度。空间增大争斗减少，尽管文献中建议 3 m^2/头比 2 m^2/头好，生产上推荐的面积为 1.4～1.8 m^2/头。通过对 1.4 m^2/头、2.3 m^2/头或 3.3 m^2/头对母猪产子数的比较，表明空间增加了能增加母猪的体重和背膘厚但是对每胎产子率无影响，说明争斗是影响妊娠母猪生产力的主要因素。

4.圈栏设计

圈栏的设计比每头猪所占面积更影响争斗行为，矩形的圈栏比方形的更能减少争斗次数，也比圆形的圈栏更有利。障碍物(从天花板上悬挂一个 1 m 高的金属框架，并覆盖上麻布袋)的设计能减少争斗，从长期来看饲槽也能减少争斗。躲藏区是争斗进行时躲避的一个区域，视觉障碍物能减少母猪争斗的次数，但是最近研究表明对刚断奶的母猪有效，对妊娠母猪无效。

5.时间、饲料及垫料

群养母猪的行为与时间有关，晚上混群时的应激次数比白天的少，但是 3 d 以后身体损伤程度没有太大的区别，表明争斗推迟了。很多争斗都是为了争夺饲料，当刚混群时自由采食 48 h 比 24 h 更能降低争斗次数。自由采食能降低混群时的争斗，而在混群初期垫草不能降低母猪争斗的次数。

3.2.3 群养模式下的社会等级与采食行为

采食量与等级制度及采食的饲槽数量有关，在实际生产中，妊娠母猪通常采取限饲，饲喂会导致对食物的争夺，即使是电子饲喂系统，群养仍导致采食量不均。与高级别的母猪相比，群养系统中低等级的母猪采食量下降导致体重较轻，胸围增长慢，在中间采食区待的时间较少，在水槽待的时间也少。小群饲养的妊娠母猪的低级别母猪在料槽和水槽待的时间(40%)比高级别母猪少了将近一半(90%)。通过比较群养(12 头)自由采食和群养(25 头)电子采食，发现 ESF 的竞争比自由采食的多，可能是由于采食量引起的，自由采食时每天采食两次，剩料少，电子饲喂的一般母猪很少返回去吃第 2 次。单独饲喂的比电子饲喂的皮肤损伤少。自由采食能减少动物对食物的竞争，并给予母猪平等的采食机会，因此可以通过改变饲喂方式使得低级别的母猪可以取得和高级别母猪类似的采食量。

小群饲养的产仔数和妊娠量比个体饲养的低。在群养系统中，低等级的母猪采食量比高级别的母猪少，从而影响生产性能，妊娠第 1 周到 21 d 较低的采食量会对随后生产性能产生影响。增加饲喂次数并不能影响生产性能及福利。分娩母猪的体重严重下降会影响窝产仔数,因此群养中采食量的分布不均严重影响了妊娠率及产仔率。但妊娠 4 周(28 d)以后采食量对产仔数的影响较小。在低能量饲养的猪群中淘汰率较高,主要是妊娠阶段的流产造成的。

很多研究表明群养能引起社会应激,尤其会影响低级别母猪的生产性能。因此母猪的生产性能受季节、采食量、饲养管理等综合影响。采食量下降加剧了季节性低产的影响,因此季节性低产问题在群养的母猪中更为重要。与单独饲养的母猪相比,群养母猪的低采食量问题在夏末秋初更严重,与群养母猪的应激有关,饲养密度增大降低了产仔率。小群饲养(6 头和 12 头)的低级别母猪比大群饲养的低级别母猪更容易得到食物。生产经验表明体型均匀的猪群的采食量更均匀,因此,群养的母猪采食量不仅与饲喂方式有关,而且与猪群的大小和组成,以及猪体个体等因素有关。

3.2.4 群养模式下的动物福利评价指标

高密度饲养、新的社群关系、恶劣的环境、极端热环境及不友好的人与动物相处都能导致动物高度的应激。行为状态、生理指标、免疫反应、伤病、生长、繁殖及生命周期等都可以用来评价动物的福利水平。其中最为常用的评价指标有:

(1)生产性能　包括体重及背膘厚,产仔数及产活仔数,断奶数,初生体重。群养对生产率和每窝产仔数有一定的副作用,同时外界环境温度过高或过低、管理不善、采食量下降等能导致生产力下降。

(2)行为　混群时应激较大,但当等级制度确定以后就降下来了。增加垫料会增加争夺附加资源的争斗。猪群大小与争斗的时间等有关,小群饲养中增加面积能提高福利水平。以上的研究中,应激的行为指标包括经常变换姿势的高度活跃水平导致皮肤损伤、侧卧减少、俯卧较多、经常发声。

(3)健康程度　妊娠舍从单独的圈栏转变到群养的模式的短期的影响,包括占有空间及圈栏尺寸对母猪体表损伤,身体状况及饲养表现等。混群 24 h 后皮肤有大量的损伤,但是不受面积或圈栏的尺寸影响,而且随着时间的增加而减少。群养的母猪的每窝产仔数比单栏饲养的大,并且仔猪的体重要稍重。表明从单独饲养转变到群养并不影响身体的状况或减少母猪的生产性能。

上述评价指标与群养条件下饲喂系统、垫料、猪群大小、群体流动性有关。为避免妊娠早期应激,应注意选择合适的混群时间,尤其是 2～4 周时最易发生,需要在混群前让母猪互相熟悉,减少重复混群。混群初期猪应减少采食时间,有助于减少因采食引起的争斗,对于抢食的猪不应提供给额外食物。在群养的空间及群体尺寸确定上,小群饲养中的每头猪的空间应当比大群饲养的大,至少每头猪 2 m^2。圈栏应当提供 10～12 m 矩形或圆形的打架距离。混群时应当提供 1 个躲藏区(视觉障碍物)。

3.3 妊娠母猪群养模式下的饲养设备配置

母猪群养分半定位和全散养两种,全散养又分为大单元群养和小单元群养。半定位群养母猪的位置不固定,可实施定时定量给料,只有通过个体识别后才能做到精准饲喂,故容易造成饲料浪费。全散养则通过专门的饲喂站，可精确控制每头猪的饲喂量，但如果饲喂站配置不合理，弱猪往往被挤到夜间采食，或采食时受到较大的干扰，有可能造成母猪更大的体况差异。此外，对于空怀配种期采用定位饲养的，以及后备阶段小群饲养的猪只，妊娠阶段采用大群饲养时，需要提前进行驯养。

3.3.1 饲喂设备

在妊娠母猪的群养过程中饲喂设备的配置是决定群养效果的关键因素；在半定位群养中设备相对简单，一般在半定位栏上安装单体食槽（材质有不锈钢板、碳钢板、PE 材料或铸铁等）或通体食槽（材料有不锈钢板、镀锌板或砖砼混合等）；单体槽的栏位需要另外增加单独的饮水设备，通槽一般只需增设放水阀就可供母猪饮水。

在小单元开放式群养时需配置母猪智能化饲喂系统（图 3-1 和表 3-1）或称为母猪电子饲喂站，是母猪群养过程中比较理想的饲喂设备。猪场为每头可繁母猪建立单独档案通过电子耳标和智能饲喂设备连接，达到单独管理的目的。可以根据体重、妊娠日期和体温等信息，系统自动为母猪计算每天的饲喂量，并且控制设备上的饲喂器为母猪下料，不需要人工去对每一头猪饲用量称喂，具有准确、便捷、节省饲料、节省劳力等功能。

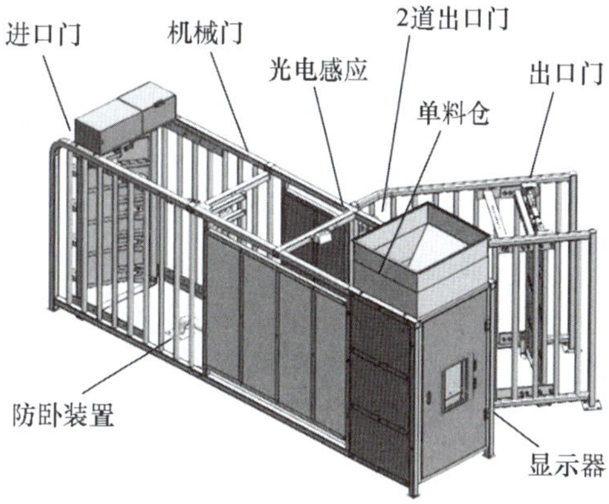

图 3-1 智能母猪饲喂设备结构示意图

表 3-1 智能母猪饲喂设备（HJ-02）规格参数及使用说明

规格参数	功能	优势
饲喂阶段：后备、空怀和妊娠 35～107 d 饲喂头数：30～50 头 栏舍面积：60～90 m² 料斗容量：140 L 电源：200～240 V 重量：260 kg 外形规格： 进站部分（1 900 mm×600 mm×1 062 mm） 采食部分（800 mm×600 mm×1 296 mm） 出站部分（1 000 mm×600 mm×1 000 mm）	通过电子耳标采集母猪个体胎次、胎龄和膘情信息，达到精准饲喂； 故障自诊断和报警； 终生远程软件升级。	结合智能背膘仪，实现膘体最佳控制； 减少饲料浪费； 降低难产率； 提高仔猪成活率； 提高母猪使用年限。

3.3.2 饮水设备

妊娠母猪的饮水是猪生产中一个重要的环节。在半定位群养栏中，常见的是料槽兼做水槽，采用通槽，即吃完料后就在槽内加水，做到随饮随补，优点是方便管理，饮水量充足，缺点是猪场内有传染病时容易传播；在单体槽上也有用料槽做水槽使用的情况，缺点是单槽加水比较费工费时，劳动强度较大；在单体定位栏上加装单个饮水器，这种做法比较好管理并且节水，但会造成母猪的饮水不足而影响胎儿生长。

群养大栏中一般采用饮水碗或饮水器供水，饮水器饮水量比安装饮水碗的明显不足，相差 1/3～1/2，差距较大，其主要原因是饮水器有时有呛水的应激现象或因猪的耐性有限。饮水碗分乳头式饮水碗和用节水器控制水位的饮水盆两种，乳头式饮水器的饮水碗一般 1 年左右需要更换内部的弹簧和胶垫，节水器控制的饮水盆对水质和水压要求较高；这两种饮水设备都比较容易被猪粪便污染，前期要做好驯猪工作。饮水碗的安装高度是饮水碗的下边沿高度比猪平直站立时的猪额头底 100 mm，一般猪舍安装高度在 450～550 mm 之间，由猪的品系体型决定；饮水盆安装的高度是盆底距地面 120 mm 左右。6～8 头猪共用一套饮水设备。

3.4 地下水降温猪床设计及其应用效果

整舍降温能耗大，对猪舍建筑的保温隔热性能要求较高，特别是高温高湿条件下很难达到热舒适性要求。鉴于猪喜欢通过头部淋浴或泥浴来降低体表温度，以及猪约 80%的时间都处于躺卧的生活特性，利用辐射和对流对猪躺卧区实施局部降温是行之有效的措施。本团队专门设计了一种适用于定位栏或半定位栏的降温猪床。

3.4.1 降温猪床设计

1.设计原理

在猪栏上方设置辐射顶板，通过其内置的循环水管来调节板的表面温度，辐射板内侧最高处离地面的距离应大于猪站立时的高度。猪体与辐射顶板则以辐射方式进行热量交换。为减少辐射板与周围空气的对流换热，表面可覆盖绝热材料。辐射板下设置围护板，来减少辐射顶板下表面与周围空气的对流失热。采用地下水作为冷源，通过进水口 A 与出水口 B 与外界的循环水源相通。在此基础上，在猪躺卧区地面设置调温地板 6，循环水从进水口 7A 流入埋置在可调温地板 6 内的循环水管 7，由出水口 7B 流出，其中调温地板 6 可以直接放置在网上或者地面上，也可以预埋到水泥地面内部(图 3-2)。因只在顶部设盖板，能保证床内外的空气流动，不会造成猪体附近空气质量下降。

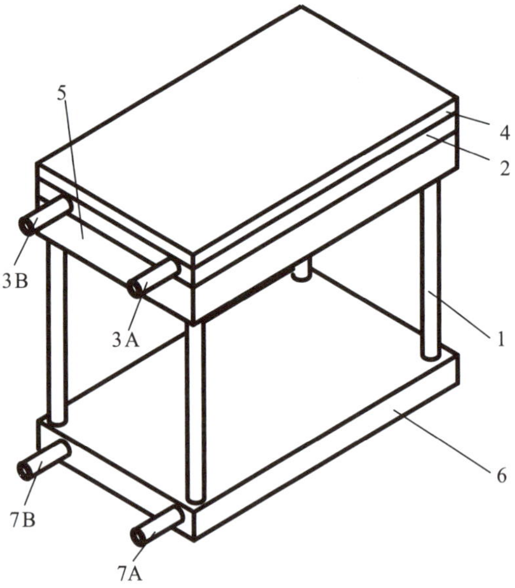

图 3-2 降温猪床与调温地板结合的构造

1.猪栏 2.辐射板 3.围护板循环水管 4.隔热材料 5.围护板 6.调温地板 7.调温地板循环水管

猪床可以是矩形的、拱形或三角形的，排列形式可以是单体放置的，也可以是多排连接的，以适应不同生产规模、饲养模式及猪场结构布局的要求。可在猪床的侧面安装围护板。围护板的上端与辐射板紧密相接，下端与地面间隔一定距离，这样既可以使每头猪都有相对独立的空间,避免躺卧时猪体之间过多的接触;又使得猪躺卧时腿有伸展的空间。其中辐射板可以采取水泥预制板或金属板,金属材质辐射板最好为抛光铝板或镀锌钢板。辐射板表面覆盖的隔热材料为发泡聚氨酯或聚苯。循环水管道系统选择导热性能好的金属管,如镀锌管,也可选择铝塑管材。

2.降温猪床构造

降温猪床主要由支架、镀锌水管、辐射铝板及铝板外边的隔热层组成。降温猪床的尺寸为长 1.5 m×宽 0.6 m×高 1.0 m。冷水管直径为 25 mm,水管的间距为 20 cm,如图 3-3 所示平行布置在降温猪床的顶部和两侧。同时,铝板与冷水管紧密地接触,并在铝板外侧覆盖聚乙烯泡沫(PEF)隔热板。隔热板为 20 mm 厚,热导率为 0.03 W/(m·K)。4 个圈栏采用并联的方式以确保 4 个试验组的进水温度一致,但是每个圈栏内的 4 个降温猪床采用串联的方式。水流的方向按照图 3-3 所示的顺序,从①→②→③→④个猪床串联的方式流动,出水并入猪场原有的水管线路,可用于猪只饮用。图 3-4 是安装了降温猪床的妊娠母猪舍。

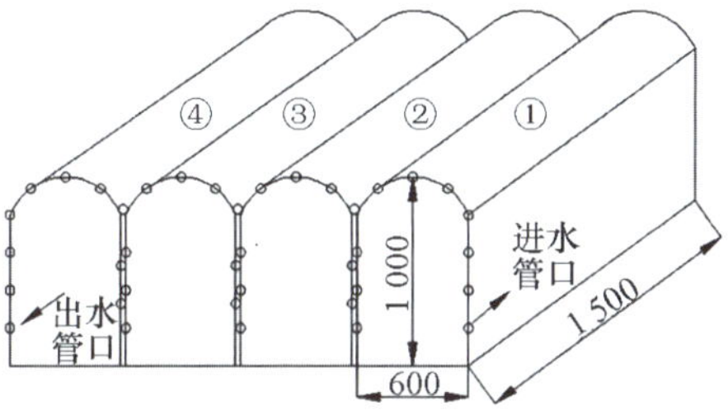

图 3-3 降温猪床的构造(单位:mm)

图 3-4 改造后的猪舍内部图

3.4.2 进水温度和流量对猪床降温效果的影响

1.进水温度

试验期间,对降温猪床的进出水及床内温度进行了连续监测。如图 3-5 所示,可以看出,降温猪床内部的降温幅度与进出水温差成正比,即进水温度越低可带走的热量越多;出水温度越高,管内流动的水带走的猪体及周围空气的热量越多。为获得更好的降温效果,应使用高于室内露点温度的地下水作为降温介质,以避免猪床表面结露,同时节省降温能耗。

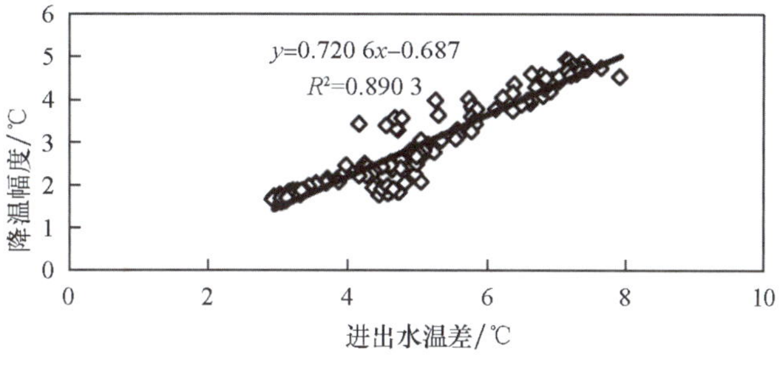

图 3-5 降温猪床内的干球温度降温温差与猪床进出水温度差的关系

2.进水流量

由图 3-6 知,猪床降温幅度与进水流量成正比,当水流量超过 4 L/min 后降温效果不再有大的变化。由于本系统出水口直接与饮水管道连接,一天中高温时段也是猪只饮水量多的时段,使猪床进水的水流量增大,从而能使高温时段的猪床降温效果更佳。相反,在夜间或较低温度时,猪群的饮水量减少,使本系统的进水流量减弱,猪床内部的空气与周围环境温度可基本接近,维持在 25 ℃左右。可见,降温猪床利用饮水来调节进水流量,不但可获得更好的降温效果,而且使得饮水温度有一定的提高,有助于改善肠胃的舒适性,一举两得。

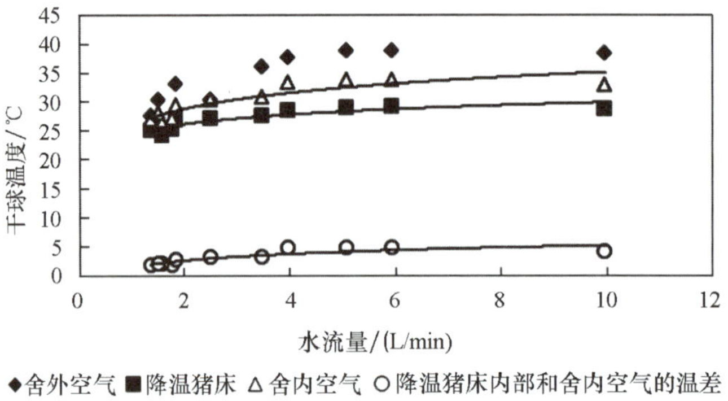

图 3-6　降温猪床水流量与环境温度及降温温差的关系

3.4.3　降温猪床对妊娠母猪生理、行为的影响

为考察降温猪床效果,作者挑选了 24 头胎次为 4 胎的妊娠母猪,将其随机分为试验组(降温猪床)、对照组(传统定位栏)2 个处理,每个处理 4 头母猪,设 3 个重复。饲养在同一栋猪舍,日常管理一致,每天定时(5:30 和 18:30)饲喂,母猪可到猪舍外活动区自由饮水。试验组因安装了降温猪床,躺卧区温度一般在 26～29 ℃内,而对照组躺卧区的温度则基本与舍温一致。

1.降温猪床对妊娠母猪生理的影响

呼吸率和体表温度是衡量动物热应激程度大小很重要的生理指标。炎热条件下,温度每上升 1 ℃,猪的呼吸率平均增加 8～20 次/min。通常,猪的体表温度会随环境温度的升高而增加。由表 3-2 和表 3-3 可知,除了早上舍温较低的时段外,试验组猪只的呼吸率和体表温度均显著低于对照组($P<0.01$),表明利用降温猪床实施局部降温可有效缓解母猪的热应激。

表 3-2　试验组和对照组母猪的呼吸率及相应的环境温度

时间	空气温度/℃			呼吸率/(次/min)		显著性水平(P)
	舍外	舍内	降温猪床内	试验组	对照组	
9:00	33.2±0.4	29.5±0.2	26.8±0.1	11.2±0.7	16.3±2.0	*
14:00	39.0±0.2	33.8±0.0	29.2±0.1	12.8±1.0	47.7±4.4	**
17:00	38.6±0.1	33.5±0.1	28.8±0.1	19.0±2.3	61.6±5.5	**

显著性:** $P<0.01$,* $P<0.05$,NS $P>0.05$。

表 3-3 试验组和对照组母猪的表皮温度及相应的环境温度 ℃

时间	空气温度			表皮温度		显著性水平(P)
	舍外	舍内	猪床躺卧区	试验组	对照组	
7:30	26.5±0.2	26.7±0.1	24.8±0.1	34.1±0.2	34.4±0.1	NS
11:30	37.3±0.4	31.4±0.2	27.9±0.1	34.0±0.1	36.0±0.1	* *
14:30	38.8±0.1	33.8±0.0	29.1±0.1	34.3±0.1	36.7±0.0	* *
17:30	36.9±0.2	33.0±0.1	28.4±0.0	34.1±0.1	36.6±0.0	* *

显著性：* * $P<0.01$，* $P<0.05$，NS $P>0.05$。

2.降温猪床对妊娠母猪躺卧和热调节行为的影响

为评价猪对降温猪床的认可度，记录分析了环境干球温度高于 30 ℃下的母猪行为，包括猪的动作、姿势(腹卧、侧卧、站立、走动和犬坐等)、互动及位置等信息，以及饮水和在水中打滚的频次。每个圈栏内观测的行为发生频次、动作持续时间及占每天观测时间的比例分别作为单元，即分别观测每头猪的行为发生频次及持续时间，然后把每个圈栏内的所有的猪的行为合并作为一个统计样本。即

$$\text{行为发生概率}=\frac{\sum \text{圈内母猪行为时间}}{\sum \text{圈内母猪观测时间}}\times 100\%$$

$$\text{降温猪床使用频率}=\frac{\sum \text{降温猪床的使用时间}}{\sum \text{圈内母猪观测时间}}\times 100\%$$

其中，圈栏内的观察位置分为舍内及舍外活动区两部分。而且舍内的区域定位为降温猪床躺卧区(降温区)、采食区和公共活动区。

高温高湿下，母猪通常需要尽量减少活动避免活动产热，有条件时，会寻找打湿地面躺卧来增加体表散热。观察发现，若舍外温度高于 30 ℃，试验组母猪更喜欢选择在降温猪床内，而在较凉快的时段则较喜欢待在舍外活动区。这是因为采用降温猪床有助于提高母猪休息睡眠质量，精神状态更为活跃。而对照组母猪则选择更多地在舍内潮湿区域躺卧，并尽量避免与其他母猪接触(表 3-4，图 3-7)。

表 3-4 高温期间试验组和对照组内母猪行为的对比 %

行为	圈栏	平均值	标准误差	显著性分析(P)
躺卧	对照组	94.3	0.86	*
	试验组	87.7	1.84	
站立	对照组	4.6	0.95	NS
	试验组	6.7	1.26	
犬坐	对照组	0.2	0.13	NS
	试验组	0.3	0.12	
舍外	对照组	1.0	0.21	*
	试验组	5.3	0.93	

显著性：* * $P<0.01$，* $P<0.05$，NS $P>0.05$。

此外，鉴于降温猪床之间为串联连接，末端猪床内的温度通常较进水口端的高 1～2 ℃，可以看到群体中社会等级较高的猪只更愿意选择靠近进水口的猪床躺卧，这也反映了进水端猪床具有更好的舒适性，因此，在进行降温猪床系统设计时，应注意进水水温和流速，尽可能保持猪床表面的温度不高于 27 ℃，使所有猪只都可以获得良好的躺卧环境。

a　　　　b　　　　c

图 3-7　试验期间试验组(a)和对照组(b,c)躺卧区域的选择性

图 3-8、图 3-9 统计了炎热环境下猪的饮水以及猪自身利用水打湿身体和地面降温的情况。可以看出，猪的饮水频率与环境温度呈正相关，当温度下降时，饮水频率也会降低但有一定的延迟，饮水行为发生的高峰期通常出现 15:00—17:00。对照组猪只利用打湿地面打滚显著高于试验组，其中 16:00—17:00 的发生频率最高。这是因为母猪本身对热应激有一定的自我调节机制，当一开始温度升高时，优先通过喘气、减少不必要活动、尽量避免与其他的母猪接触等方式来减少产热；若环境温度持续升高，自身被动调节机能无法满足散热要求时，则会主动寻求增加蒸发散热的热调节行为，即增加饮水、用水打湿身体或者把水洒在地上躺卧等实现降温，甚至直接躺在排泄区(图 3-7b,c)。从母猪的行为表达上看出降温猪床不但缓解了热应激对猪只的影响，也有助于减少水的浪费，保持猪体表的清洁卫生，这对改善母猪的生产、健康和福利水平很有意义。

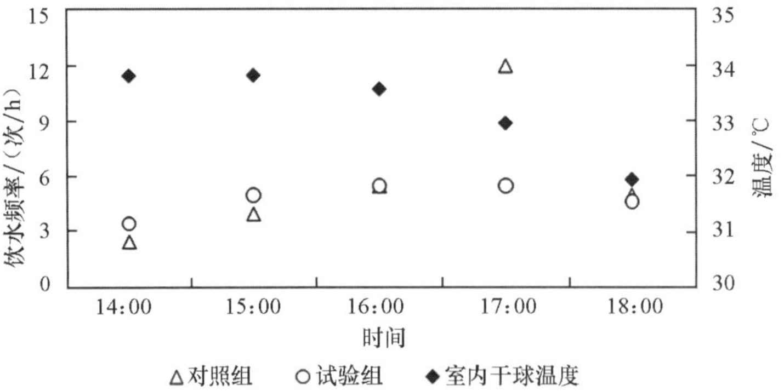

图 3-8　当环境温度随时间变化时试验组和对照组的饮水行为发生频率

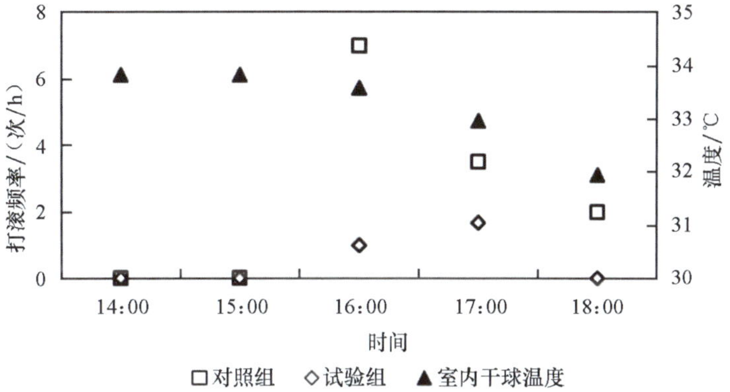

图 3-9 当环境温度随时间变化时试验组和对照组的打滚行为发生频率

3.5 妊娠母猪躺卧区保温设计及其应用效果

妊娠母猪单栏饲养时的临界温度(舒适区温度下限)为 20～23 ℃,群养时为 14 ℃,环境温度低于此临界温度,则会导致代谢率提高、饲料转化率下降。低温环境下,母猪会改变卧姿以减少和混凝土地板的接触面积,或与同伴扎堆躺卧,增加躺卧的不舒适性。在躺卧区地面铺设稻草,可以避免猪体与地板的直接接触,从而改善躺卧区环境和母猪的舒适性、满足母猪的部分探究行为,但会导致生产成本和工作量的增加,引起舍内 CH_4、N_2O 和 CO_2 等有害气体以及粉尘浓度升高,同时还可能造成细菌滋生。对于群养母猪存在空间竞争,还会产生等级低的猪只往往在垫草区躺卧时间较少的问题。由于受"大猪怕热,小猪怕冷"传统观念和经济效益的影响,对母猪冬季保温的重视不够,相关保温技术研究较少,实际生产中缺乏经济、实用的妊娠母猪保温工程措施。为此,本团队围绕母猪躺卧区,开展了可自由出入猪栏前后两端挂帘和小群饲养圈栏顶部加盖的保温效果研究。

3.5.1 猪床保温帘试验设计

用于试验的猪床单元长度和宽度分别为 1 700 mm 和 700 mm。每个圈栏内均设有蹭痒架、磨牙链及鸭嘴式饮水器(图 3-10)。猪床单元两端设有 PVC 软门帘保温,在靠近食槽端门帘离地 150 mm,有利于猪的呼吸(图 3-11)。共选取 16 头妊娠 4 周的健康母猪,随机分成试验组(挂帘)和对照组(不挂帘)依次布置,各 2 圈栏,每圈栏 4 头。试验期间,测试的环境参数有舍内外温度、猪床单元内温度。温度采集采用安捷伦 34970A 数据采集器,采集时间间隔为 10 min。采用高清红外夜视防水摄像机视频记录每头母猪的行为。

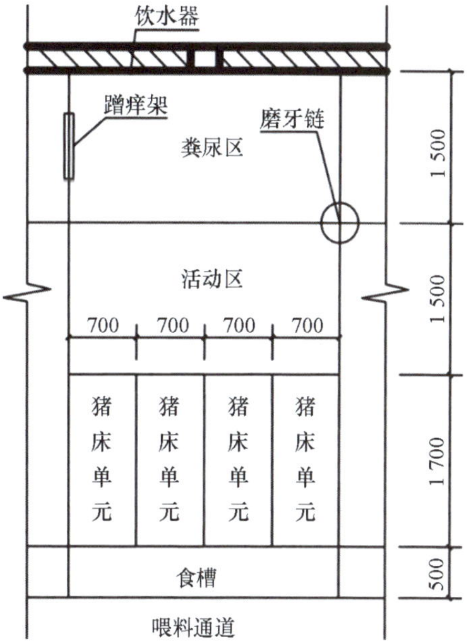

图 3-10 试验圈栏平面结构示意图
(单位:mm)

母猪进圈第 2～4 周，每周观察一天(24 h)。通过回放视频人工观察并统计每头猪的躺卧时间及区域、排泄次数及区域以及饮水、咬链、蹭痒的次数。

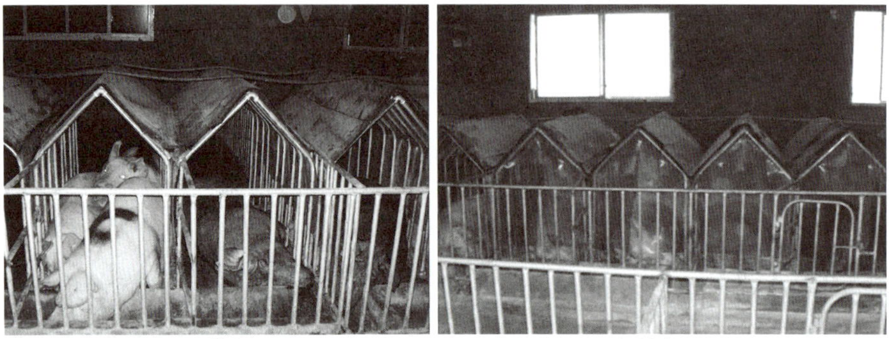

a.不挂帘　　b.挂帘

图 3-11　可自由出入群养母猪栏

3.5.2　猪床门帘保温效果

试验期间，舍外环境温度最高 11.9 ℃，最低 2.8 ℃，平均 6.2 ℃；舍内温度最高 15.3 ℃，最低 7.8 ℃，平均 10.5 ℃；猪床单元内温度见图 3-12。单个猪床单元内无猪躺卧、躺卧 1 头、躺卧 2 头时，挂帘床内分别比对照组高 0.9 ℃、3.2 ℃、4.4 ℃；较舍内高 1.9 ℃、6.9 ℃、9.5 ℃。表明挂帘可有效截留猪自身散失的热量，使躺卧区温度显著提高；天气寒冷时，若 700 mm 宽的猪床会出现 2 头猪挤在一个单元的情况，使得床内的温度更高。而无猪单元内的温度高于舍温则是因为受两侧有猪单元热量的影响。

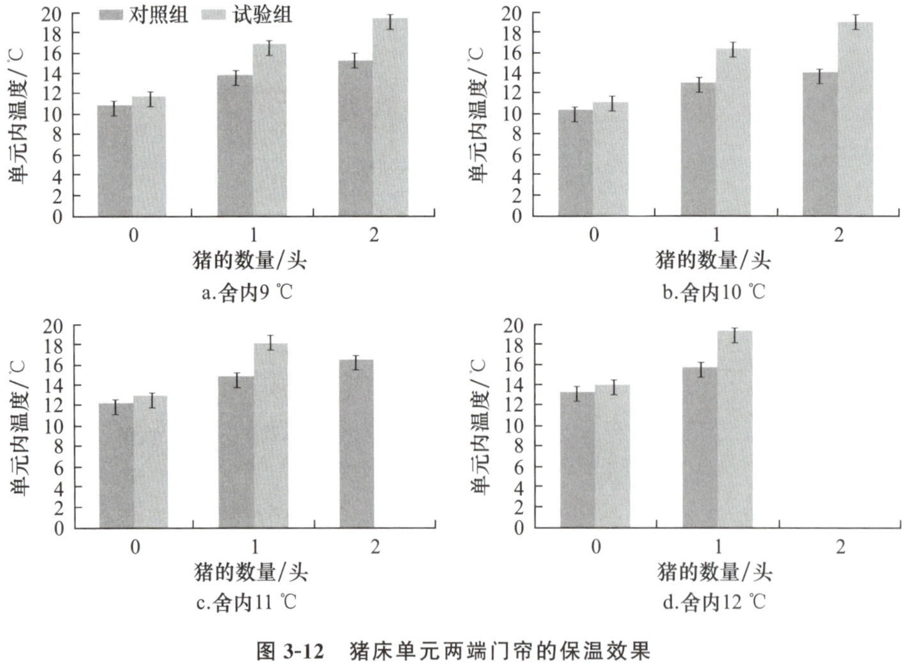

a.舍内9 ℃　　b.舍内10 ℃　　c.舍内11 ℃　　d.舍内12 ℃

图 3-12　猪床单元两端门帘的保温效果

注：猪的数量均为在单个猪床单元内躺卧的头数。

3.5.3 猪床门帘保温对母猪行为的影响

1.躺卧行为

试验组和对照组母猪在猪床单元内躺卧时间分别占总躺卧时间的 99.8%和 99.9%，每天平均躺卧时间分别为(18.6±1.2)h 和(17.8±1.6)h，差异显著($P<0.05$)，见表 3-5。对照组母猪躺卧时间显著少于试验组母猪的，可能有以下两点原因：一是相对猪床两端有门帘保温的试验组母猪，对照组母猪更多的时间处于冷应激状态下，而处于冷应激状态的母猪会本能地想和其他的猪挤在同一个猪床单元内躺卧来相互取暖，而猪之间的相互接触躺卧还会受到猪之间的社会等级关系的影响。因此，受干扰的猪不一定愿意和其在一起躺卧，被干扰起来后很可能也会再去干扰在其他猪床单元内躺卧的猪。二是 2 头母猪拥挤在 700 mm 宽的猪床单元内躺卧，由于空间比较窄，降低了其躺卧的舒适性，这也势必会减少猪在单元内躺卧的持续时间，而试验组猪床两端门帘的设置减少了猪床内热量的散失，增加了局部环境温度，使得出现 2 头猪挤在 1 个单元内躺卧的现象在减少，同时也提高了猪躺卧的舒适度。如图 3-13 所示，2 头猪挤在 1 个单元内躺卧的时间占圈栏内猪躺卧总时间的百分比随舍内温度的升高而减少。舍内温度从 8 ℃升高到 12 ℃，对照组 2 头猪挤在 1 个单元内的躺卧时间占圈栏内猪躺卧总时间的百分比从 41.2%减少到 9.3%，试验组从 23.3%减少到 0，相同舍内温度条件下，试验组低于对照组。试验组和对照组分别在舍内温度高于 11 ℃和 12 ℃，即猪床单元内温度达到 13 ℃，均未出现 2 头猪挤在 1 个单元内躺卧的现象。试验中母猪几乎都在猪床内躺卧，极少在活动区和排泄区躺卧，这可能是猪床单元内温度相对比较高，并且躺卧地面干燥的缘故。猪床单元内温

表 3-5 试验组和对照组行为比较(平均值±标准差)

行为类别	躺卧/h	咬链子/次	饮水/次	蹭痒/次
试验组	18.6±1.2*	14.0±5.1**	18.5±7.0*	4.7±3.4
对照组	17.8±1.6	19.0±7.3	23.3±8.9	3.5±3.0

显著性：** $P<0.01$，* $P<0.05$。

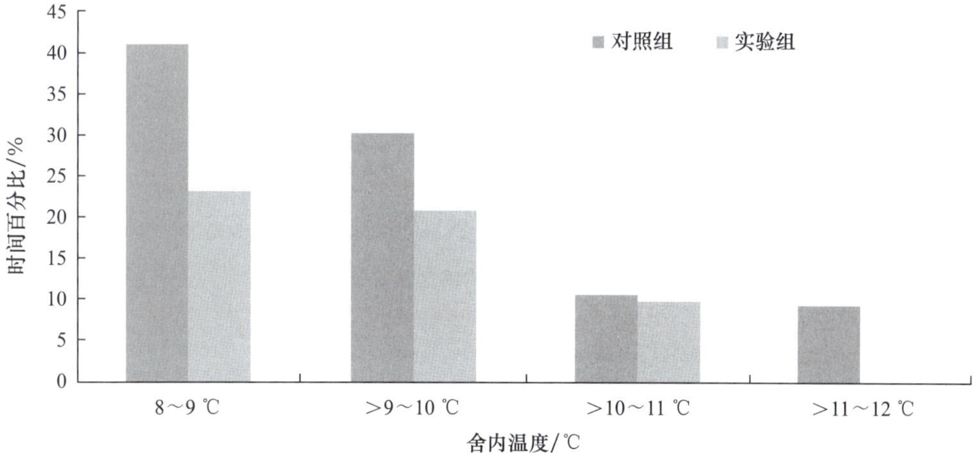

图 3-13 不同的舍内温度 2 头猪挤在一个单元内的躺卧时间占圈栏内猪总躺卧时间的百分比

度达到 13 ℃，未出现 2 头猪挤在 1 个单元内躺卧的现象，这可能表明母猪通过和同伴拥挤躺卧相互取暖的最高临界温度是 13 ℃，但还需要进一步的试验验证。

2.其他行为

由表 3-5 可见，试验组与对照组母猪咬链子次数分别为 14.0 次和 19.0 次，之间差异极显著（$P<0.01$）；饮水次数分别为 18.5 次和 23.3 次，之间差异显著（$P<0.05$）；蹭痒次数分别为 4.7 次和 3.5 次，之间无显著性差异（$P>0.05$）。

对链子和饮水器的操纵被看作是猪的刻板行为。动物的刻板行为通常是在不自然、受限制的环境条件下产生的。群养的母猪可能遭遇到疾病、饥饿、社会等级所导致的打架、环境丰富性贫瘠、极端环境温度及外界干扰等不利因素。Bergeron 和 Gonyou 研究表明：妊娠母猪的限喂增加了母猪对链子和饮水器操纵的刻板行为。本试验对照组母猪咬链次数和饮水次数显著多于试验组，这或许是对照组母猪遭受到冷应激时所表现的刻板行为，或对照组母猪更多的想通过和同伴挤在一个单元内躺卧来提高温度，而同伴有时的拒绝对其所挫造成的。刻板行为是否体现出猪是处在应激条件下或遭受到折磨并不明确，但很可能是猪处在差的福利水平下的一种信号。母猪对链子的操纵和过度的饮水还可能是对其不利条件情绪上的发泄或表示无奈，这也需要进一步的试验研究。

试验组与对照组母猪在排泄区、活动区及猪床单元内排泄依次减少，对照组和试验组母猪在排泄区和活动区排便次数之和分别占其总次数的 98.2%和 100%，排尿次数占其总次数的 88%和 96.8%，见图 3-14。可见，不论是试验组还是对照组绝大多数猪排泄都不在其躺卧的猪床内，这是因为猪生性就是种喜爱干净的动物，有专门的躺卧区和排泄区。但如果空间不能满足其需要，猪可能在圈栏内非排泄区进行排泄。因此，猪在活动区的排泄可能是因为排泄区的空间不能满足排泄需求造成的。试验组在猪床内排泄少于对照组，这可能表明躺卧区环境温度的舒适性有利于保持猪躺卧区的清洁；或许还有可能是因为猪站立时，其后部会碰到猪床后端的门帘，有碍猪的排泄。

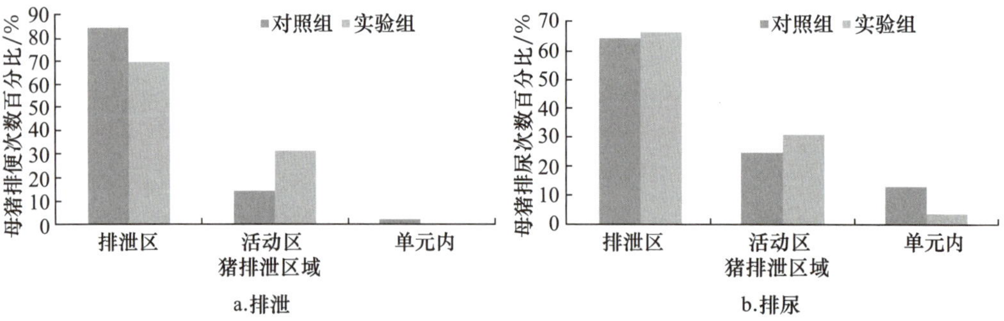

图 3-14　母猪在圈内不同区域排泄百分比

3.5.4　群养圈栏局部遮挡保温效果

在小群圈栏饲养的妊娠母猪舍，在圈栏墙体侧面及上方用木板或帆布遮挡（图 3-15），同样能获得一定的保温效果。本团队曾在重庆某猪场，选用 12 头妊娠 2～3 个月的健康初产荣昌母猪，进行了相关测试。测试期间，舍外和舍内的平均温度分别为 7.4 ℃和 8.8 ℃。其中采用侧面和上方遮挡的栏内温度平均为 12.6 ℃，只在上方遮挡的为 11.7 ℃，无任何遮挡的则为 10.1 ℃。表明冬季局部的环境改善也是有意义的，可很好地利用猪只自身产热来提高躺卧区温度。

a.无遮挡

b.有遮挡

图 3-15 小群圈栏饲养母猪舍局部遮挡保温

3.6 母猪个体隔离的可自锁自由进出门设计

3.6.1 考虑母猪群养的等级关系

与个体限位栏饲养方式不同，群养的母猪之间存在着不同的社会等级。不熟悉母猪混群饲养，需要 2～10 d 的时间通过相互之间争胜行为建立新的社会等级。在此过程中会导致母猪身体皮肤伤增多、皮质醇浓度升高、生产性能降低，甚至出现母猪瘫痪与死亡；妊娠母猪的混群还可影响其仔猪的行为和应激反应。尽管不熟悉母猪混群会造成负面影响，然而，社会等级一旦确立后，猪之间可能通过某种微妙信号的交流，大部分冲突可以通过恐吓和回避而非打架来解决，减少了动物间因争执所导致的率直进攻行为，减少了因争斗行为带来的体能消耗和伤害。早期研究还表明等级高的母猪会优先获得有限的资源，例如在采食、饮水、性行为、环境丰富性及躺卧区域等方面。因此，本试验目的是通过观察社会等级对母猪躺卧和采食行为影响，以便进行猪床的合理设计与优化及母猪小群饲养模式的完善。

可以看到，高等级的猪抢夺进食位置。圈栏中高等级的母猪占据圈栏内第一个被投食单元位置的百分比最高，3 个圈栏内分别为 50%、62.5%和 100%。而猪在圈栏内第一个被投食单元位置可以最先获取食物。圈栏内母猪的社会等级是通过猪之间相互打斗胜负结果建立的，由于妊娠母猪的限喂导致母猪有很强烈的采食动机，所以高等级的猪会通过强的竞争能力占据有利的采食位置来优先获取食物。高等级和中等级的猪发生的攻击与取代次数显著多于低等级的猪($P<0.05$)，而被攻击和被取代次数显著少于低等级的猪($P<0.05$)，如图 3-16 所示。

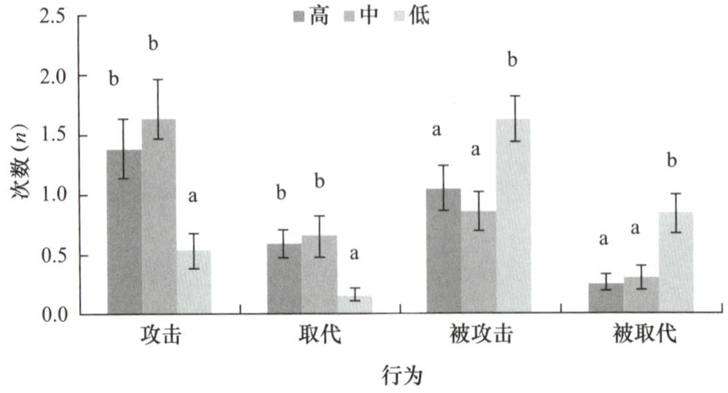

图 3-16　比较不同等级母猪在猪床单元内采食发生的行为

注：同一行为指标字母不同表示两者差异显著($P<0.05$)，字母相同表示两者差异不显著($P>0.05$)。

3.6.2　满足自由进出的个体隔离栏宽度

生产中常用的母猪限位栏规格为 2.1 m×0.6 m×1.0 m 和 2.0 m×0.55 m×0.95 m，大多数母猪限位栏的设计基于母猪静态空间需求，很少考虑其在站立和躺卧之间的动态空间需求。事实上，猪在站立和躺卧转换过程中，身体会向侧、前和后方向移动，单纯的静态空间对其有很大的限制。对于限位栏尺寸，学者们的观点有所不同。Anil 认为增加限位栏空间可提高妊娠母猪在限位栏中移动的自由度；但 Harris 和 Gonyou 则认为分娩限位栏空间增加后不便于母猪姿势的改变。

为定量描述限位栏宽度的影响，李伟等(2017)进行了 600 mm、700 mm、800 mm 3 种栏位的试验，发现母猪在 800 mm 的猪床内躺卧时间最长，且更愿意选择在此躺卧。这一结果与 Baxter 等(1983)的研究结果一致，认为 212.5 kg 的母猪站立和躺卧姿势转换过程的基本宽度应该在 775 mm。实际猪生产中选用的 550 mm 或 600 mm 宽的限位栏是不能满足猪舒适躺卧空间需求的。

然而，栏位宽度增加，也会带来其他问题，如会增多采食时的攻击与取代行为(图 3-17、图 3-18)。母猪在 700 mm 和 800 mm 栏内采食时发生的攻击次数显著高于 600 mm 的水平($P<0.05$)。在 800 mm 栏内，母猪采食被取代的概率为 700 mm、600 mm 的 4 倍和 9 倍(图 3-19)。

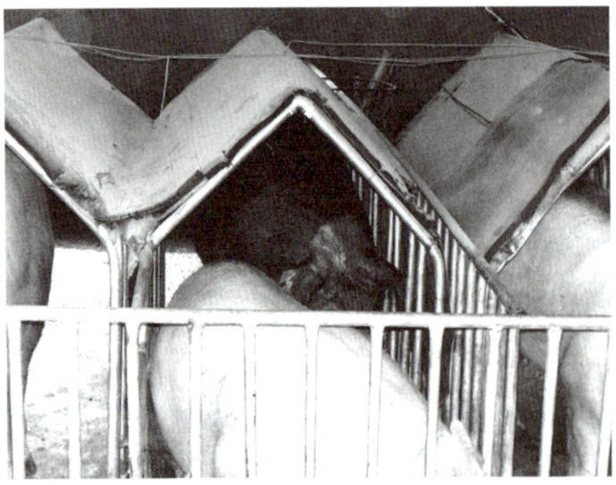

图 3-17　母猪在猪床单元内采食发生攻击行为

图 3-18　被攻击的猪逃出圈栏

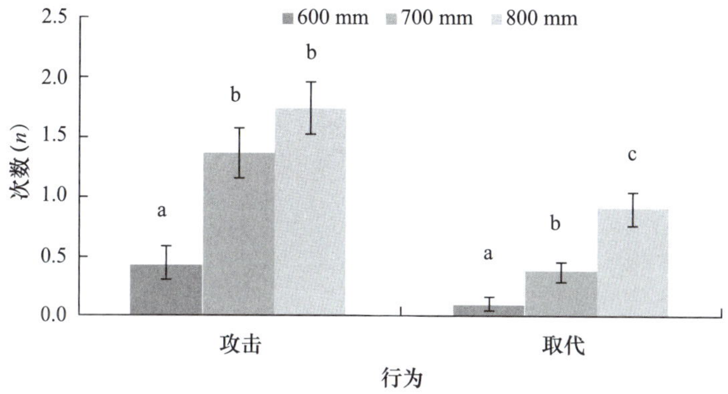

图 3-19 不同猪床单元宽度下母猪采食期间的行为差异

注:同一行为指标字母不同表示两者差异显著($P<0.05$),字母相同表示两者差异不显著($P>0.05$)。

3.6.3 可自锁的自由进出门设计

为避免母猪群养时采食、躺卧、混群时猪只之间的攻击和干扰,设计了一种母猪个体隔离用可自锁自由进出门,即一头母猪可以自由进入隔离门,之后其他猪不能再进入,但进入的猪还可以自由退出进行活动、排泄、饮水等行为,并且以上过程不需要人工操作。

1.结构设计

可自锁自由进出门由连动开关、门框、转动轴和门组成。根据连动开关设有的固定圈及转动圈位置,设计了两套方案。

方案一:连动开关固定圈在外,转动圈在内。门的上部两端分别插入转动轴,转动轴连接到连动开关上,连动开关固定在门框上连动(图 3-20a,b),连动开关设有固定圈(图 3-20c),固定圈内设有转动圈(图 3-20d);第一开关、第二开关和第三开关固定在固定圈上。

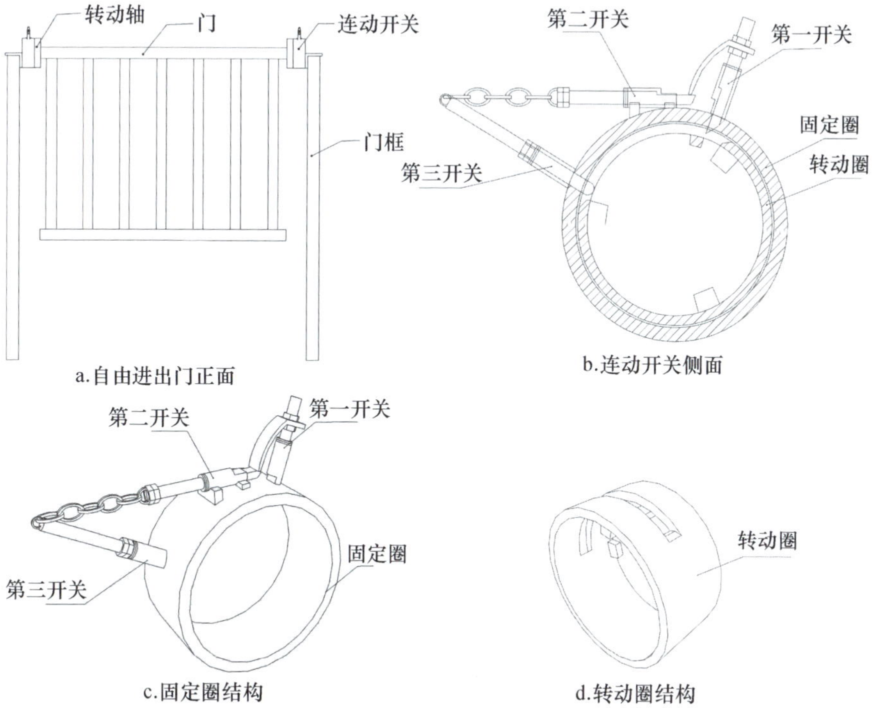

图 3-20 可自锁的自由进出门结构示意图(方案一)

方案二:连动开关的固定圈在内,转动圈在外。连动开关(图 3-21a)设有固定圈,固定圈外设有转动圈,第四开关和第五开关固定在固定圈上;第四开关销中部带有三角销(图 3-21b),第五开关销中部设有销孔(图 3-21c)。

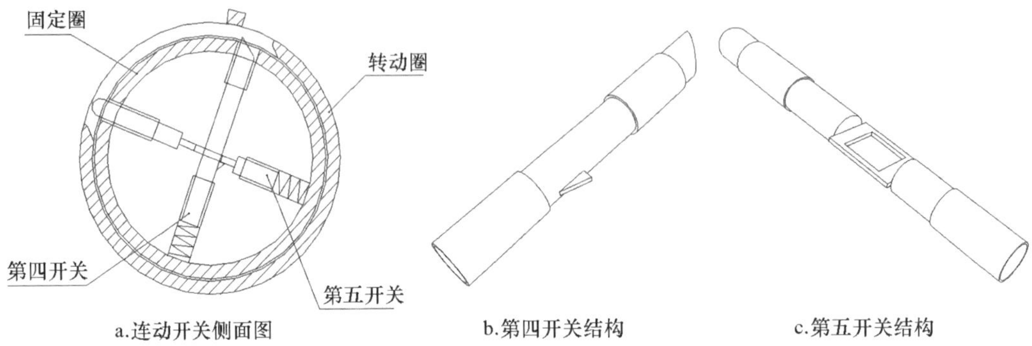

图 3-21　方案二中的开关结构示意图

2.猪进出门的实现

猪通过门进入隔离栏时,推动门框向隔离栏内侧方向转动,门框带动转动圈的转动,连动开关销锁住固定圈,使门不能再向隔离栏方向转动,门外的猪便不能再进入隔离栏,从而达到隔离的目的。进入隔离栏内的猪如果后退,门框向外转动,带动转动圈反方向转动,开关销解锁,使门恢复初始状态,猪又可以自由进入了。

方案一中,初始状态下第二开关的开关销位于第一开关设有的连接板下方,阻碍连接板及其连接的第一开关销依重力向下的运动;第三开关的开关销位于槽中,第一开关的开关销不在槽中,门处于竖直向下的位置(图 3-22a)。当母猪进入时,外力推动门向栏内转动,通过转动轴带动转动圈顺时针转动,转动圈中设有的挡板向上推动第三开关的开关销,使得该开关销离开槽,其尾部通过连接链向外侧拉动第二开关的开关销,导致第一开关的连接板与第二开关销脱离,连接板由于重力向下运动,带动第一开关的开关销落入转动圈的槽中(图 3-22b)。猪入栏后,门通过重力恢复到竖直向下位置,转动圈退回原位,第三开关销回到初始位置,转动圈上设有的横杆将第一开关销卡住。此时,如果有另一头母猪要进入栏内,继续用外力推动门向栏内转动时,因第一开关销已落入转动圈的槽中,横杆受到第一开关销的阻碍,转动圈不能顺时针转动,即门已不能向栏内转动(图 3-22c)。猪从栏内退出时,用外力推动门向栏外转动,通过转动轴带动转动圈逆时针转动,转动圈设有的挡板推动第一开关的开关销向上移动,使得第一开关销离开槽,其尾部带动连接板升高,使得第二开关的开关销退回原位,第二开关的开关销又回到连接板的下部位置(图 3-22d)。猪退出后,门通过重力恢复到竖直向下位置,3 个开关销分别恢复到初始位置,这时外力又可推动门向栏内转动,便可开始下一个循环。

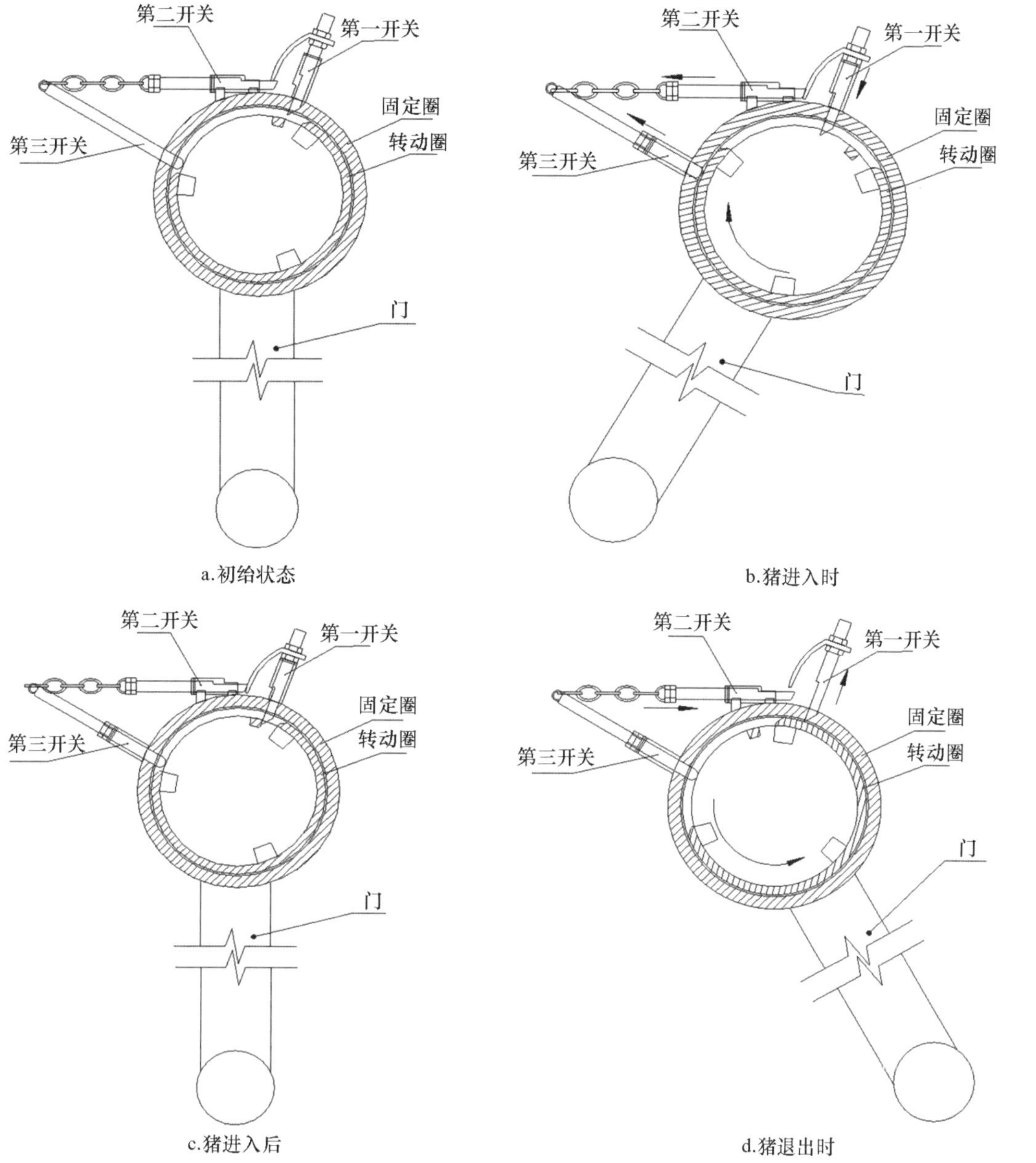

图 3-22 可自锁自由进出门(方案一)

方案二中，初始状态下第四开关销中部的三角销卡在第五开关销的销孔中，第四开关尾部设有的弹簧为压缩状态，第五开关的开关销的头部位于转动圈的槽中，第四开关的开关销的头部不在转动圈的槽中，门处于竖直向下的位置(图 3-23a)。当母猪进入时，外力推动门向栏内转动，通过转动轴带动转动圈顺时针转动，转动圈中设有的挡板推动第五开关销使其沿径向向内运动，使得第五开关销的头部离开槽，同时，销孔沿同一方向沿径向向内运动，卡着的三角销失去束缚被释放，使得第四开关启动，第四开关销的头部在弹簧的伸展作用下向外运动，进入转动圈的槽(图 3-23b)。当母猪进入栏内后，门通过重力恢复到竖直向下位置，转动圈退回原位，第五开关销的头部在弹簧的伸展作用下回到转动圈的槽；转动圈设有的横杆被第四开关销卡住，此时，如果有另一头母猪要进入栏内，继续用外力推动门向栏内转动时，因第四开关销已落入转动圈的槽中，横杆受到第四开关销的阻碍，转动圈不能顺时针转动，即门已不能向栏内转动(图 3-23c)。

当栏内的母猪退出时，用外力推动门向栏外转动，通过转动轴带动转动圈逆时针转动，转动圈设有的挡板推动第四开关销径向向内运动，使得第四开关销的头部离开槽，同时第四开关销上的三角销沿径向向内运动，穿过销孔，销孔重新锁定三角销(图 3-23d)。当母猪完成退出后，门通过重力恢复到竖直向下位置，第四开关和第五开关恢复到最开始的状态，这时外力又可推动门向栏内转动，便可开始下一个循环。

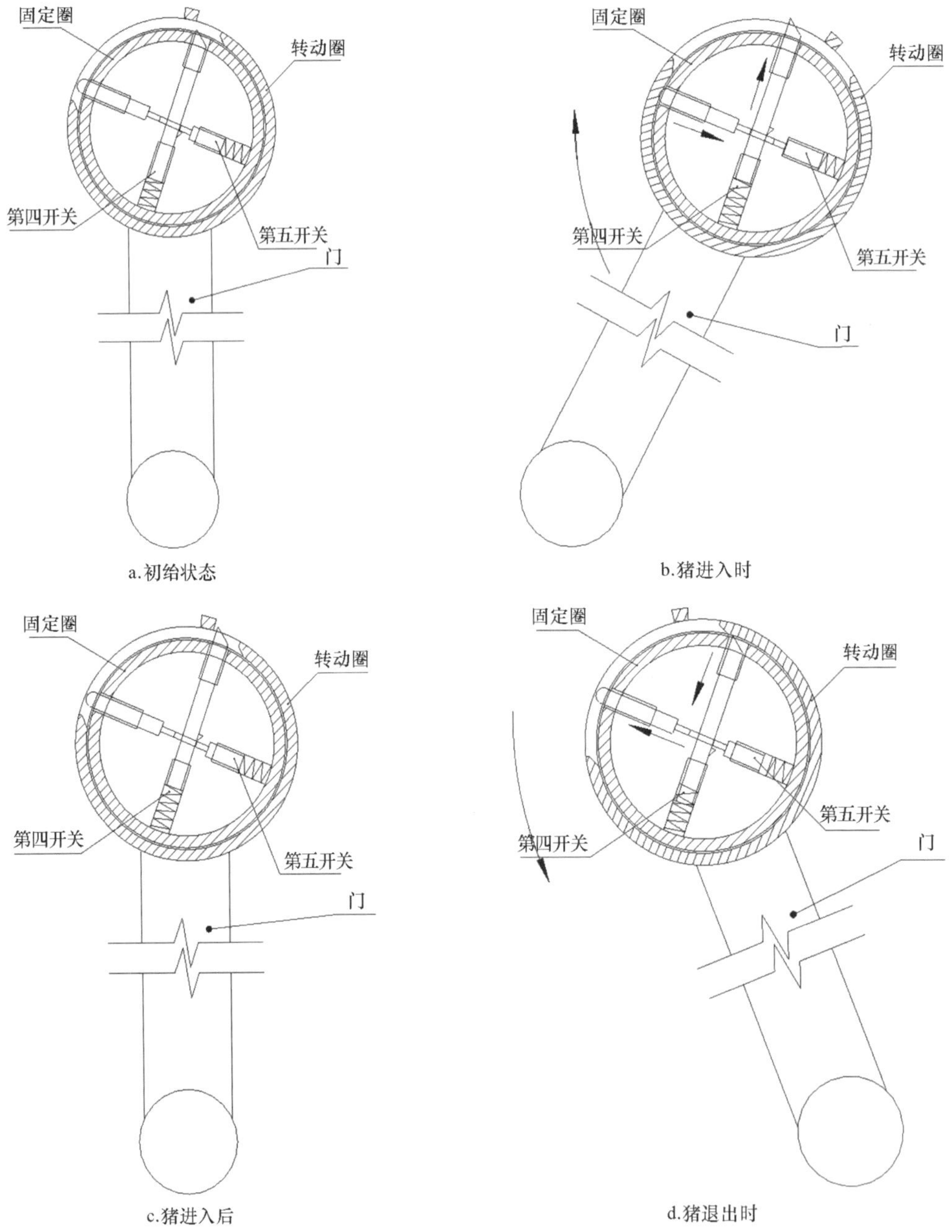

图 3-23　可自锁自由进出门(方案二)

综上所述，所设计的母猪个体隔离用可自锁自由进出门，只在其上端设置连动开关，母猪进入门后，连动开关把门锁住，门外的母猪不能进入，在分隔栏中的母猪又可自由退出，退出后的门又处在了打开状态。

3.现场应用

根据上述原理加工的可自锁自由进出门，可安装于限位栏后部。当猪进入隔离门后，门栏转动带动门上的开关销运动，使隔离门处于锁定状态，此时门外猪无法再进入；当门内的猪退出时(图 3-24)，门栏的转动带动开关销反方向运动，隔离门解锁恢复到初始状态，此时其他猪只又可自由进入(图 3-25)。试验观察表明，猪可自由进出隔离门，不会影响采食、躺卧(图 3-26，图 3-27)，且能免受到其他猪的干扰与攻击。

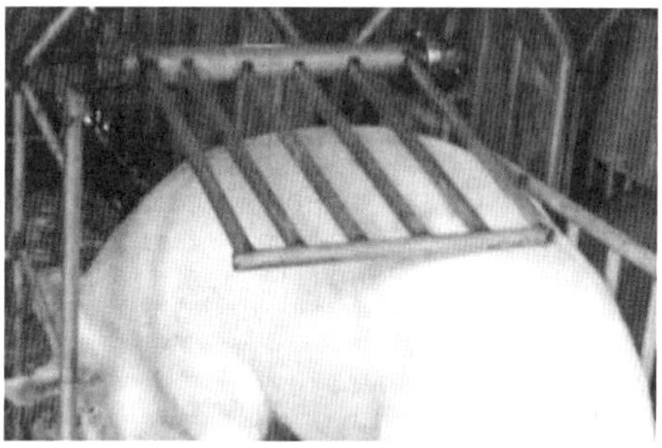

图 3-24 母猪自由退出自锁门隔离栏

图 3-25 母猪进入处于解锁状态的自锁门隔离栏

图 3-26 母猪在有自锁门的隔离栏内采食

图 3-27 母猪在有自锁门的隔离栏内躺卧

（庞真真、李伟）

第4章 分娩哺乳母猪福利化饲养工艺与工程配套

本章提要

本章主要介绍哺乳母猪的福利化饲养特点和对环境的要求，分析现有饲养方式存在的问题和解决方法，提出了一种自由式分娩栏的哺乳母猪福利化饲养工艺，开展了自行开发的关键设施的应用效果研究，并就分娩舍温度、仔猪保温箱的环境状况进行了分析。

4.1 哺乳母猪福利化饲养工艺与环境要求

4.1.1 哺乳母猪与仔猪的母子关系

家猪是野猪驯化而来的，母性并未因驯养而退化。我国地方猪母性好，但瘦肉率不高，生长缓慢，难以满足市场消费需求。国内大多数规模猪场选择饲养国外品种。国内外母猪都有在特定时段呼唤仔猪前来喝奶的行为习性。然而母猪乳腺无乳池，仔猪需要一定时间的乳房按摩，才能放乳。仔猪群体内存在社会等级，高等级仔猪优先占有优质乳头；社会等级低的仔猪通常个体小、体重轻，优质乳头竞争力不强，喝奶量不足。为此，长时间滞留在母猪身旁，进行过多的乳房按摩，既消耗能量，又不能获取乳汁，更严重的是容易被母猪压死或踩死。国外品种母猪体型大，母性较国内地方猪差，更容易压死仔猪。哺乳仔猪对母猪具有乳汁与体侧取暖的依赖性，容易被压死。

4.1.2 哺乳母猪的行为特征和环境需求

欧美国家较早关注母猪福利，科学界与社会民众已充分意识到分娩限位栏危害母猪福利，且大量研究已证实分娩限位栏并不能再进一步降低仔猪压死率。多数仔猪在出生后 24～48 h 内被压死，显然在整个哺乳期对母猪实施限位饲养是没有意义的，应当将其解放到能自由运动的环境中来。然而，在有开阔躺卧空间的圈栏中，母猪有多个躺卧点，翻滚行为可能压死仔猪。哺乳母猪散养需要给予母猪自由，但非完全自由。分娩哺乳母猪散养圈栏需要同时兼顾母猪运动自由与仔猪免于压死的需求。散养母猪并不都选择定点排泄，在不能提供充足垫料的情况下，圈栏内至少 1/3 的地面通常是漏缝地板，且实心躺卧地面向漏缝地板有 1.5%～2%的坡度，保持圈栏内有干燥和舒适的躺卧环境。哺乳仔猪温度需求高，需为其提供躺卧舒适的保温箱，增加保温箱利用率，缩减仔猪非哺乳时段在母猪身旁活动或躺卧的时间，以降低压死、冷应激和腹泻等风险。

4.1.3 仔猪保温箱配置的意义

1～7 d 的哺乳仔猪容易被母猪压死或踩死。早期认为是母猪在空旷的圈栏内运动过度自由而导致的。从 20 世纪 60 年代起，世界范围广泛采用限位栏对哺乳母猪实施定位饲养。随着动物福利的兴起，社会民众强烈要求增加母猪运动量。分娩限位栏形状从传统的矩形向椭圆形、菱形、球形等形式转变，母猪运动空间与运动量稍有增加，但仍不能从根本上增加运动量，提高体质，增强疫病抵抗能力。长期实施定位饲养，母猪骨骼与肌肉强度都不高，在限位栏内向下躺卧的速度得不到有效控制，增加了哺乳仔猪被压死的风险。

仔猪压死与母猪和仔猪的行为有紧密联系。为降低仔猪死亡率，充分利用母猪与仔猪环境温度需求不一致的矛盾，在分娩限位栏内配置仔猪保温箱。保温箱内有舒适的温热环境，提高对仔猪的吸引力，增加保温箱利用率，将仔猪在非哺乳时段吸引到保温箱内休息或躺卧，远离母猪身旁这一危险区，降低被压死的风险。增加保温箱利用率的措施主要有选用保温性能较好的材质加工制作，选用能耗低、热效高的保温灯，或在保温箱底部设置热均衡性更好的保温板。除对保温箱热环境重视外，还要保证仔猪都能呼吸到新鲜空气，避免箱内污浊气体削弱仔猪免疫系统。

4.1.4 规模猪场哺乳仔猪常见死亡原因分析

我国是世界上第一养猪大国，养猪业在畜牧经济总量中占很大比重，已成为农业和农村经济的支柱产业。养猪业正从数量扩张型逐步向质量效益型转变，是我国农村和国民经济中相对独立、发展速度较快和产业化程度逐步提高的产业，但整体生产水平还比较低。例如加拿大和美国的母猪年产活仔数分别为 24.20 头和 25.88 头，仔猪死亡率分别为 11.74% 和 12.88%；“每头母猪年提供断奶仔猪数”(PSY)分别为 22.84 头和 21.10 头。而我国母猪的年产活仔猪总数为 19.18 头，仔猪死亡率约 20%，PSY 仅为 17.82 头，差距明显。规模化猪场哺乳仔猪主要的死因有冷应激、腹泻、压死、弱死。对哺乳仔猪的主要死因进行详细分析，可为养猪生产提供指导，降低哺乳仔猪死亡率。

1.冷应激

冷应激是 1～7 d 新生仔猪的一个死因。环境温度较低时，仔猪产热量低于散热量，容易遭受冷应激。冷应激仔猪表现为体温迅速下降，疾病抵抗能力弱，日增重缓慢。在低温环境中，新生仔猪体温下降可致体质虚弱和大脑皮层灰质坏死。新生仔猪皮下脂肪少，发育尚未完善，保温能力差。受冷应激时，有限的能量被优先用于维持体温，致使缺乏足够能量供机体发挥免疫功能。

2.腹泻

新生仔猪被毛稀少，糖原和脂肪贮存量仅为体重的 2%；大脑皮层发育不健全，神经系统体温调节能力差；消化器官不发达，消化酶因胃酸少而大部分处于酶原状态，植物蛋白消化能力差，食物在消化道内流通速度快；由于胎盘屏障的存在，缺乏先天性免疫；哺乳仔猪生存环境由母腹中的恒温环境到外界变温环境。弱仔体表面积相对较大，散热和体温下降都很快。体温下降 2 ℃，哺乳仔猪体质虚弱，缺乏吮乳能量，初乳量摄入不足，体内抗体有限，容易发生腹泻。腹泻可致仔猪脱水，不利于维持体温，增重缓慢，容易被母猪压死。仔猪趴卧在冰冷铸铁漏缝地板上吮乳或休息，很可能遭受冷应激而腹泻，甚至脱水死亡。

3.母猪行为对仔猪压死率的影响

分娩舍环境对母猪行为有很大影响，其姿势变换频次和仔猪死亡率有关，但是躺卧的谨慎度及对仔猪惨叫声的反应与压死率并无紧密关系。母猪行为转换常致使仔猪被压伤，甚至压死。最容易压死仔猪的行为有：站立到躺卧；腹卧到侧卧；侧卧到腹卧；犬坐到腹卧；腹卧到犬坐。仔猪拥簇在处于站立状态母猪身旁附近乞求乳汁时，母猪两前肢先跪立，臀部最后落地，弱仔被压死的风险很大。

母猪一般都能表达良好的母性行为，但分娩限位栏抑制母性充分表达，母猪个体行为差异也对仔猪被压死有很大影响。未有压死仔猪经历的母猪比有压死仔猪经历的母猪有更多保护仔猪的行为，对仔猪惨叫声反应很快，在更换行为姿势前常发声提醒仔猪。在群养条件下，它们也比压死过仔猪的母猪具有较强的社交能力，能最大限度地避免冲突。新生仔猪偏好在母猪腹部取暖，在母猪行为转换时容易被压致死。在同窝内处于劣势地位的仔猪一般在靠后乳头吮乳，被压死的风险更大。

4.环境因素对仔猪压死率的影响

母猪母性遗传力很低，选育提高困难，但适宜的环境有利于母性充分表达。分娩舍环境对母猪母性行为和仔猪死亡率有很大影响，若躺卧区舒适度较差，其站立躺卧交替频繁，仔猪容易被压死。

5.分娩栏地板对仔猪压死率的影响

从产前 2 d 开始，每天给母猪添加 2.5 kg 稻草作为筑窝材料，并不能显著降低仔猪死亡率，可能是添加量少，作用不明显。良好的分娩环境对母猪有刺激作用，降低躺卧下落速度，保护仔猪免于压死。有细沙或稻草垫料的母猪比在实心地面母猪的姿势变换频次少，有垫料母猪听到仔猪被压在身下的呼唤声时，比无垫料的母猪更快站立，母性反应可能源于环境刺激。改善母猪分娩环境对促进母猪母性充分表达，降低仔猪死亡率有重要意义。

6.温度对仔猪压死率的影响

仔猪偏好在母猪身旁躺卧，需一定时间才会到保温箱休息，其时间长短与舍内温度有关。舍内温度较低，仔猪在较短时间就能到保温箱休息。分娩舍温度在 18 ℃时，仔猪偏好在温度较高的加热板上躺卧（产后 1 周躺卧率 59.3%）；舍温 26 ℃时，仔猪的加热板利用率降低。18 ℃舍温提高了局部加热区的仔猪利用率，有利于降低压死率。将舍饲散养母猪的躺卧地板加热到 33.5 ℃，新生仔猪体温恢复快，早吃初乳，降低死亡率。地板和保温箱之间的温差较小，可能降低了仔猪的保温箱利用率。母猪分娩后活动频次较低，新生仔猪可能在这间隙体温恢复好，摄取到充足的初乳，活力高，降低被压死的风险。

7.弱死

弱仔分先天性弱仔和后天性弱仔（图 4-1）。外来品种母猪的先天性弱仔初生重不足 1.10 kg，仔猪成活率约 25%；后天性弱仔初生重正常，但因其他原因逐渐消瘦。弱仔需很长时间才第一次成功获取初乳。处于饥饿状态，仔猪产热率约降低 30%，更容易遭受冷应激。后天性弱仔因为疾病等原因增重缓慢、消瘦，并最终死亡。增重缓慢的仔猪或弱仔因饥饿而较长时间滞留在母猪乳房附近，却不能获得乳汁，既消耗体能，又容易被母猪压死。在初生重差异大的仔猪群体中，弱仔存活率低。与体重较大的同伴相比，弱仔乳汁竞争力差，产后 7 d 的成活率仅 28%。适时寄养给其他母猪哺育，可有效降低死亡率。

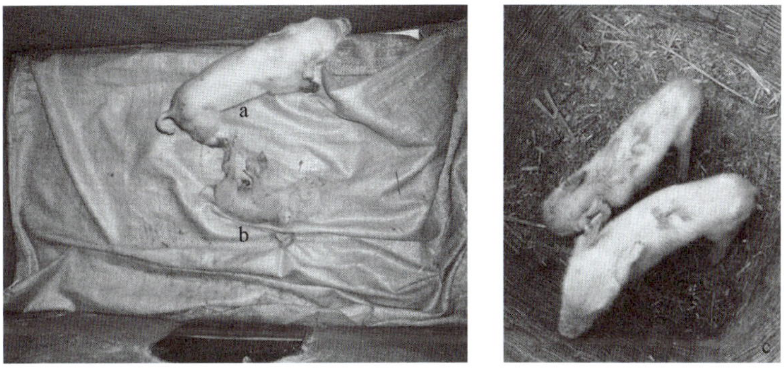

图 4-1 仔猪弱死

a.正常仔猪 b.先天性弱仔 c.后天性弱仔

仔猪初生重小固然影响成活率，但如果与其母乳竞争同伴体重比较接近，存活率能得以提高。弱仔在母猪放乳结束后对乳房按摩行为越多，持续时间越长，增重越缓慢，可能是按摩乳房消耗太多的能量，却没有真正吮吸到乳汁。体重较轻与体重较大仔猪小群混养比大群混养有较高的 21 d 断奶重。合理寄养有利于提高弱仔的增重和成活率，但需要及时寄养，否则会打乱已固定的乳头顺序。

8.其他

仔猪死亡的其他原因：疝气是阉割导致漏肠形成的；牙龈感染是指仔猪在断牙时，剪伤牙龈，导致牙龈肿大，难以进行正常的吮乳活动而死亡，属操作不当。

4.2 现有分娩限位栏存在问题分析及优化

4.2.1 问题分析

铸铁漏缝地板在维护猪床清洁，降低劳动强度等方面的优势明显，在规模化猪场得到了广泛应用。缺点是母猪躺卧时两前肢跪立在质地坚硬的铸铁地板上，臀部下落速度快，容易压死仔猪；母猪和仔猪前肢损伤普遍。为此，研制了氯丁橡胶垫，并针对改善母猪母性行为，提高哺乳仔猪成活率和降低仔猪肢体损伤等方面的效果和铸铁漏缝地板进行了比较。

仔猪常需跪立才能吮吸母猪下排乳头的乳汁，前肢为此损伤严重。仔猪前肢皮肤磨损与窝内仔猪争抢乳头的激烈程度和地板材质有关。混凝土和钢丝编织网组合地面的仔猪前肢损伤率很高，不适合养殖幼龄仔猪。陈旧暴露碎石骨料的混凝土实心地板的哺乳仔猪前肢损伤率和损伤程度也很严重，塑化编织网上的损伤相对较少。前肢损伤后病原菌从伤口进入机体，仔猪容易患关节炎，增重缓慢，容易被压死。母猪肢体损伤严重甚至导致瘸腿，躺卧时臀部下落速度难以掌控，容易压死仔猪。在混凝土、砂石等实心地板上发现母猪腿和乳头几乎没有损伤，但是在全漏缝地板上的损伤却很严重。漏缝地板或混凝土实心地板在规模化猪场中应用广泛，但环境贫瘠或地板材质较为坚硬不利于母猪母性充分表达。在地板上添加适量稻草或其他垫料可减轻坚硬地板对猪体的损伤。母猪在细沙或稻草垫料上比在混凝土实心地面上有较低的姿势转换频次，听到仔猪被压在身下的呼叫声时，比无稻草垫料的母猪能更快站立起来。地板上添加稻草，母猪躺卧时臀部下落速度缓慢，冲击力小，降低仔猪被压死的风险。

4.2.2 分娩限位栏床面的改进设计及应用效果

1.床面材料的选择

稻草等作物秸秆是改善地面站立与躺卧舒适度的理想材料。然而，我国种养分离严重，秸秆垫料成本高，在规模化猪场较少使用。为此，选用合适的床面材料作为秸秆垫料的替代物是很有必要的。猪有探究习性，母猪在分娩前也有反复拱地的行为。床面材料不能危害其健康，而且还需防母猪啃咬。氯丁橡胶无毒无味，对母猪和仔猪无毒害作用；抗撕裂强度高，能耐受反复啃咬；传热系数低，可以降低仔猪腹部热量的损失，是较理想床面材料。

2.床面材料尺寸和形状设计

分娩猪栏床面要求清洁、干燥，氯丁橡胶垫需固定在有良好渗滤能力的漏缝地板上使用。不同厚度氯丁橡胶垫的硬度、回弹性和表面摩擦系数等物理性质不同，氯丁橡胶垫厚度对母猪的躺卧舒适度有很大影响。选用 3 种厚度（7 mm、10 mm 和 13 mm）矩形氯丁橡胶垫，简计为 NM7，NM10 和 NM13。基于母猪体长与体重的关系确定氯丁橡胶垫长度。

$$L = 31.69\ W^{0.296}$$

式中：L 为母猪鼻尖到臀部后方的直线距离（cm）；W 为母猪体重（kg）。

哺乳母猪最大体重一般为 300 kg，按照上述方程，其体长为 1.7 m。为防止饲料、饮水、粪尿的污染，分娩限位栏前后方各有 0.4 m 的位置不铺设橡胶垫，橡胶垫长度为 1.3 m，两侧是仔猪哺乳区，宽度均为 25 cm（图 4-2）。

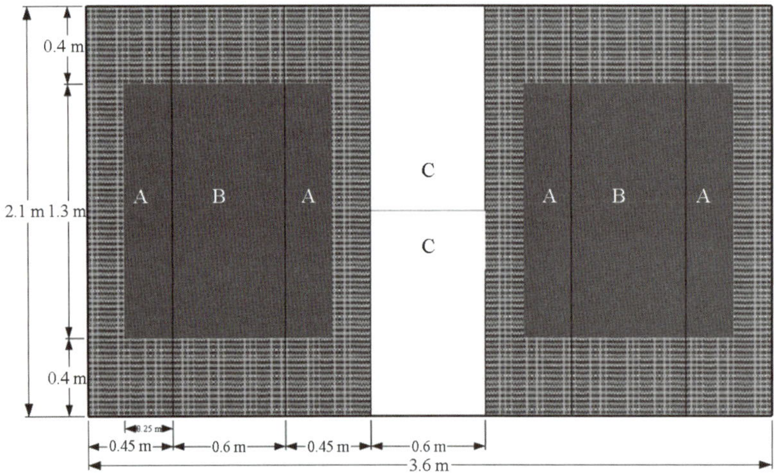

图 4-2 分娩栏示意图（试验 1）

A.仔猪哺乳区 B.母猪躺卧区 C.仔猪保温箱

黑色区域代表氯丁橡胶及固定位置，周边区域为铸铁漏缝地板。

3.测试结果

（1）仔猪前肢损伤 0～1 日龄未发现仔猪前肢有损伤（表 4-1）。与对照组相比，NM 试验组 2～7 日龄仔猪的前肢损伤面积明显较小（$P<0.001$）。同时还发现 NM10 组的仔猪前肢损伤面积最小，伤口愈合也最快。对照组有 10% 的仔猪前肢关节肿大，而试验组（NM7，NM10）无关节肿大。仔猪在 0～1 日龄未发现有前肢损伤，这可能是仔猪体重较轻，摩擦力小，以及短

期内还未出现损伤。在 2～7 日龄内，对照组仔猪前肢损伤较 NM 组严重，这可能与对照组铸铁漏缝地板硬度较大有关。与 NM7 组相比，NM10 组的仔猪前肢损伤面积较小，与 NM10 组的摩擦系数相对较小有关。但是应该注意到 NM7 组被外来物质严重污染，母猪粪便和散落饲料导致橡胶垫表面摩擦系数增加。橡胶本身的表面颗粒同样会磨损仔猪前肢，且氯丁橡胶表面摩擦系数随其厚度而增加，但厚度增加也会增加其回弹值。

表 4-1 新生仔猪 1～7 日龄在铸铁漏缝地板或氯丁橡胶垫上的前肢损伤面积(平均值±标准差) cm^2

日龄	Ctrl-1	NM7	NM10
	n=30	n=31	n=30
1	0.0±0.0	0.0±0.0	0.0±0.0
2	0.3 ± 0.7^{A}	0.2 ± 0.0^{A}	0.0 ± 0.0^{C}
3	0.8 ± 0.2^{A}	0.5 ± 0.1^{B}	0.1 ± 0.1^{C}
4	0.8 ± 0.1^{A}	0.4 ± 0.1^{B}	0.2 ± 0.1^{C}
5	0.8 ± 0.1^{A}	0.5 ± 0.1^{B}	0.2 ± 0.1^{C}
6	1.0 ± 0.1^{A}	0.9 ± 0.2^{B}	0.5 ± 0.2^{C}
7	1.9 ± 0.3^{A}	1.2 ± 0.2^{B}	0.2 ± 0.1^{C}

Ctrl-1：试验 1 的对照组；NM7：7 mm 厚的长方形氯丁橡胶垫；NM10：10 mm 厚的长方形氯丁橡胶垫；n 为仔猪头数；每行数值肩头大写字母不同代表差异显著 $P<0.001$。

(2)仔猪生产性能　对照组和 NM7 组及 NM10 组的弱仔(初生重低于 1.1 kg)数无显著差异，但仔猪总死亡率和压死率有显著性差异($P<0.05$，表 4-2)，可能是母猪在氯丁橡胶垫上有较好的躺卧舒适度。对照组和 NM 组仔猪腹泻死亡率有显著性差异($P<0.05$，表 4-2)。尽管没有发现橡胶垫对哺乳仔猪腹泻率有影响，但橡胶垫显著降低新生仔猪(0～7 日龄)腹泻死亡率 ($P<0.05$)。与对照组相比，试验组仔猪腹部和地板的温度差值较低，这可能是试验组新生仔猪腹泻死亡率及腹泻率较低的原因。饲养在加热地板(33.5 ℃上的新生仔猪，在产后 48 h 能很快恢复体温，死亡率较低。相比 22 ℃的地板，母猪分娩时偏好在 35 ℃地板上躺卧，且在产后 1～3 d 更多选择在较高温度地板上休息，此后则偏好在低温(22 ℃地板上躺卧。提供氯丁橡胶垫并不能额外提供热量，但更利于保温，降低仔猪腹泻死亡率和腹泻率。

表 4-2 不同地板哺乳仔猪死亡率和腹泻发病率

项目	Ctrl-1	NM7	NM10
窝内活产仔数	10.0±0.6	10.0±0.0	10.0±1.0
窝内弱仔(<1.10 kg)/%	10.1±0.6	10.0±10.0	9.8±5.24
每窝断奶仔猪数	7.0 ± 0.6^{a}	9.3 ± 0.3^{b}	8.7 ± 0.7^{b}
总死亡率/%	27.9 ± 4.7^{a}	6.7 ± 3.3^{b}	12.1 ± 8.0^{b}
压死率/%	18.5 ± 5.0^{a}	6.7 ± 3.3^{b}	9.1 ± 5.2^{b}
腹泻死亡率/%	6.1 ± 3.3^{a}	0.0 ± 0.0^{b}	0.0 ± 0.0^{b}
腹泻发病率(0～21 日龄)/%	8.1 ± 2.9^{a}	7.1 ± 1.1^{a}	5.7 ± 1.0^{a}
新生仔猪腹泻发病率(0～7 日龄)/%	6.4 ± 0.4^{a}	3.4 ± 2.7^{b}	1.4 ± 0.8^{b}

仔猪压死率＝压死仔猪数/产活仔猪数×100%；Ctrl-1：试验 1 的对照组；NM7：7 mm 厚的长方形氯丁橡胶垫；NM10：10 mm 厚的长方形氯丁橡胶垫；同行数值肩头小写字母不同者表示差异显著($P<0.05$)。

(3)床面对母猪行为的影响　母猪行为见表 4-3、表 4-4。与对照组相比，试验组(NM7，NM10)母猪的站立和跪立时间较短。母猪较长时间跪立在坚硬的铸铁漏缝地板上属于异常现象，对照组母猪似乎犹豫跪立再躺卧，它们左前肢先跪立在地板上，而右前肢仅轻微和地面接触，左右交替反复 3 次以上。事实上，一旦决定躺卧，它们比试验组母猪后臀下落速度较快($P<0.05$)。侧卧和腹卧比值越大，表示动物行为舒适度越高，可能与侧卧时的头鼻紧靠在地板上，肌肉松弛有关。与 NM 组母猪相比，对照组母猪的侧卧与腹卧比值低，但行为转换频次相对较高。试验组母猪行为转换频次低和/或较长的躺卧下落时间有利于降低仔猪压死。母猪从站立到躺卧的时间长短与仔猪压死率成反比，母猪躺卧受自身肌肉控制，具有高强度肌肉的母猪可以延长从站立到躺卧的时间，降低仔猪压死率。在铸铁漏缝地板上铺设环氧树脂橡胶极大降低哺乳母猪前肢损伤率，也降低了母猪失控躺卧行为的发生。橡胶床面上的母猪似乎比对照组母猪能更好控制臀部下落速度，延长了躺卧时间，良好的分娩环境有利于激发母性行为的充分表达。

表 4-3　哺乳母猪在不同地板上的行为反应

地板	母猪样本/头	母猪行为					
		站立	跪立	侧卧	腹卧	坐立	行为转换频次
Ctrl-1	3	13.8 ± 1.3^{a}	0.3 ± 0.1	64.6 ± 2.4^{a}	19.2 ± 1.6^{a}	2.2 ± 0.1^{a}	0.13 ± 0.07^{a}
NM7	3	12.0 ± 1.9^{a}	0.2 ± 0.1	82.7 ± 2.7^{b}	4.8 ± 1.4^{b}	0.4 ± 0.1^{b}	0.07 ± 0.02^{b}
NM10	3	7.4 ± 1.2^{b}	0.2 ± 0.1	75.8 ± 2.5^{b}	15.6 ± 1.6^{a}	1.0 ± 0.2^{b}	0.10 ± 0.01^{b}

Ctrl-1：试验 1 的对照组；NM7：7 mm 厚的长方形氯丁橡胶垫；NM10：10 mm 厚的长方形氯丁橡胶垫；表中数据指猪各种姿势的发生时间占总观察时间的百分比；同列数值肩头小写字母不同者为差异显著($P<0.05$)；行为转换频次(次/s)：总行为频次/总观察时间。

表 4-4　母猪从站立到躺卧时臀部下落时间

地板	母猪样本/头	平均值±标准差/s	最小值/s	最大值/s
Ctrl-1	3	2.6 ± 0.2^{a}	1.0	4.0
NM7	3	3.6 ± 0.2^{b}	3.0	5.0
NM10	3	3.7 ± 0.2^{b}	2.0	6.0

Ctrl-1：试验 1 的对照组；NM7：7 mm 厚的长方形氯丁橡胶垫；NM10：10 mm 厚的长方形氯丁橡胶垫；同列数值肩头小写字母不同者表示差异显著($P<0.05$)。

4.2.3　氯丁橡胶垫尺寸和形状的再优化

在前述试验中对母猪行为观察后发现橡胶垫前方被饲料和饮水污染，后方被粪尿污染，增加表面摩擦力，仔猪前肢损伤仍显严重。试验 2 的氯丁橡胶垫长度和形状都需重优化。① 体重为 300 kg 的母猪的体长(鼻尖到臀部)为 170 cm，从 1～10 胎次母猪肩部到臀部后方长度 115 cm，从鼻尖到肩部长度 55 cm，腰部到臀部后方长度约 40 cm，可以推算出肩部到腰部长度约 75 cm。采用氯丁橡胶垫为增加母猪的躺卧舒适度，因此将母猪躺卧区的氯丁橡胶垫长度确定为 80 cm 长。在一个分娩圈栏内一般为 10 头仔猪，21 d 断奶仔猪的肩宽约 13 cm，两侧哺乳区的氯丁橡胶垫长度确定为 130 cm。② 体重为 150 kg，体长为 140 cm 母猪舒展站立，头部触及在长为 210 cm 分娩限位栏前端的饲料槽排泄时，需要后方有 70 cm 的铸铁漏缝地板供排泄所用。③ 体重为 300 kg，体长为 170 cm 母猪舒展站立，头部触及在长为 210 cm 分娩限位栏前端的饲料槽采食饲料时，散落饲料泼洒距离一般在 50 cm 左右。氯丁橡胶垫固定在分娩限位栏中央，离分娩栏前后两端的距离都为 40 cm。

综合考虑试验 1 的母猪行为和仔猪成活率，NM10 性能较好。试验 2 为此采用 10 mm 厚氯丁橡胶垫，并将母猪躺卧区的氯丁橡胶垫前端剪掉一块 0.6 m×0.2 m 的橡胶，后端剪掉一块 0.6 m×0.3 m 的橡胶，其形状为双凹形，简记为 CNM10，如图 4-3 所示。

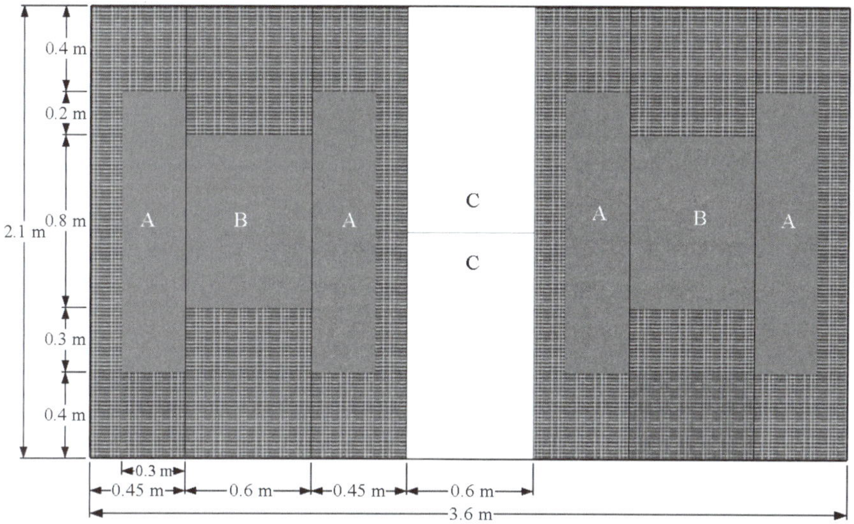

图 4-3 分娩栏示意图(试验 2)

A.仔猪哺乳区 B.母猪躺卧区 C.仔猪保温箱

灰色区域代表氯丁橡胶及固定位置，周边区域为铸铁漏缝地板。

对照组 4～7 日龄仔猪前肢损伤面积较 CNM10 组的大($P<0.001$)。CNM10 组的仔猪前肢伤口也较早愈合。8% 的对照组仔猪患有关节炎，而 CNM10 试验组中未发现有仔猪关节炎。CNM10 的仔猪前肢损伤面积较改进前 NM10 的损伤面积大，可能是 CNM10 的仔猪初生重相对较大，在橡胶表面上有较大的摩擦力。尽管两个试验在降低仔猪前肢损伤效果有差异，但 CNM10 比对照组有较低的前肢损伤面积(图 4-4)。

对照组仔猪脚底损伤分值和损伤率较 CNM10 组严重(图 4-5)。从表 4-5 中可以看出，3～10日龄仔猪脚底损伤分值逐渐增加；11～17 日龄，其损伤分值降低。在 CNM10 组中未发现仔猪脚底有严重损伤(3 分值)，且多数仔猪损伤分值为 1。从 11 日龄起，只有较少的仔猪脚底损伤分值为 2，表明 CNM10 的脚底损伤愈合较快。随日龄增加，对照组脚底损伤为 2 分和 3 分的仔猪比例增加，伤口愈合也较慢。

表 4-5 地板对仔猪脚底损伤率的影响(平均值±标准差) %

日龄	Ctrl-2				CNM10			
	0 分	1 分	2 分	3 分	0 分	1 分	2 分	3 分
3	4.2±2.6	53.5±9.7	32.7±7.2	9.6±4.6	71.0±6.0	23.2±3.4	5.8±4.2	0.0±0.0
10	0.0±0.0	19.3±7.9	48.2±6.9	32.5±11.2	36.2±11.5	47.8±7.7	16.0±4.7	0.0±0.0
17	0.0±0.0	14.7±4.5	49.1±8.3	36.2±9.2	41.2±4.3	49.6±2.9	10.8±4.9	0.0±0.0

Ctrl-2：试验 2 的对照组；CNM10：双凹(H)形 10 mm 厚的氯丁橡胶垫。

图 4-4　仔猪前肢损伤

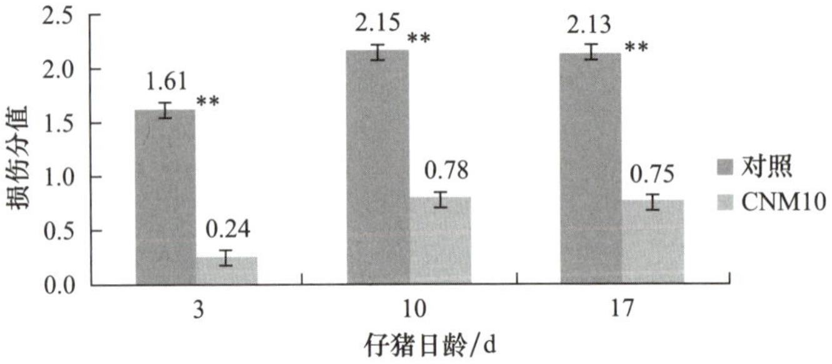

图 4-5　仔猪在不同地板上的脚底损伤值

改进床面对仔猪健康的影响：试验未发现有仔猪被压死，可能是该试验在低舍温（15～18 ℃）条件下进行，仔猪保温箱利用率相对较高，在危险区域（母猪身旁）的躺卧或活动时间短、频次低造成的。同样未发现有仔猪腹泻死亡，但对照组仔猪腹泻率为 2.7%，而 CNM10 的仅为 0.6%（$P<0.05$）。CNM10 仔猪腹部与地板的温差为 9.2 ℃，而对照组为 15.9 ℃（$P<0.001$），较低温差有利于降低 CNM10 仔猪腹泻率。

改进床面对母猪行为的影响：母猪行为数据资料见表 4-6，表 4-7。CNM10 和对照组母猪从站立到躺卧的时间分别为 7.4 s 和 4.5 s（$P<0.05$）。与试验 1 结果类似，CNM10 母猪也比对照组有较高的侧卧与侧卧比值。对照组母猪坐立时间长于 NM/CNM10 母猪的坐立时间（$P<0.05$）。在哺乳母猪躺卧区及两侧仔猪哺乳区的铸铁漏缝地板上固定氯丁橡胶垫，比单纯的铸铁漏缝地板具有以下优势：降低仔猪前肢损伤面积，降低仔猪关节炎发生率 8%～10%；仔猪腹部和地板温差可降低 3～6 ℃；降低仔猪压死率、腹泻死亡率和腹泻率；母猪从站立到躺卧时间延长了 3 s。

表 4-6　哺乳母猪在不同地板上的行为反应

地板	母猪行为					
	站立	跪立	侧卧	腹卧	坐立	行为转换频次
Ctrl-2	10.7 ± 2.0^a	0.2 ± 0.0^a	64.8 ± 5.2^a	19.7 ± 4.5^a	2.7 ± 0.8^a	0.04 ± 0.00^a
CNM10	12.5 ± 3.0^b	0.1 ± 0.0^b	68.9 ± 5.9^b	10.2 ± 4.8^b	0.9 ± 0.5^b	0.03 ± 0.02^a

表中数据指猪各种姿势的发生时间占总观察时间的百分比；同列数值肩头小写字母不同者为差异显著（$P<0.05$）；行为转换频次（次/s）：总行为频次/总观察时间；Ctrl-2：试验 2 的对照组；CNM10：双凹（H）形 10 mm 厚的氯丁橡胶垫。

表 4-7 母猪从站立到躺卧时臀部下落时间

地板	母猪样本/头	平均值±标准差/s	最小值/s	最大值/s
Ctrl-2	6	4.5±0.1[a]	1.0	4.0
CNM10	6	7.4±0.3[b]	3.0	6.0

Ctrl-2：试验 2 的对照组；CNM10：双凹(H)形 10 mm 厚的氯丁橡胶垫；表中同列数值肩头小写字母不同者表示差异显著($P<0.05$)。

在哺乳母猪躺卧区及两侧哺乳区的铸铁漏缝地板上固定双凹形氯丁橡胶垫，比铸铁漏缝地板具有以下优势：降低仔猪前肢损伤面积，降低仔猪关节炎发生率 8%～10%；仔猪腹部和地板温差可降低 3～6 ℃；降低仔猪压死率、腹泻死亡率和腹泻率；母猪从站立到躺卧时间延长了 3 s，表明母猪在氯丁橡胶垫上舒适度好，因而降低了仔猪压死率。

4.3 自由式分娩栏饲养工艺设计与应用效果

4.3.1 自由式分娩栏工艺参数的确定

为了将分娩/哺乳母猪从限位饲养转变为散养饲养模式，满足母猪适度运动需要，并有效降低哺乳仔猪死亡率，设计一种同时兼具分娩限位栏和分娩圈栏的优点，并克服了两者缺点的新型分娩栏，称之为“自由式分娩圈栏”。

1.长度

分娩圈栏长度需要根据母猪体长来确定，由于母猪品种繁多，为避免品种差异，利用体长和体重回归方程计算出在一定体重范围的母猪体长。

$$L=38.4\,W^{0.33}$$

式中：L 为母猪鼻尖到臀部后方的直线距离(cm)；W 为母猪体重(kg)。

母猪体重范围一般在 150～300 kg，根据上式计算出母猪的体长为 1.4～1.7 m。体长是分娩圈栏的最小长度，以母猪在运动状态下所需活动空间来确定分娩圈栏的长度更有现实意义。150～300 kg 的母猪在运动状态下所需分娩栏长度为 2.0～2.5 m，因此自由式分娩圈栏长度确定为 2.5 m。

2.宽度

(1)母猪站立时使用宽度　母猪身体的 3 个代表部位的宽度依次为：肩宽＞臀宽＞体侧宽，因此分娩圈栏宽度(站立体姿)以母猪肩宽为基准设计。在需要考虑母猪舒展侧躺时分娩圈栏使用宽度的前提下，可以不考虑母猪站立时的使用宽度。

(2)母猪完全舒展侧躺所需宽度　常见分娩限位栏宽 60 cm。事实上，60 cm 是母猪站立时的使用宽度；对分娩限位栏宽度测试发现，母猪躺卧使用宽度非 60 cm，而是 80 cm(图 4-6)。在设计猪栏时，如果母猪躺卧区仅为 60 cm，较大体型母猪的躺卧舒适度差。因此自由式分娩圈栏母猪躺卧区使用宽度不得低于 60 cm。母猪躺卧时四肢伸出到非躺卧区(躺卧区的左侧或右侧，属于仔猪哺乳区)，因此体深就成为分娩圈栏母猪躺卧区宽度的设计基准。按回归方程推算(图 4-7，图 4-8)，空怀或产后母猪体深约 70 cm。母猪产后将防压横杆安装在两支柱的横向套筒中，中央母猪躺卧区最小宽度为 70 cm。70 cm 是母猪静止躺卧时的最小使用宽度，为让母猪能从躺卧顺畅站立，中央躺卧区使用宽度约 80 cm。

图 4-6　母猪站立和躺卧时分娩限位栏使用宽度

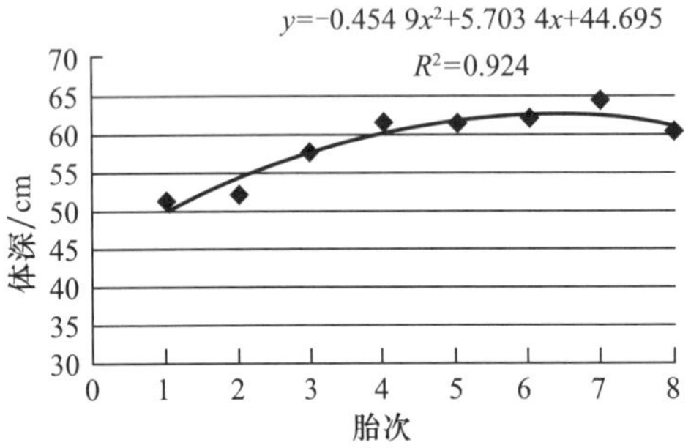

图 4-7　母猪体深与胎次的关系

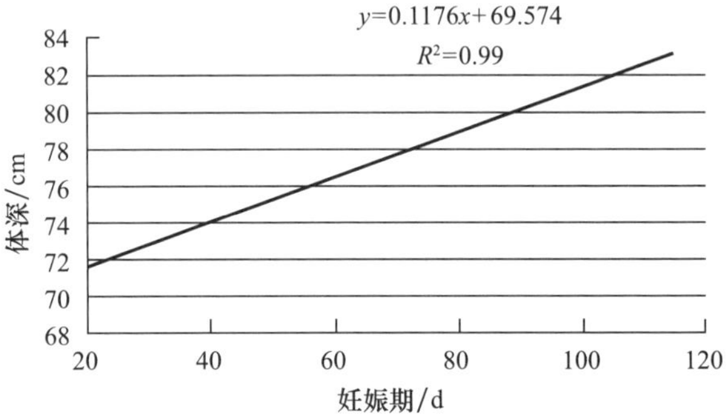

图 4-8　母猪体深与妊娠时间的关系

3.内部仔猪防压构件参数

母猪左侧完整的仔猪防压构件如图 4-9 所示。粗线条表示永久固定在地面上的∩形仔猪防压构件 5，在紧邻围栏 2 上用活页 31 固定有一块结实的仔猪防压面，母猪产前（腹深和腹宽都很大）把仔猪防压面 10 通过螺栓 30 固接在∩形仔猪防压构件 5 上方，避免母猪跨越∩形构件横杆撞击到腹中胎儿，同时也可避免母猪从∩形仔猪防压构件 5 和围栏 2 之间强行通过，挤压到腹中胎儿。母猪产后（腹深和腹宽相对较小）可以拧开螺栓 30，将其掀起反扣在围栏 2 上，增加母猪活动空间。左侧∩形仔猪防压构件长为 90 cm，而非 250 cm 长，但长度不得低于 90 cm，否则离前后两侧围栏距离太大，母猪可以在区域 26 或 27 与母猪中央躺卧区上斜躺和翻滚，容易压死仔猪。因此，将左侧仔猪防压构件固定在分娩圈栏中央，离前后围栏距离都为 80 cm。母猪躺卧区仔猪防压构件离地高度以 21 日龄断奶仔猪体高确定，按下式计算。

$$H = 15.6\ W^{0.33}$$

式中：H 为仔猪体高(cm)；W 为仔猪体重(kg)。

21 日龄断奶仔猪最大体重约 8.0 kg，按上式可知其体高为 30 cm。因此母猪躺卧区的仔猪防压构件高度为 30 cm。超过 30 cm，母猪倚靠躺卧时，下落高度和冲击力大，容易压死仔猪。低于 30 cm，当仔猪个体增大时，影响正常吮乳。

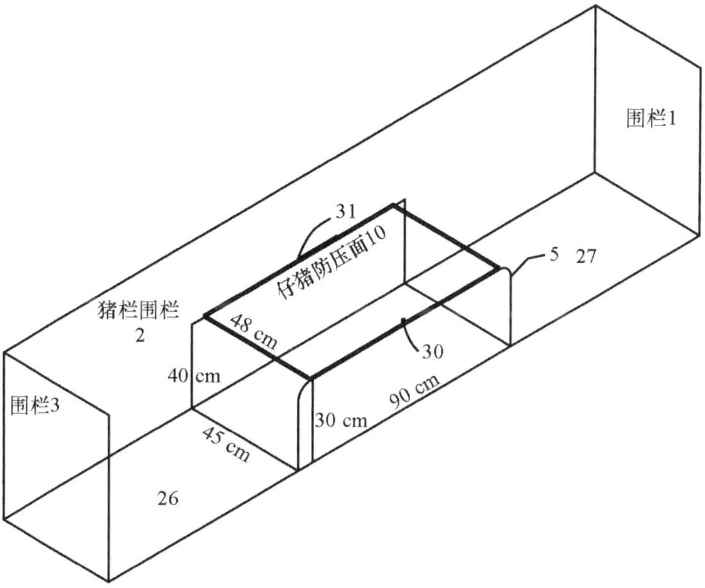

图 4-9 左侧完整的仔猪防压构件

自由式分娩圈栏需同时考虑母猪和仔猪的健康与福利需求，母猪运动自由，但为保护仔猪，需适度限制母猪运动；同时为防压横杆寻求支撑点，降低承重负荷，将分娩栏右侧 2.5 m 长的距离分割成 3 段。此外还因为若无防压横杆的两支撑柱，直接将横杆固定在分娩栏前后两围栏边上，跨度太大，造成承重问题。右侧防压构件的具体尺寸见图 4-10，防压构件对母猪的运动有限制，但可调整躯体走向，满足运动的需求。此外，母猪体躯可在 *a* 线或 *b* 线的先后扭曲（图 4-11），运动也不受限。

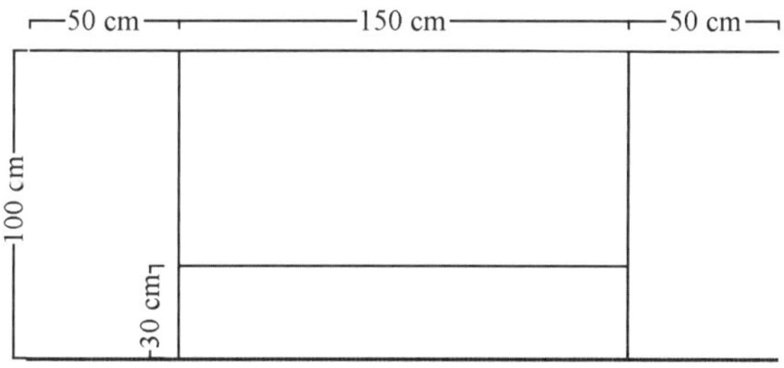

图 4-10 自由式分娩圈栏右侧防压构件

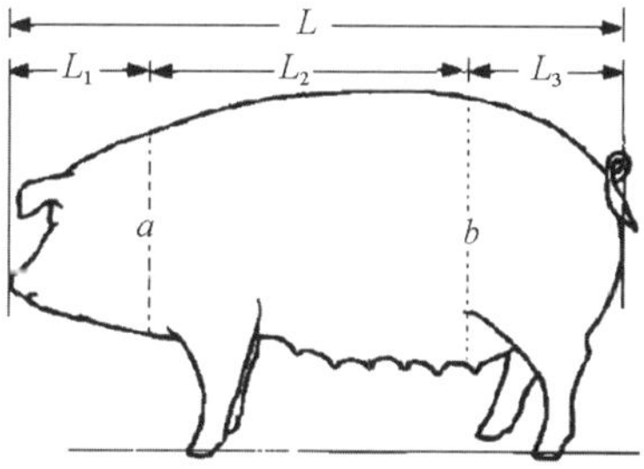

图 4-11 母猪体长和可弯曲部位

4.母猪非躺卧区仔猪防压构件

在母猪非躺卧区域，沿自由式分娩圈栏长度方向水平焊接的横杆，构成非躺卧区的仔猪防压构件，防止母猪在非躺卧区压死仔猪，还降低非躺卧区的躺卧舒适性，引导母猪合理使用各功能区。母猪非躺卧区的仔猪防压构件高为 10 cm，低于 10 cm，不利于清扫猪床卫生；高度在 10 cm 以上，可能会撞击到临产母猪腹部产生死胎。对母猪在运动状态下活动空间所需的长度和宽度及仔猪防压构件的参数确定后，设计的猪栏具体尺寸和结构如图 4-12 所示。

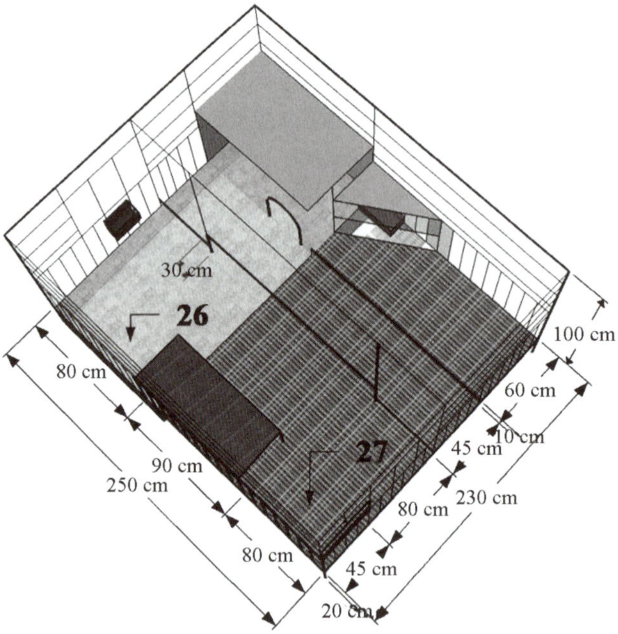

图 4-12　自由式分娩尺寸示意图

4.3.2　自由式分娩栏应用效果

1.对仔猪死亡率的影响

自由式分娩圈栏、传统分娩圈栏和分娩限位栏的仔猪压死率不同。传统分娩圈栏仔猪压死率最高(25.5%，$P<0.001$)，分娩限位栏和自由式分娩圈栏的仔猪压死率无显著性差异($P>0.05$)。在能自由活动分娩圈栏内的母猪对仔猪惨叫声的反应速度比分娩限位栏母猪迅速，母性表现良好。传统分娩圈栏和自由式分娩圈栏尺寸相同(2.5 m×2.3 m)，因其内部无仔猪防压构件，母猪有较多的躺卧选择点。中央空旷区域无仔猪防压构件，母猪躺卧时臀部的向下冲击力大，对仔猪存活威胁较大；此外，母猪沿围栏躺卧，仔猪被套牢无法发出呼救声，容易被压死。分娩限位栏除能高密度饲养母猪和便于管理外，还降低母猪活动范围，以期降低仔猪压死率。母猪虽能倚靠分娩限位栏栅栏缓慢躺下，但母猪从坐立或其他行为姿势转换为腹卧，也容易压死仔猪，因此分娩限位栏并不能解决母猪腹卧压死仔猪的问题。在自由式分娩圈栏内，仔猪也有可能被即将躺卧的母猪挤压在防压支柱内侧，但仔猪躯体仅有一点(线)被挤压，可以发出呼救声而免于压死。在传统分娩圈栏内，仔猪被挤压在墙壁，仔猪全身被挤压，无法发出呼救声，压死可能性就很大。

2.对母猪产程及仔猪分娩间隔的影响

不同类型分娩栏母猪产程和仔猪分娩间隔不同。分娩限位栏母猪的产程分别比自由式分娩圈栏和传统分娩圈栏的延长了 96.2 min 和 77.6 min，仔猪分娩间隔则分别比后两者长 5.1 min 和 6.9 min($P<0.05$)。分娩时间超过 4 h 称为分娩延时，产程超过 3 h，仔猪死胎率增加 2 倍以上。母猪产程对仔猪死胎率的影响很大，产程延迟 1 h，仔猪死胎率增加 23%。母猪分娩中后期体力消耗过大，若产仔数多，产程长，容易产生死胎。改善分娩栏环境，满足母猪正常行为，缓解分娩应激，可缩短产程和分娩间隔。仔猪死胎率和死亡率呈正相关关系，主要是

死胎率高的母猪产程和分娩间隔都较长。

传统分娩圈栏内有垫料，满足母猪产前筑窝行为及后续的分娩行为需求，极大地缩短了产程，比分娩限位栏母猪的缩短 74 min。分娩限位栏母猪的仔猪分娩间隔与产程长的原因之一是母猪在分娩中后期体内催产素含量较低，狭小活动空间抑制其内源性催产素的活性。与传统分娩圈栏（母猪可以自由转身活动，且添加有稻草垫料）的母猪相比，分娩限位栏内（无稻草）产前母猪的皮质醇浓度较高。稻草容易堵塞下水道，其产生的粉尘不仅引起呼吸道疾病，还增加养殖成本，规模化猪场很少使用其作为分娩/哺乳母猪的垫料。

3.对母猪行为及仔猪生长发育的影响

不同类型分娩栏的仔猪生长情况见表 4-8。分娩限位栏 7 日龄仔猪比传统分娩圈栏和自由式分娩圈栏有较高的体重（$P<0.05$），但 14 和 21 日龄断奶重显著低于后两者（$P<0.05$）。分娩限位栏、自由式分娩圈栏和传统分娩圈栏的仔猪日增重分别为 169.0 g、194.8 g 和 181.7 g，但后两者间的日增重无显著性差异（$P>0.05$），但都显著高于分娩限位栏仔猪的日增重（$P<0.05$）。仔猪增重与母乳或仔猪的吮乳能力有关，但当仔猪个体增大时，分娩限位栏的左右两侧的防压爪不利于吮乳，可能影响仔猪增重；同时还降低窝内仔猪体重的均匀度，而自由式分娩圈栏或传统分娩圈栏仔猪均匀度较一致。分娩圈栏仔猪断奶重较好，可能是仔猪在 2 周后采食了更多饲料。本试验未提供专门的仔猪料，可能是自由式分娩圈栏和传统分娩圈栏增加了母猪运动量，分泌了更多或质量更好的乳汁，促进了仔猪的增重。

表 4-8　不同类型分娩栏的仔猪阶段体重及日增重

分娩栏类型	仔猪样本/(头/窝)	仔猪体重/kg				日增重/(g/d)(0～21 日龄)
		初生	7 日龄	14 日龄	21 日龄	
F	11	1.3±0.3[a]	2.1±0.0[a]	3.7±0.1[a]	5.4±0.1[a]	194.8±0.0[a]
T	11	1.3±0.3[a]	2.0±0.0[a]	3.6±0.1[a]	5.1±0.2[a]	181.7±0.0[a]
C	12	1.4±0.2[b]	2.4±0.0[b]	3.4±0.1[b]	4.9±0.1[b]	169.0±0.0[b]

F：自由式分娩圈栏；T：传统分娩圈栏；C：分娩限位栏；表中同列数值肩头小写字母不同时表示差异显著（$P<0.05$）。

4.4 分娩舍温度对母仔行为和仔猪健康的影响

温度对母猪和仔猪行为及压死率有影响。分娩后 1～3 d，母猪偏好躺卧在 35 ℃的地板上休息，而产后第 2 周更偏好在 22 ℃的地板上躺卧，表明它们会选择一个合适仔猪生理需要的环境温度，是母猪良好母性的一种体现。舍温约 20 ℃时，将母猪躺卧的地板加热到 34 ℃，母猪姿势转换频次明显低于对照组（地板温度为 20 ℃），表明有较好的躺卧舒适度。仔猪出生后倾向在母猪身旁躺卧，要过一段时间才学会到局部保温区域或保温箱内躺卧休息，其时间长短与舍内温度有关。舍内温度较低，仔猪在较短时间就能到保温箱内休息。分娩舍温度为 18 ℃时，仔猪喜欢躺卧在温度较高的加热板上（产后 1 周躺卧率 59.3%），而当舍温为 26 ℃时，仔猪的加热板利用率较低。将舍饲散养母猪的躺卧地板加热到 33.5 ℃，新生仔猪体温恢复较快、能及早吃上初乳，降低死亡率。母猪分娩后因体力消耗大，长时间躺卧，姿势变换频次低，加热地板上的新生仔猪体温可能在此期间较快恢复，摄取到充足的初乳，活力较好，降低被压死的风险。此外，舍内与局部保温区的温差大小对仔猪压死率也有一定影响。为此，研究分娩舍与保温箱之间的温差对改变仔猪行为与提高仔猪成活率具有重要意义。

4.4.1 温度对仔猪保温箱利用率的影响

仔猪保温箱利用率见表 4-9，低温组仔猪保温箱有明显高于高温组的利用率。在舍温较高的情况下，仔猪保温箱利用率仅为 1%。不在保温箱内休息或躺卧时，仔猪吮乳或在分娩栏内玩耍或躺卧。在高温条件下，仔猪需很长时间才会进入保温箱休息；随着舍温升高，仔猪在保温箱内的休息时间也越短。两种温度（18 ℃和 26 ℃）条件下，低温时有更多仔猪在较多时间选择在局部供暖区休息。发现舍温对仔猪选择局部加热区有影响。不同舍温下的仔猪躺卧行为不同（图 4-13），仔猪需较长时间才进入保温箱或在保温箱内休息时间短，在危险区域（母猪身旁）活动或躺卧的频次多，持续时间长，容易被压死。而 0～3 日龄仔猪倾向在母猪身旁活动，其行为不受舍温影响。也许仔猪保温箱内部和舍内有适宜温度差对吸引仔猪到保温箱内躺卧休息比单纯的研究舍温或局部保温区域温度对仔猪保温箱利用率的影响更有意义。

表 4-9 仔猪选择保温箱躺卧情况（$n=4$）

舍温	保温箱内仔猪数占窝内仔猪数的百分比					TBU
	100%	90%	80%	70%	60%	
低温	41.9 ± 4.9^{A}	10.9 ± 1.9^{A}	5.6 ± 2.0^{A}	5.6 ± 0.8^{A}	3.8 ± 0.6^{A}	62.4 ± 0.4^{A}
高温	0.2 ± 0.1^{B}	0.1 ± 0.1^{B}	0.2 ± 0.1^{B}	0.1 ± 0.0^{B}	0.7 ± 0.6^{B}	1.0 ± 0.2^{B}

TBU 为总的保温箱利用率（total box usage）。行为观察期间的舍内温度：高温 30.4 ℃±2.3 ℃，低温 15.3 ℃±1.7 ℃。同列数值肩头的不同大写字母表示差异极显著（$P<0.001$）。n：仔猪窝数或仔猪保温箱数。

低温组（15.3 ℃±1.7 ℃）

高温组（30.4 ℃±2.3 ℃）

图 4-13 不同舍温对哺乳仔猪躺卧行为的影响

4.4.2 温度对母猪行为及仔猪压死率的影响

母猪的行为转换常常导致仔猪被压死：第一类是母猪在从站立到躺卧时被下落的臀部压死；第二类是在母猪从站立到躺卧时被母猪体侧压死；第三类是被母猪的胸腹部压死（坐立到腹卧）；第四类是母猪从腹卧到侧卧的行为转换，也是体侧压死仔猪。因此，母猪坐立与腹卧和站立与躺卧之间的行为转换都容易压死仔猪。低温组母猪站立及跪立时间较高温组母猪的长（表 4-10），前者在躺卧时的臀部下落速度为 4.0 s，而后者则为 3.4 s（$P<0.05$）。与高温组母猪相比，低温组母猪从坐立到腹卧或从腹卧到坐立行为转换频次相对较低（$P<0.01$）（图 4-14），低温组母猪的坐立时间比例和频次也相对较低（图 4-15）。母猪较低的行为转换频次有利于降低仔猪压死率，但是这可能缘于母猪长时间躺卧，运动不足，不利于母猪健康。较长时间坐立的母猪容易压死仔猪，从坐立到腹卧或腹卧到坐立的行为转换也是两种容易压死仔猪的行为转换。这可能是高舍温组仔猪压死率高的原因之一。

表 4-10 高低舍温下的哺乳母猪行为

舍温	母猪样本/头	站立	跪立	侧卧	腹卧	坐立
低温	6	21.7±7.8[a]	0.4±0.2[a]	42.1±13.4[a]	25.0±7.0[a]	4.5±2.5[a]
高温	6	10.0±1.2[b]	0.2±0.0[b]	66.9±5.7[b]	14.0±3.2[b]	5.3±4.2[a]

行为观察期间的舍内空气温度：高温 30.4 ℃±2.3 ℃，低温 15.3 ℃±1.7 ℃。同列数值肩头小写字母不同表示差异显著（$P<0.05$）。

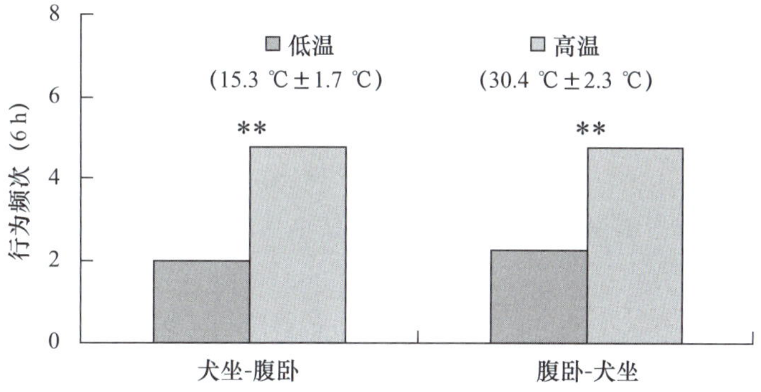

图 4-14 母猪两种危险行为（6 h）转换（坐立与腹卧的相互转换）

＊＊显著性 $P<0.01$

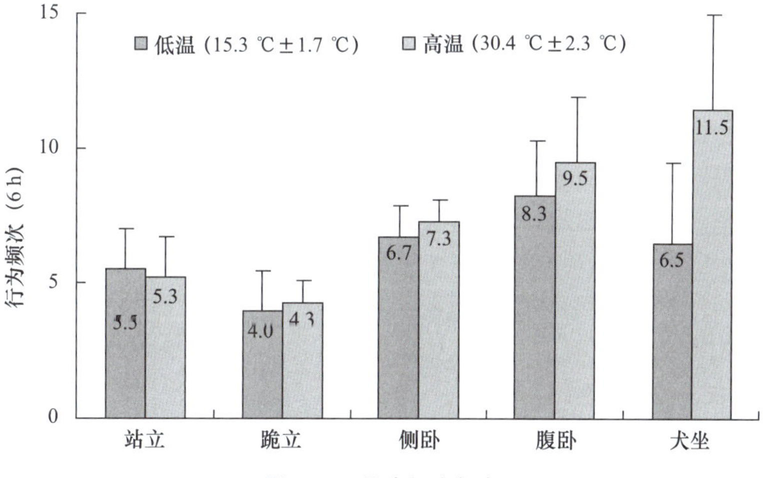

图 4-15 母猪行为频次

高温组和低温组的仔猪压死率差异显著（$P<0.001$）。在低舍温条件下，未发现有仔猪被压死，但高舍温仔猪压死率达 15.2%，这可能是高温降低了仔猪的保温箱利用率。较低的保温箱利用率意味着它们在母猪身旁躺卧或闲逛的频次多，持续时间长。舍温在 18 ℃、25 ℃和 30 ℃条件下，25 ℃时的哺乳仔猪死亡率最低，哺乳仔猪在舍温 18 ℃遭受冷应激引发疾病而死亡，而 30 ℃的高温降低了母猪的采食量和泌乳量。在局部温度满足仔猪需求的前提下，适度低温（约 18 ℃）有利于降低仔猪压死率。与 21.1 ℃低温地板相比，33.5 ℃地板的仔猪压死率较高；可以看出，在舍温较高的情况下，仔猪局部保温区域与母猪身旁的环境温度差较小，仔猪更多选择在危险区域活动或躺卧。也就是说，尽管从母猪分娩和产后几天地板加热有利于仔

猪维持正常体温，但无意中增加了被压死的隐患。

4.4.3 温度对哺乳仔猪生长性能的影响

高温和低温组仔猪的生长情况见表 4-11。两组的仔猪有一致的初生重，但高温组仔猪在各个阶段的体重都显著低于低温组的仔猪体重（$P<0.001$）。其中低温组的仔猪断奶重较高温组高出 1.2 kg，日增重也高出 58.9 g。试验数据表明高温环境对仔猪的增重有负面影响。尽管母猪调整采食的时间模式可以削弱高温对其采食量的抑制作用，但可能还是降低了母猪泌乳量。在高温条件下（29 ℃），仔猪失败吮乳次数较多，乳汁摄取量不足。看来高温确实不利于哺乳仔猪的生长。

表 4-11 仔猪阶段体重及日增重

舍温	仔猪样本/头	仔猪体量/kg				日增重/(g/d)
		初生	7 日龄	14 日龄	21 日龄	
高温	60 头	1.6 ± 0.0^{A}	2.3 ± 0.1^{A}	3.5 ± 0.1^{A}	5.1 ± 0.3^{A}	164.3 ± 11.8^{A}
低温	60 头	1.6 ± 0.3^{A}	3.0 ± 0.0^{B}	4.5 ± 0.1^{B}	6.3 ± 0.2^{B}	223.3 ± 7.3^{B}

试验期间舍内平均温度：高温 28.4 ℃±1.7 ℃，低温 16.7 ℃±1.4 ℃。每列数值肩头大写字母不同表示差异显著（$P<0.001$）。

4.5 保温箱对仔猪健康和生长发育的影响

寒冷季节，为了分娩舍保温，一般都会降低猪舍通风量，使得舍内的 NH_3 和 CO_2 浓度较高而不利于仔猪的健康。在猪场实地调研中发现在一个开口端 PC 板完全损坏的门洞式保温箱内部躺卧的仔猪都同时将头部伸出箱外呼吸舍内相对凉爽的新鲜空气，而完好无损的门洞式保温箱只有少数几头仔猪能呼吸到凉爽的新鲜空气，但是如此破烂的保温箱的保温性能较差，而完好的门洞式保温箱内部空气质量可能相对较差（图 4-16）。完整或缺省的门洞式保温箱都难以同时满足仔猪既呼吸新鲜空气，又保温的需求。挂帘式保温箱是在箱体前端固定条块式 PVC 帘，仔猪可以头拱出入，对改善保温箱内部的空气质量，提高保温箱利用率，提高仔猪的健康与福利具有重要作用。

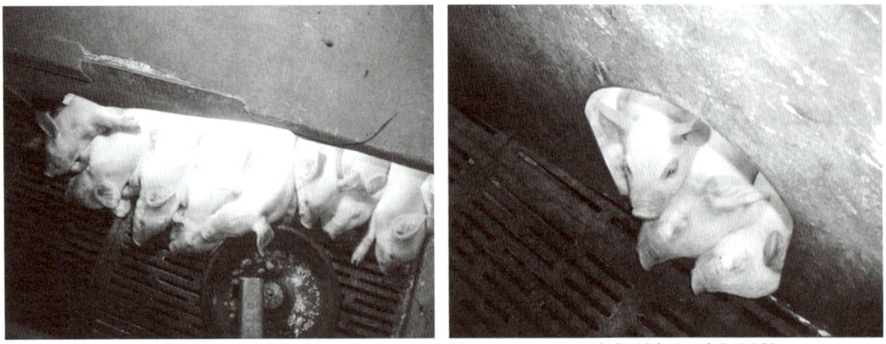

a.破烂的门洞式保温箱　　b.完好的门洞式保温箱

图 4-16 哺乳仔猪在保温箱内躺卧

在分娩舍内，冬季环境管理中因保温更重要，往往造成舍内空气污浊。目前，生产中常用的门洞式仔猪保温箱，因其更封闭且空间相对狭小，箱内有害气体浓度较舍内还高，因而降低了仔猪对保温箱的利用率，促使仔猪更多地选择在母猪身旁躺卧或活动，使仔猪被压死的概率增大。

保温箱是仔猪局部保温的关键设备，为仔猪提供适宜的热环境，避免冷应激。它还有吸引仔猪在非哺乳时段远离母猪以降低压死风险的作用。因此，增强保温箱对仔猪的吸引力就显得很重要。为了使保温箱容纳窝内所有仔猪，保温箱尺寸等参数是基于断奶仔猪体长、腹深及窝内仔猪数而确定的。如果箱内温度较高，仔猪分散而舒展躺卧，就需要增加保温箱尺寸；保温箱内温度较低时，为了减少体热损失，仔猪常紧靠同伴，甚至重叠躺卧，不利于仔猪健康。保温箱内部温度分布和风速、开口类型、热源功率及位置都有关系。仔猪在产后几天倾向选择红外灯的热源，而随着日龄的增加，逐渐选择加热地板，可能是幼龄仔猪体型较小，在保温箱内占用的面积也小，红外灯辐射加热的中央区域的温度能满足它们的需求。与加热板相比，红外灯加热的仔猪保温箱空间温度分布的均衡性较差；随日龄增加，仔猪倾向选择在加热板上躺卧或休息。尽管加热板表面各点温度较为一致，但仔猪躺卧点的表面温度较非躺卧点的温度高出 7 ℃左右，因此仔猪加热板需要考虑温度补偿，否则温度过高将影响仔猪的躺卧舒适度。此外还发现保温箱位置对仔猪的选择利用也有影响。门洞式保温箱应用广泛，但是满足不了仔猪身处热环境，鼻孔呼吸新鲜凉爽空气的需求，国外诺廷根养猪系统在保温箱前端采用大开口，悬挂 PVC 帘解决了门洞式保温箱这一方面的不足。

4.5.1 双层 PVC 挂帘式保温箱设计

保温箱由 5 mm 厚的 PC 板制成，边棱用角钢焊接加固。箱体宽 0.6 m，高 0.5 m，长 1.0 m，保温箱有一个四棱形盖子，盖子高 0.2 m（图 4-17），保温箱总高 0.7 m，可以根据仔猪日龄调整保温灯高度（仔猪出生后第 1 周、第 2 周和第 3 周保温灯高度分别设置为 50 cm、55 cm 或 60 cm）。挂帘式保温箱和门洞式保温箱的开口形状不一样，门洞式保温箱设有一个带有半圆弧的开口（0.3 m×0.35 m），仔猪可以从该开口随意进出（图 4-17a），而挂帘式保温箱的整个正前方为一大的开口（1 m×0.5 m），并悬挂有透明双层透明 PVC 帘（图 4-17b）。用刀片沿垂直于地面方向将 PVC 帘裁剪成 0.1 m 宽的小条，内外 PVC 条带相互重叠 5 cm 以降低箱内热量的损失。PVC 帘离地有 4 cm 的距离以便仔猪能在保温箱内躺卧时，所有仔猪都能将鼻孔伸到开口附近呼吸箱外清新凉爽的空气。门洞式保温箱和帘式保温箱并排固定以降低局部微环境对试验结果的影响。

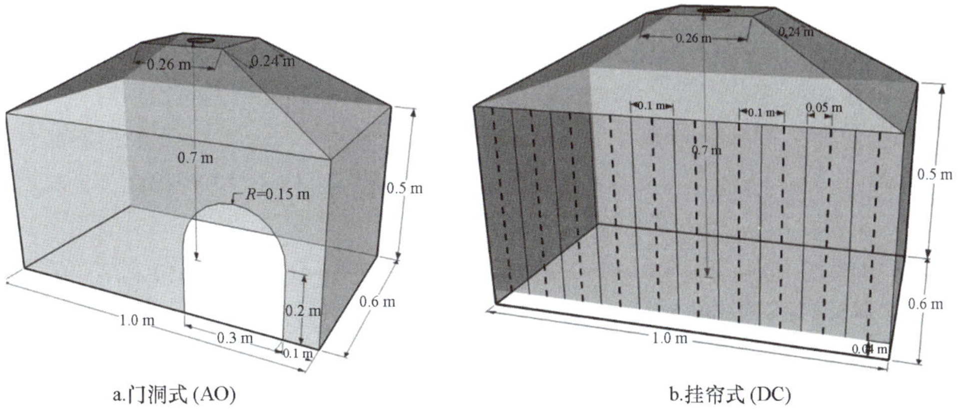

图 4-17 保温箱结构示意图

4.5.2 哺乳仔猪保温箱内的空气质量

分娩舍内 NH_3 平均浓度为 1.4～2.8 mg/m^3，尽管保温箱开口附近的风速一致，为 0.04～0.06 m/s，但多数时候保温箱内 NH_3 浓度有显著性差异（表 4-12）。

表 4-12 保温箱内部 NH_3 和 CO_2 浓度 mg/m^3

项目	测量时间	保温箱类型		P
		门洞式	挂帘式	
保温箱内 NH_3 浓度（仔猪日龄 3～4 d）	21:00	4.2	2.8	<0.001
	02:00	3.5	2.8	ns
	07:00	3.5	2.8	<0.01
舍内 NH_3 浓度			1.4	
保温箱内 CO_2 浓度		1 693	1 676	ns
舍内 CO_2 浓度			1 539	
保温箱内 NH_3 浓度（仔猪日龄 11～12 d）	21:00	4.2	2.8	<0.001
	02:00	3.5	2.8	<0.001
	07:00	3.5	2.8	ns
舍内 NH_3 浓度			1.4	
保温箱内 CO_2 浓度		1 721	1 686	ns
舍内 CO_2 浓度			1 615	
保温箱内 NH_3 浓度（仔猪日龄 17～18 d）	21:00	4.2	3.5	<0.001
	02:00	4.9	4.2	<0.01
	07:00	5.6	4.2	<0.01
舍内 NH_3 浓度			2.8	
保温箱内 CO_2 浓度		1 730	1 706	ns
舍内 CO_2 浓度			1 683	

气体浓度是连续两天测量的平均值(测量气体浓度时仔猪全部在保温箱内)。

挂帘式保温箱内部和舍内的 NH_3 浓度差值为 1.4～2.8 mg/m^3，低于门洞式保温箱和舍内的 NH_3 浓度差值；但是两类保温箱内的 CO_2 浓度无显著差异。门洞式保温箱内部 CO_2 浓度为 1 693～1 730 mg/m^3，而帘式保温箱浓度值为 1 676～1 706 mg/m^3，可能是挂帘式保温箱的仔猪躺卧休息时，将鼻孔从前端开口伸出呼吸箱外清新凉爽的空气时，也将部分 CO_2 呼出到保温箱外。尽管门洞式保温箱前端开口面积（0.09 m^2）较挂帘式保温箱的大(0.04 m^2)，但是门洞式保温箱内的 NH_3 浓度却相对较高，可能通风口形状或位置对空气交换有影响。进气口位置对气流流动和分布有影响，进气口位置较低有利于内部气体均匀混合。尽管箱内 NH_3 浓度在数值上有显著性差异，但整体浓度较低，可能不影响仔猪健康。相比门洞式保温箱，挂帘式保温箱有更多的仔猪能同时将鼻孔伸出到开口附近呼吸清新凉爽的空气(图 4-18)，或是通过透明 PVC 帘把头伸出到箱外，而门洞式保温箱只有部分仔猪可以伸出头部呼吸新鲜空气。另外，挂帘式保温箱的仔猪和母猪间有更多目光交流的机会，当仔猪在箱内打斗时，落败一方可以很容易逃走。

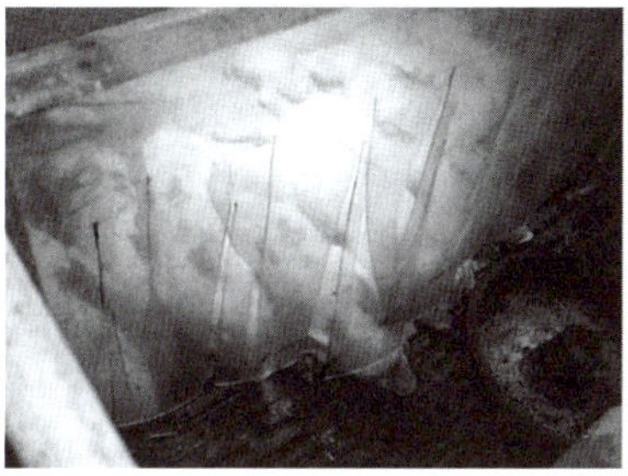

a.挂帘式保温箱

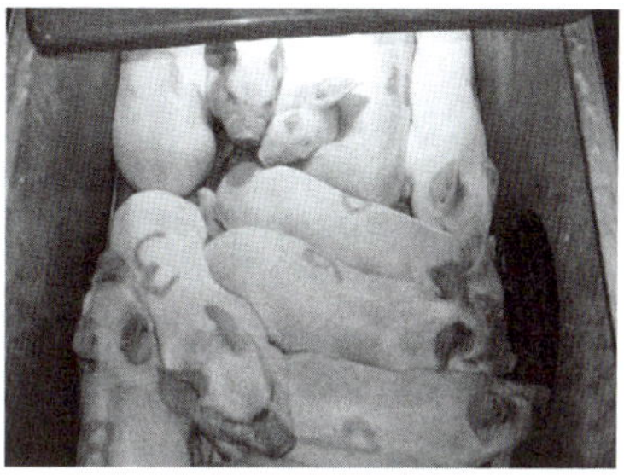

b.门洞式保温箱

图 4-18 两种保温箱中仔猪躺卧状态比较

4.5.3 保温箱洞口类型对仔猪利用率的影响

在测试期间，保温箱内仔猪垫表面温度为 24.7～26.0 ℃(表 4-13)，两种保温箱的热环境比较一致。当仔猪躺卧时，仔猪垫温度一般能提高 7 ℃左右，能满足仔猪生理需求。尽管门洞式与挂帘式保温箱的仔猪利用率无显著差异，但在第 9 日龄、16 日龄仔猪的挂帘式保温箱利用率较高。而第 2 天的门洞式保温箱的仔猪利用率较好，这可能是挂帘式保温箱的部分弱仔(初生重低于 0.9 kg)在母猪乳房附近停留时间较长造成的(弱仔为获取母乳而在母猪身旁较长时间的停留)。似乎在哺乳早期，较低的初生重对仔猪保温箱利用率有不利影响。增重缓慢的仔猪在危险区域(母猪身旁)滞留时间很长。挂帘式保温箱和门洞式保温箱的仔猪利用率无显著差异，可能是两种类型的保温箱安放在不同的分娩栏内，仔猪仅有一种保温箱可供选择。不同百分比仔猪的门洞式保温箱与挂帘式保温箱的仔猪利用率见表 4-14。在其他时间，仔猪哺乳或在栏内追逐嬉戏。无论是门洞式或挂帘式保温箱，全窝(100%)仔猪的保温箱利用率随日龄的增加逐渐降低。

表 4-13 保温箱地面(0 cm)及 10 cm 高度位置的空气温度 ℃

	测点离地板距离/cm	2 日龄	9 日龄	16 日龄
门洞式	0	25.9±0.1	25.4±0.1	24.8±0.2
	10	31.7±0.1	31.3±0.2	29.4±0.2
挂帘式	0	26.0±0.1	25.3±0.1	24.7±0.2
	10	32.1±0.1	30.7±0.2	29.7±0.1

表 4-14 仔猪对门洞式及双层透明 PVC 挂帘式保温箱利用率(2、9、16 日龄)(n=4 窝)

x%	2 日龄		9 日龄		16 日龄	
	门洞式	挂帘式	门洞式	挂帘式	门洞式	挂帘式
100%	49.9±3.9	44.5±3.7	32.6±9.3	33.8±10.1	23.9±5.4	28.2±5.4
90%	8.2±1.2	10.0±0.5	8.9±2.2	8.7±0.8	10.5±2.2	8.7±1.4
80%	3.6±0.3	6.8±0.9	6.6±2.3	3.8±0.8	9.6±2.3	7.3±0.5
70%	3.9±0.2	3.9±1.1	5.3±1.2	4.8±1.2	7.5±1.6	5.5±0.4
60%	3.1±0.4	6.6±1.5	4.3±1.1	4.8±1.0	4.4±0.4	6.1±0.6
TBU	64.7±1.1	65.6±1.3	52.2±2.9	50.9±2.6	48.9±2.1	49.4±1.5

x%表示保温箱内仔猪数占窝内仔猪数的百分比；TBU 为总的保温箱利用率(total box usage)。

4.5.4 保温箱洞口类型对仔猪生长性能的影响

不同开口类型的门洞式保温箱和挂帘式保温箱的仔猪淘汰率差异显著($P<0.001$),分别为 11.3 %和 2.5%。腹泻率在门洞式保温箱和挂帘式保温箱之间差异不显著($P=0.26$),分别为 1.3 %和 0.8 %。门洞式保温箱和 PVC 双层挂帘式保温箱的仔猪初生重无显著差异,但与门洞式保温箱相比,挂帘式保温箱的仔猪在各阶段的增重都较好(表 4-15)。门洞式保温箱仔猪较高的腹泻率可能抑制了它们的增重,分娩栏内饲养环境可能对仔猪的增重有影响。仔猪相互间的恶意打斗、拱腹等攻击行为对仔猪增重不利。现场试验发现,仔猪在挂帘式保温箱内打斗时,落败一方很容易从前端较大的开口逃离打斗现场,降低了打斗的持续时间。

表 4-15　仔猪 7、14、21 日龄体重及日增重

仔猪样本/头		仔猪体重/kg				日增重/(g/d)
		初生	7 日龄	14 日龄	21 日龄	
门洞式	60	1.4 ± 0.0^{A}	2.5 ± 0.1^{A}	4.2 ± 0.1^{A}	5.7 ± 0.2^{A}	203.0 ± 8.0^{a}
挂帘式	52	1.4 ± 0.0^{A}	2.8 ± 0.1^{B}	4.6 ± 0.1^{B}	6.2 ± 0.2^{B}	228.0 ± 6.0^{b}

同列内肩头字母不同为差异显著(小写字母:$P<0.05$;大写字母:$P<0.01$)。

保温箱开口类型对内部的氨气浓度和仔猪保温箱利用率有影响。与门洞式保温箱相比,双层透明 PVC 挂帘式保温箱可以降低保温箱内的氨气浓度;为哺乳仔猪提供与门洞式保温箱一致的热环境;提高仔猪的保温箱利用率(9 日龄和 16 日龄);哺乳仔猪淘汰率和腹泻率分别降低了 8.8%和 0.5%;21 日龄仔猪断奶重较门洞式保温箱提高了 0.45 kg,日增重也提高了 25 g/d。

总之,保温箱和分娩舍有适宜的温差有利于提高仔猪的保温箱利用率和改善母猪母性。高温组母猪的坐立到腹卧及腹卧到坐立的行为转换高于低温组母猪的转换频次,前者仔猪压死率及压死的风险都高于后者。低温组仔猪保温箱利用率为 62.4%,高温组保温箱总利用率仅 1.0%。保温箱和舍内间存在一定温差有利于提高保温箱对哺乳仔猪的吸引力。尽管本研究发现分娩舍在夏季有适度的低温有利于降低仔猪压死率,但调控猪舍温度需要平衡母猪及仔猪的健康与福利和投入与产出的问题。

(顾招兵、李保明)

第 5 章 断奶仔猪福利化饲养工艺与工程配套

本章提要

本章介绍了断奶仔猪的饲养工艺模式和特点，断奶仔猪的饲养环境要求、常见的应激问题，分析了运输环境与仔猪健康和行为之间的关系，仔猪福利化群养工艺下的行为表达和设施设备配套，饮水温度对仔猪行为、健康和生长发育的影响等。

5.1 断奶仔猪饲养工艺模式及特点

断奶仔猪阶段的福利化饲养模式主要有圈栏小群饲养、厚垫草饲养、发酵床饲养及舍饲散栏群养等。

5.1.1 圈栏饲养

圈栏饲养是断奶仔猪阶段最普遍的生产饲养方式。规模猪场将哺乳仔猪饲养至 28 日龄、体重在 8 kg/头左右进行断奶。仔猪断奶后，或在哺乳舍原产床上饲养 1 周，或直接转入断奶仔猪舍饲养。多数情况下以窝为单位转入断奶仔猪舍，实行同窝小圈饲养，猪群大小为 8～10 头/圈，饲养面积为 0.3～0.4 m^2/头。一般猪场断奶仔猪都采用离地全漏缝或局部漏缝地板饲养，地板材质有塑料、金属、水泥等各种类型。每个小圈内，配置一个自由采食槽、一个鸭嘴式自动饮水器。

5.1.2 厚垫草饲养

猪与生以来就喜欢钻在草堆中休息玩耍，利用草良好的保暖性维持自身体温。厚垫草饲养工艺模式中，在地面上铺设 20 cm 左右厚的垫草，视消耗、潮湿程度随时补充部分垫草。猪群转出后，连同粪尿一起清除出猪舍。猪躺在铺有垫草的地面上不会造成腹部受凉、猪蹄及体表损伤，且满足了猪啃咬、磨牙、做窝、嬉耍等习性，因而对断奶仔猪的健康和生长发育有利。但该模式也有一些缺点，在应用时须加以注意。主要存在以下几个问题：①猪在垫草上排泄，容易导致舍内湿度过大，引起各种病原微生物滋生；②刚铺设或补充垫草时，易产生草屑颗粒使空气中粉尘浓度超标，对呼吸道造成危害；③垫草使用量大，会增加饲养成本；④垫草清洁消毒比较困难，卫生状况难以保证；⑤垫草和粪便缠绕在一起，使得粪污后续处理难度加大。

5.1.3 发酵床饲养

发酵床养猪又称“自然养猪法”或“生物环保养猪法”，它是将锯末有机垫料，填充到猪舍内事先挖好的深坑中，填充后和地面一样平齐，厚度一般在 90 cm 左右。利用猪在垫料表面的活动，将粪便与垫料混合，通过微生物的作用将粪便等物质分解和转化，并产生大量的发酵热。尿液等液体被垫料吸收，水分会随发酵过程产生的热量蒸发到环境中。为加快微生物的作用过程，有时会在垫料中添加一定比例的活性微生物制剂。发酵床养猪的特点是：①利用发酵床自身产热维持舍内温度和躺卧区温度，不需要额外加热；②无须清粪，不会产生污水；③有利于猪的活动，行为习性得到较好的满足；④垫料可反复使用，长时间发酵后直接作为有机肥使用。与厚垫草模式类似，发酵床养猪也存在一些诸如垫料来源不足、湿度过大、粉尘浓度过高、无法进行常规的防疫消毒等问题。在温度较高的夏季，因垫料产生过多的发酵热导致舍温过高，猪无法在床上生活；冬季若粪便排泄量不够，会影响垫料中微生物的发酵产热和物质分解。

5.1.4 舍饲散栏群养

断奶仔猪是猪一生中学习最快、最好动的一个时期，大群饲养方式有利于猪的学习。在丰富的圈舍环境中，猪可以在较短的时间里达到适应。舍饲散养健康养殖工艺模式是中国农业大学根据猪本身的生物学特点和行为习性提出的新型饲养工艺模式。在模式设计时，重点考虑了以下几个方面：①断奶仔猪转入一个新的环境中会表现得比较紧张，保温能力会降低。为使其能快速适应环境，必须要提前进行加温。②基于猪不同部位对温度的不同要求，设计了可为猪提供舒适、安静、安全的躺卧环境的暖床，将现有饲养模式中的整舍环境控制改为局部环境调控，更有利于节能，降低运行成本和猪舍建筑造价。③转群之初需要重新组群，为建立群体等级秩序时会发生较多的争斗现象。圈舍设计时，应在满足群体中地位高的猪只对进食、饮水、躺卧优先权的同时，更多的关注地位相对低的猪只需要。④为转移猪进入新环境后的注意力，圈舍内配置玩具或供磨牙、蹭痒、拱咬等的物件，可以在很大程度上减少合群时的争斗发生，而无圈栏的通道为弱猪逃离提供了可能。在圈栏躺卧位置的配置中，确保每头猪有一个空间，且由于猪群较大，猪还可以自由选择“朋友”。⑤圈栏设计中还考虑了猪可自由选择不同饲料的料箱、充足的饮水器，有利于保持圈舍卫生的固定排泄区（猪厕所）和淋浴设备等。

1.断奶仔猪群养规模的确定

断奶仔猪群体组建，要以生产节律为前提，按照全进全出的方式，分单元进行。规模较小的猪场，每个单元的猪群大小以每周转群的数量来定，可以将刚转群的猪饲养在本单元的部分圈栏内大群饲养，随着猪龄的增加和猪对饲养面积要求的加大，以及猪只之间的发育速度差异，将弱小的猪从该圈中挑出，放在该单元中的空圈中饲养，一直到保育阶段结束。

为满足群养条件下断奶仔猪采食、躺卧、排泄、活动的面积需要，应该对群养空间下猪的生活空间和社交行为进行分析。研究表明，70 日龄、体重 25 kg 的仔猪，单头猪理论需要的采食/饮水/站立、躺卧、排泄、活动的面积分别为 0.17 m^2、0.42 m^2、0.17 m^2、0.94 m^2。考虑到猪开展社交活动时也需要方便别的猪只的走动，满足猪正常社交活动面积至少应有 1.88 m^2 左右的空间。群养时，除了躺卧面积每头猪都必须保证外，其他面积可以共用。如自由采食或自由饮水情况下，每 10 头猪可只配置一个采食或饮水空间，排泄区考虑 2 头猪同时使用的情况需要 0.34 m^2。依据排泄占据空间时间要求，每 20 头配 1 个排泄区即可符合猪的如厕要求。基于此，断奶阶段的猪只群养规模应该保持在 40～80 头/圈。在此规模下，虽然每头猪的实际饲养面积少于理论饲养面积，但所需的生活空间需求都能得到充分的保证。

2.舍饲散栏群养模式中的圈栏设计

图 5-1 是舍饲散养工艺中为 80 头群体的断奶仔猪设计的圈栏,暖床、暖床之间的距离、排泄区、采食位置等是按照猪的体尺确定的。70 日龄时,猪的体长为 70～80 cm,体宽 18～22 cm。因此,确定暖床的尺寸为 2.1 m×0.8 m×0.6 m,每个暖床中可容纳 10 头猪躺卧。暖床之间的距离应能保证 2 头猪进行社交活动时的间距要求,即 1.5 m 左右,排泄区(猪厕所)的尺寸为 0.8 m×0.8 m。采食槽设置在净道侧,食槽与暖床之间的距离在 0.8 m 左右。玩具、蹭痒架、沙袋等安置在暖床之间,若为自动送料,也可将食槽安置在这一区域。这样,饲养 80 头断奶仔猪的圈栏尺寸约为 6 m×6 m。其饲养面积与理论需要的面积基本一致。

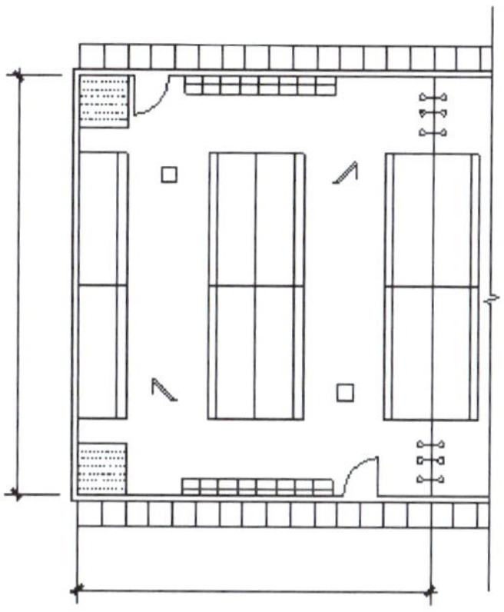

图 5-1 断奶仔猪圈栏平面图

5.2 断奶仔猪饲养环境要求

断奶仔猪的体温调节能力还不尽完善,冬季仅靠自身产热来维持适宜舍温难以实现,必须对猪舍进行加温,避免冷应激。一般认为,4 周断奶仔猪舍内的温度应维持在 26 ℃左右,仔猪生长到 70 日龄时,也应将舍内温度维持在 18 ℃以上。由于这个阶段的仔猪对温度反应比较敏感,过冷过热对仔猪健康和生长发育都是有害的,因此,有效的温度调控是这个时期最核心的内容,也是猪场能耗最多的一个时期。断奶仔猪舍多采用密闭式建筑型式,通过水暖加热系统、PVC 正压送风管道系统等措施进行整舍加温,而类似于哺乳仔猪的局部环境温度调控技术如仔猪保温箱、加热地板等国内则用得不多。为保证仔猪所处的环境温度适宜,适当兼顾节能需要,可以为断奶仔猪提供局部供暖条件。如为仔猪躺卧区铺设热垫,采用保温箱等方式。Ziron 和 Hoy 等曾就水暖床加热系统、热塑料板、多孔发泡垫加远红外加热灯和隔热混凝土地面加远红外加热灯等几种加热系统对仔猪躺卧、前腿皮肤伤害进行过研究,认为水暖床加热方式的效果更好。因此,实际生产中应注重供暖方式的选择,更好地改善仔猪的饲养环境和福利状况。

在过于强调温度的前提下,断奶仔猪舍通风经常会被忽略。尤其是冬季,过度密封会使猪舍内空气质量变得很差,有害气体、粉尘等严重超标,易引发各种呼吸道疾病。也有的时候,因猪舍环境温度较低,漏缝地板猪床使仔猪腹部有持续的气流扰动,仔猪很易出现腹泻,也影响仔猪的睡眠质量。

5.3 断奶仔猪阶段的应激问题

5.3.1 转群应激

现代化养猪生产中,为加快母猪的繁殖进展,哺乳仔猪饲养至 25～28 日龄就会实施断奶。仔猪断奶后则转入保育舍饲养。断奶是猪一生中生活条件的第二次大转变。仔猪需要同时承受心理、营养和环境应激的影响,包括与母猪分离、日粮从全乳日粮变为粉料或粒料、从产房到断奶仔猪舍环境的改变,以及和不同窝的猪混群饲养等断奶应激,这种应激影响一般持续 2 周左右。

对仔猪而言，任何日龄断奶都会出现应激反应，但不同的断奶日龄其反应程度不同。健康、活泼、采食良好的猪只，对断奶的反应较小，断奶后的调整很快；而行动迟缓、健康状况差的仔猪断奶时反应剧烈，断奶后的消沉期较长。为了尽可能减少断奶对仔猪的应激，除了选择适宜的断奶时间和给予优质饲料外，采用良好的养殖工艺模式，为其创造一个舒适的小环境是十分重要的。

5.3.2 运输应激

运输是整个生猪产业链中的环节之一，尤其是在养猪产业专业分工朝着更精细化方向发展的今天显得更为重要。运输过程能否导致强烈的应激，而影响猪只存活和健康乃至动物福利状况，能否最大限度地维持其生产性能或者商品价值，均是国际畜禽环境、动物行为与福利等研究领域所关注的热点。在生猪运输方面，国外的研究主要集中于肥猪宰前运输对猪的行为、生理指标(如皮质醇激素和促肾上腺皮质激素水平)、动物福利和猪肉品质等方面的影响，而对仔猪的运输过程研究相对较少。Perremans 等在实验室条件下模拟，发现运输颠簸程度和加减速会对仔猪血液激素水平和心率产生不利影响。运输过程中猪还因混群、拥挤和生活环境变化等原因而发生较为激烈的争斗，从而导致猪体表受到损伤。

5.4 运输环境对断奶仔猪的影响

事实上，造成运输应激的因素有很多，如运输环境因素(如温度、相对湿度、风速和空气质量等)、运输密度(每头猪占有面积)、运输持续时间、运输途中颠簸程度和驾驶员操作水平等，而运输密度是最为重要的一个影响因素。1992 年，欧盟畜禽运输工作组提出仔猪(体重<25 kg)的运输面积(即运输空间容许量)不应低于 0.15 m^2/头，亦即运输密度不能超过 6.60 头/m^2，但多数情况下对仔猪的运输应激都没有引起足够重视，为此，作者所在团队通过对运输过程中仔猪的行为表现观察，分析讨论车厢内温度、运输空间容许量和运输持续时间对仔猪行为和福利的影响，并对运输前后仔猪的生产性能做比较分析，以期为减少仔猪运输应激提供参考依据。

5.4.1 试验样本群体、运输条件和测试内容描述

试验猪只为 28 日龄断奶再在原圈饲养 1 周的保育仔猪共 80 头，品种为大约克夏，体重为(12.3±0.37)kg。随机分成 4 组，其中两组各 25 头，另两组各 15 头，即设计两种运输密度分别为 11.4 头/m^2 和 6.8 头/m^2，即空间容许量分别为 0.09 m^2/头和 0.15 m^2/头。仔猪运输车采用封闭车厢，用 30 cm 高的木板将车厢隔成 4 个小空间，每个空间长 2.0 m、宽 1.1 m，地面铺设垫草。车上配有自动加热设备，侧面安装有排风扇可进行空气调节。装猪前进行了彻底消毒、干燥。运输路径为北京某猪场—北京外环线—京珠高速—邯郸某猪场，全程约 510 km，运输路面平整，且绝大部分在京珠高速公路上进行，运输过程中要求驾驶人员禁止突然急刹车，且要求缓慢加减速，以尽量减少车辆运输过程中颠簸等因素对仔猪的影响。考虑到运输路程较短，未提供饮水和饲料。自 9:47 出发，16:51 到达，历时近 7 h。

测试内容包括：①温湿度，车厢内 0.75 m 高度处和车厢外侧布置 RS-11 温湿度传感器全程记录。②行为表现，车厢内安装嵌入式网络摄像机，记录仔猪站立(包括仔猪运动)、躺卧及其他(除站立、躺卧以外的行为)等行为表现。采用仔猪活跃指数(activity index)分析运输过

程中的群体活动激烈程度，共 5 级：5＝极其激烈，定义为大部分猪到处乱窜，并伴随咬斗攻击；4＝很激烈，定义为个别猪体爬到其他猪体身上，个别猪体发生攻击；3＝激烈，定义为多数猪体活动，偶有身体接触；2＝活动，定义为少数猪体处于自由走动；1＝非活动，猪体基本处于躺卧状态或站立不动。③体表受损情况，运输结束后统计。分 5 级：5＝极其严重，皮肤伤痕≥10 条或流血；4＝很严重，皮肤伤痕≥10 条但未流血；3＝严重，皮肤伤痕 5～9 条；2＝轻微受损，皮肤伤痕 2～4 条；1＝基本无损伤，仔猪皮肤完好无损或只有一条伤痕。④体重，运输前、运输结束、运输后 1 d、3 d 和 7 d 分别称重。

5.4.2 运输温度对仔猪的影响

运输温湿环境是保证生猪正常运输的重要条件之一。据美国国家猪肉协会（National Pork Board）颁布的《养猪生产手册》，为了减少猪的热应激和环境应激，运输装卸应尽量在一天中气温较低的时刻或夜间进行。Lambooij 认为，肥猪运输时处于 16 ℃、风速低于 0.2 m/s 较为舒适。基于上述研究结果，本试验设置的运输过程车厢内温度维持在 16～25 ℃、相对湿度为 32%～44%；车外温度为 2～4 ℃、相对湿度 80%～88%。

图 5-2 描述了运输期间仔猪的躺卧行为与运输车厢内温度的关系。可以看出，温度与躺卧行为呈显著的负相关，而与站立呈显著的正相关。按照快速聚类分析将车内温度分成 3 个区间，即(24.3±1.4)℃、(20.7±0.8)℃、(17.2±1.4)℃，统计仔猪的躺卧、站立情况（表 5-1）。当温度超过 20 ℃时，仔猪躺卧的比例明显减少，站立比例明显增加，表明运输过程中车内温度低于 20 ℃会显著降低猪的活跃度。

表 5-1 运输温度与仔猪行为的关系

运输温度/℃	躺卧比例/%	站立比例/%
24.3±1.4	18.4±5.8[a]	45.3±5.7[a]
20.7±0.8	29.9±2.8[b]	20.6±2.8[b]
17.2±1.4	31.0±2.4[bc]	21.8±2.8[b]

表中同列数据上标无相同字母表示运输温度之间的仔猪行为差异显著（$P<0.05$）。

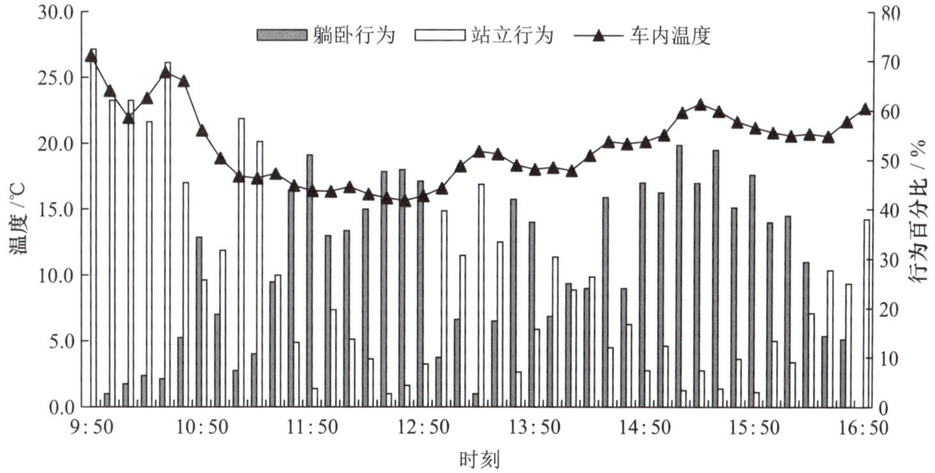

图 5-2 运输过程中车内温度和仔猪行为情况

5.4.3 运输空间和持续时间对仔猪的影响

1.对仔猪行为和活跃强度的影响

运输过程中猪只的活跃程度可反映出猪的运输福利状况，但为降低成本往往会尽可能加大运输密度。作者曾就 11.4 头/m^2 和 6.8 头/m^2 两个水平的运输密度进行了试验，其中，0.09 头/m^2 是根据断奶仔猪趴卧所需面积确定的（表 5-2）。表明运输密度对猪的站立几乎没有影响，但对躺卧的影响较大。由图 5-3 可知，运输初期（第 1 个小时）猪只的活跃指数达到了 3.1 以上，极显著高于其他时段，这与 Bradshaw 等的肥猪 1.5 h 之内运输活跃指数 3.2 的研究结果一致。随着运输时间的延长，活动强度下降明显，3 h 时达到最低水平，这可能是仔猪经过相互争斗后的一种疲劳表现而导致的短暂安静状态；之后仔猪的活动激烈程度又逐渐增加，可能是固有的采食时间引发的活跃度增加现象。7 h 运输过程的活跃指数在 1.6～1.8 之间，与运输密度关系不大。活跃指数越高，站立表达的猪只比例也越高。

表 5-2　不同运输密度下，仔猪的行为和活跃指数（平均值±标准误）

运输持续时间/h	运输密度 11.4 头/m^2			运输密度 6.8 头/m^2		
	站立比例/%	躺卧比例/%	活跃指数	站立比例/%	躺卧比例/%	活跃指数
1	53.0 ± 1.6^a	5.0 ± 1.4^a	3.33 ± 0.31^a	70.0 ± 4.6^a	6.2 ± 2.2^a	3.08 ± 0.31^a
2	29.7 ± 4.8^b	20.0 ± 3.9^b	1.75 ± 0.25^b	39.9 ± 6.8^b	26.8 ± 4.6^b	1.75 ± 0.22^b
3	9.0 ± 2.9^c	37.3 ± 2.7^c	1.08 ± 0.08^b	9.1 ± 2.1^c	48.3 ± 3.2^c	1.17 ± 0.11^b
4	23.7 ± 4.6^d	22.3 ± 5.6^d	1.75 ± 0.30^b	31.0 ± 4.5^d	22.8 ± 4.8^d	1.50 ± 0.29^b
5	21.0 ± 1.6^d	22.0 ± 2.3^d	2.25 ± 0.18^b	20.6 ± 3.0^e	35.0 ± 4.0^d	1.50 ± 0.19^b
6	7.3 ± 2.0^e	37.0 ± 2.7^e	1.25 ± 0.13^b	7.4 ± 1.5^f	56.1 ± 1.7^e	1.00 ± 0.00^b
7	14.0 ± 2.3^f	24.0 ± 3.0^f	1.75 ± 0.35^b	18.4 ± 3.9^f	36.2 ± 5.5^f	1.67 ± 0.22^b
平均	22.5 ± 2.0	24.0 ± 1.7^a	1.88 ± 0.11	28.1 ± 2.7	33.0 ± 2.2^b	1.67 ± 0.10

表中同列数据上标无相同字母表示相邻持续时间之间的差异显著（$P<0.05$）。

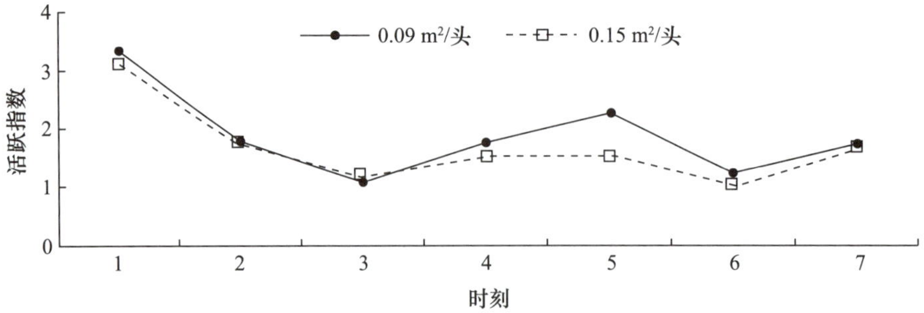

图 5-3　不同时间段上两种运输密度对仔猪活跃指数的影响

2.对仔猪体表受损程度的影响

猪体表损伤程度是运输中重要的福利指标之一，反映了猪只之间的争斗激烈程度。由于运输时需要将不同窝仔猪进行混群，加之因生活环境改变而导致猪活跃异常，因而会出现相互攻击行为，造成猪体表损伤。研究表明，肥猪运输过程引起的体表损伤会导致胴体质量下降，而仔猪体表损伤则更易发生感染，若出现某一仔猪的耳朵或尾巴出血，会引起其他仔猪围攻可能会危及生命。但运输密度造成的仔猪之间争斗现象还是比较有限的，虽然密度 11.4 头/m^2 的仔猪体表受损略高于 6.8 头/m^2，但二者之间无显著差异（表 5-3）。

表 5-3 两种运输密度下仔猪体表受损程度（平均值±标准误）

运输密度	11.4 头/m^2	6.8 头/m^2
体表受损程度	1.88±0.18	1.73±0.23

3.运输密度对仔猪体重变化的影响

体重损失是运输过程中常见的问题之一。McGlone 等认为，即使是健康的猪，经过 4 h 运输，体重损失 5%左右，Berry 和 Lewis 的模拟运输试验表明，17 日龄早期断奶仔猪经 6～12 h 运输，体重损失可达 5.8%～9.1%。本研究中，40 日龄仔猪经 7 h 运输，体重损失为 3.6%～4.1%（表 5-4）。到达目的地 3 d 后，仔猪可基本恢复到运输前的体重，这一结果与 Berry 和 Lewis 对断奶仔猪的研究结果（需 4 d 恢复）基本一致。而不同运输密度对仔猪体重的影响不大。

表 5-4 运输密度对仔猪体重变化的影响（平均值±标准误）

运输密度/(头/m^2)	体重变化/kg				体重变化率/%			
	运输结束	1 d	3 d	7 d	运输结束	1 d	3 d	7 d
11.4	−0.50±0.03	−0.23±0.03	−0.01±0.03	0.63±0.04	−4.1	−2.0	−0.1	5.2
6.8	−0.45±0.03	−0.20±0.03	0.04±0.03	0.78±0.08	−3.6	−1.7	0.4	6.3

总之，在确保运输过程中车内温湿度和控制运输时间的条件下，适当提高运输密度，即相应的运输空间容许量从 0.15 m^2/头降至 0.09 m^2/头是可行的。虽然会对运输过程中仔猪的躺卧行为产生一定影响，但对仔猪的站立、体表受损和运输后体重恢复影响不大。

5.5 舍饲散养下断奶仔猪的定点排泄行为

半自然饲养下，家猪的行为与野猪并无太大区别，家猪秉承了野猪采食、躺卧和排泄区域分开这一特性。通常，猪不会在其躺卧区域 5 m 范围内排泄。但舍饲饲养时，因圈栏设置不合理、饲养密度过大或过小、管理不科学、饲养环境贫瘠单调等问题，猪的许多行为特性难以得到表达，尤其是猪的三点区域分布习性无法完成，导致舍内卫生状况变差，影响猪的健康和生长发育，而且还会增加干清粪工作强度。为降低因猪无法定点排泄而对生产造成的不良影响，多数猪场采用全部或局部漏缝地板，虽然可避免猪体与粪便接触，减少通过粪便感染的概率，但漏缝地板导致母猪乳头及蹄部、腿部损伤等，在生产中十分常见。欧洲养猪协会 2001/93/EC 已明确规定：传统的全漏缝地板圈栏应进行改造，圈栏内部的 1/3 至少应为实心地面。这也意味着以往想通过全漏缝地板以省略地面清粪、保持圈栏卫生可能不会获得理想效果。尽管猪有在墙角和圈栏一角定点排粪的习性，但这种习性能否很好地发挥，还与圈栏配置以及饲养方式、管理制度等密切相关。为更好地研究猪的定点排泄特征，笔者在断奶仔猪舍饲散养工艺中设计了专门的"猪厕所",以便对仔猪排泄行为进行深度分析。

5.5.1 圈栏区域划分及评判准则

本研究设置了两种圈栏。其中,圈栏Ⅰ完全按照图 5-1 所示配置,即 8 个暖床前端挂 PVC 塑料帘,有两个蹭痒架及磨牙链、两个玩具箱和悬包;圈栏Ⅱ尺寸同圈栏Ⅰ,但 8 个暖床只有两个挂 PVC 塑料帘,其他 6 个不挂帘,圈栏内没有蹭痒架及磨牙链和玩具袋。

将圈栏地面按图 5-4 划分区域:A1:猪厕所位置;A2:饮水器处;B1:两侧暖床;B2:中间暖床;C1:暖床之间区域;C2:食槽处位置。每天在清粪之前,观察圈栏划分区域内猪粪尿的分布情况,并按表 5-5 进行打分评判。

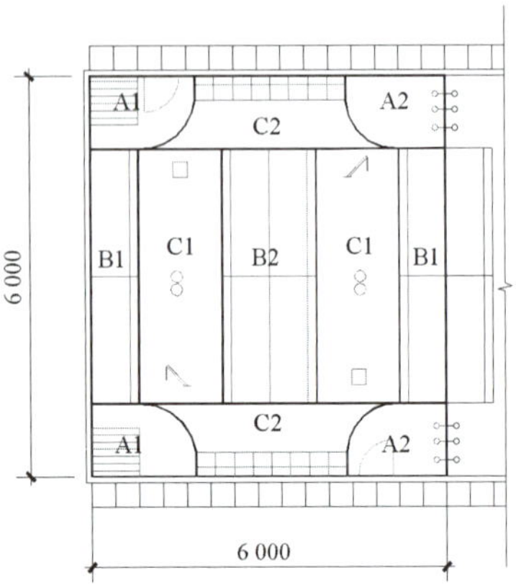

图 5-4 仔猪舍圈栏地面划分

表 5-5 猪排粪区域的评分标准

项目	评价分值					
	5	4	3	2	1	0
粪占总量的比例/%	80~100	60~80	40~60	20~40	5~20	0~5
潮湿面占地面的比例/%	90~100	70~90	50~70	30~50	10~30	0~10

5.5.2 圈栏内排泄区域分布

Wechsler 和 Bachmann 对猪的排泄行为序列研究表明,猪在进入排泄区域后其典型的排泄行为序列为:进入排泄区域、嗅闻、转身(姿势转变)、排粪/排尿、嗅闻。在排泄前,猪的嗅闻多表现为对排泄区的周围墙壁或圈栏,而不是对地面嗅闻,这表明猪在排泄时需要寻找一个相对独立而安全的区域进行排泄;在排泄后,猪对地面的嗅闻比例增多,这暗示猪更喜欢新鲜粪便气味且对排泄区有记忆加深本能。从 Wechsler 和 Bachmann 对猪排泄行为序列的研究可以看出,良好的排泄区域应该是相对独立和安全的空间,本次试验结果也在一定程度上证实了这一点。本次试验发现猪多选择在圈栏内"猪厕所"、拐角处或空余暖床内部排泄,这是由于暖床也提供了一个良好的独立和安全空间,且一旦发现仔猪在暖床内排泄就较难调教不让其在暖床内排泄。本次试验采用封闭暖床的方法来达到改变仔猪排泄点的目的,在圈栏Ⅰ内的尝试证明这是可行性的。

但 Bea 等对于新型生猪窝穴(暖床)饲养系统(kennel housing system)研究表明,窝穴的存在可以使圈栏内部存在两种不同热环境,从而使肥猪对于圈栏内的不同功能区域的认知感加强,在整个育肥期内多数肥猪选择在相同区域内排泄,这表明合理地配置暖床和适当的管理措施是可以避免暖床被猪视为排泄区。

试验期间,圈栏Ⅰ和圈栏Ⅱ各区域的平均粪污分布情况如表 5-6 所示。在圈栏Ⅰ中,仔猪主要集中在 A1 区域排泄,其次为 A2,在 B2 和 C1 处基本没有发现粪便,表明圈栏Ⅰ布置方式可以很好地引导仔猪在猪厕所处排泄。由于圈栏Ⅱ只有两个暖床有挂帘,因此,排泄区域也发生了相应的变化,主要集中在区域 A2 和 B2 处,其次为区域 A1、B1 和 C2 处也有少量粪便,表明暖床挂帘对排泄区域的形成有较大影响。当不改变圈栏内设施时，仔猪对排泄点的选择几乎不发生变化；转群时，只要圈栏布置合理，将空余暖床封闭，仔猪都可以在设定的“猪厕所”处排泄，而不会在躺卧区排粪。这对保持圈舍卫生十分重要。

表 5-6　圈栏内各区域之间和相同区域两种圈栏之间的比较(平均值±标准误)

区域	圈栏Ⅰ	圈栏Ⅱ
A1	4.1±0.1[a]	1.8±0.1[a]
A2	1.8±0.1[b]	2.5±0.1[b]
B1	0.4±0.2[c]	0.2±0.1[ce]
B2	0.0±0.0[d]	2.8±0.1[b]
C1	0.6±0.1[c]	0.4±0.1[c]
C2	0.0±0.0[d]	0.1±0.1[e]

表中同列数据上标无相同字母表示两两之间具有显著性差异($P<0.05$)。

为更好地使仔猪做到定点排粪，在饲养管理方面还应注意：①在断奶仔猪转群之前需对暖床进行适当地加温，使暖床内部的温度维持在较高水平(26～28 ℃)，保证暖床内外维持一个相对较高的温度差(如 8～15 ℃)，从而形成比较舒适的躺卧区，人为地引导仔猪到暖床中躺卧。②由于初转入的仔猪体型较小，应先封闭部分暖床，随仔猪生长再逐渐打开封闭的暖床；或者先将更多仔猪转入圈栏内饲养，随着仔猪生长将弱猪逐渐转群到另一圈栏饲养。③在转群之前，应在圈栏躺卧区和休息区的地面上洒上少量饲料，且尽量在傍晚进行转群，在转群后 1～2 d 内对仔猪进行限喂。④转群之前，在猪厕所上洒上少量的猪粪和尿，引导仔猪进入排泄；如发现仔猪在其他区域上排泄时，应及时清理，并努力调教。⑤为断奶仔猪提供干净无害的稻草捆或及时为拱草槽补充干净的饲草，以满足仔猪拱啃和磨牙习性。

5.6　冬季暖床对断奶仔猪躺卧行为的影响

5.6.1　暖床水暖加热系统的设计

仔猪暖床是专供仔猪睡卧的保温箱，它是根据猪的呼吸、头颈、躯体不同部位所需适宜温度的不同设计的。暖床的前侧壁用 PVC 塑料双层条形软门帘做成，暖床外壳的其他各面用良好的保温材料制成。暖床尺寸按照不同阶段猪的体尺确定，一般哺乳期仔猪每窝提供 1 个，保育期每个暖床提供 5 头猪只躺卧位置。猪可以自由进出和选择躯体躺卧于床内的比例。躺卧时，猪头部朝外，鼻端露于帘外，可保证呼吸到新鲜的空气；躯体留在床内。考虑到仔猪自身产热不足以维持床内的温度，用于断奶仔猪的暖床需要配置额外的加热设备。相对于红外加热，采用水暖加热系统不但可保持较高的躺卧区温度，带来的舒适感更好，并且有助于暖床内部温度保持稳定，也可解决对用电的高度依赖问题。

仔猪暖床水暖加热系统(图 5-5)由以下几部分组成：①暖床；②散热片(水平放置位于暖床顶部)；③管道；④循环泵；⑤锅炉；⑥控制部分，包括阀门、压力表和温度计等。暖床尺寸为 2.1 m×0.8 m×0.7 m(长×宽×高)，如图 5-6 所示，暖床的顶部采用双层玻璃钢，侧墙采用砖砌结构，暖床前端上封 200 mm 的木板并悬挂 PVC 塑料帘。暖床散热片平均水平放置在暖床的顶部，距地 600 mm，整个加热系统与传统房间热水采暖方式相似，每个暖床内可以通过进水阀门控制或自动温控调节阀门调节散热片的水流量，进而调节暖床内的加热量。

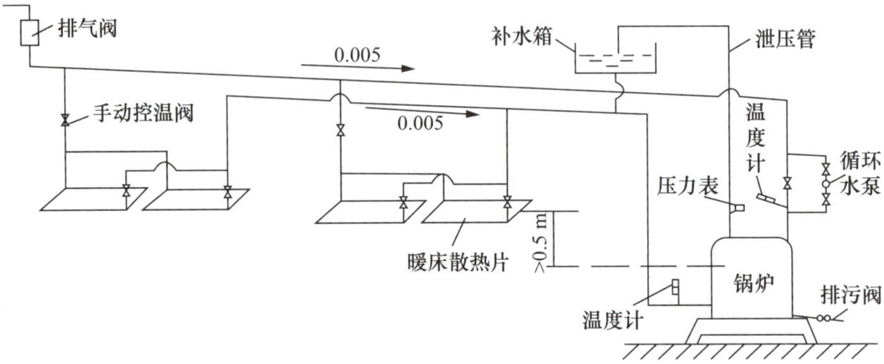

图 5-5　暖床加热系统安装示意图

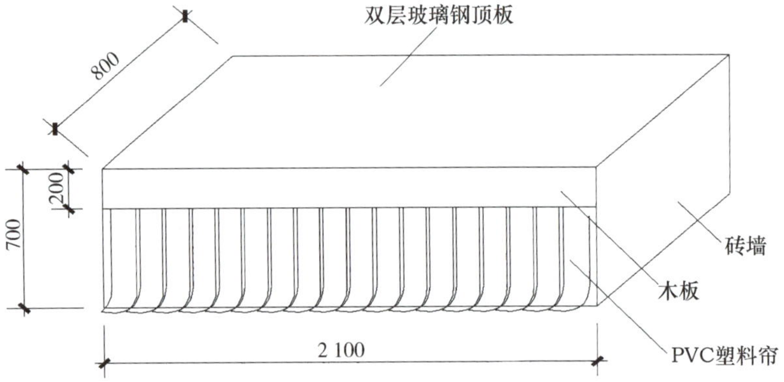

图 5-6　断奶仔猪舍暖床结构示意图(单位:mm)

5.6.2　挂帘对暖床内部温湿度的影响

作者曾对空舍条件下暖床水暖加热系统运行时，暖床挂帘对床内温湿度影响进行了比较测试，结果见表 5-7。在舍外 2.7 ℃、舍内 12.8 ℃时，未挂帘暖床内部内、外侧平均温度分别为 16.2 ℃、14.4 ℃；而挂帘后暖床内部内、外侧温度分别为 17.4 ℃、16.8 ℃。表明，暖床水暖加热系统对仔猪局部躺卧区域的温度维持具有较好的效果，而挂帘可明显减少暖床内部热量损失、降低内部温差，维持更好的温度条件。

表 5-7　试验猪舍暖床内部与舍内之间温差及舍内外温差　　℃

项目	未挂帘暖床		挂帘暖床	
	平均值±标准差	最大值	平均值±标准差	最大值
暖床内部外侧与舍内温差	1.6±0.6	3.1	4.0±2.3	7.8
暖床内部内侧与舍内温差	3.4±1.1	5.7	4.6±2.4	8.6
暖床内部内侧与外侧温差	1.8±0.6	3.1	0.5±0.2	1.3

而有猪条件下，暖床挂帘的作用更加凸显。由表 5-8 知，在舍外 1.4 ℃、舍内 13 ℃下，挂帘暖床内部平均温度为 28.6 ℃，变异系数 9.1%；而未挂帘暖床内部平均温度为 17.9 ℃，变异系数 15.1%。二者的温差达到 10.7 ℃，暖床挂帘对维持内部温度的稳定性具有重要意义。

表 5-8 试验猪舍内外、暖床内部的温、湿度测试比较

位置	温度/(℃,%)				相对湿度/%			
	平均值	最高值	最低值	变异系数	平均值	最大值	最小值	变异系数
舍外	1.4±3.5	12.5	−5.6	250.0	58±21	100	23	36.2
舍内	13.0±2.6	19.6	5.7	20.0	50±11	87	22	22.0
挂帘暖床内	28.6±2.6	34.3	21.3	9.1	41±9	99	40	22.0
未挂帘暖床内	17.9±2.7	22.5	11.3	15.1	40±8	56	25	22.0

5.6.3 暖床对断奶仔猪躺卧行为的影响

研究表明，仔猪对暖床的认可度较高，超过 80%的仔猪会选择暖床躺卧。而暖床结构对猪的躺卧行为则有明显的影响。作者曾统计过 5.5.1 中提及的 2 种圈栏中仔猪的躺卧时间，发现圈栏Ⅰ(图 5-7)中的仔猪，在挂帘暖床内躺卧比例随猪日龄的增加而显著降低，由 99.0%下降到 35.6%。分析原因认为：试验期间外界环境温度随猪龄在上升，加之猪龄增加，对环境温度要求也逐渐降低。此外，暖床的空间相对有限，逐渐长大的仔猪会对床外的空间选择更多，只有当外部温度较低时，猪只才会更多地采取拥挤躺卧相互取暖的做法。而圈栏Ⅱ(图 5-8)同时存在挂帘和未挂帘暖床，仔猪可随意选择有或没有挂帘的暖床躺卧休息；同理，随着猪龄的增大，挂帘暖床内躺卧比例会显著降低，未挂帘的则随猪龄而显著增加。因此，实际生产中应根据猪龄对暖床进行更好的管理。

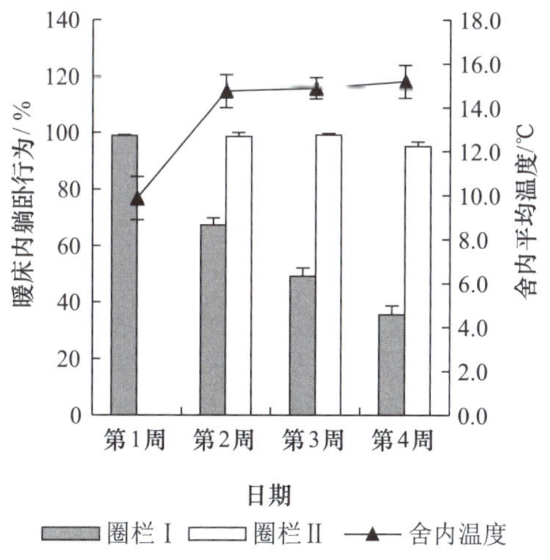

图 5-7 仔猪在暖床内躺卧比例随猪日龄的变化

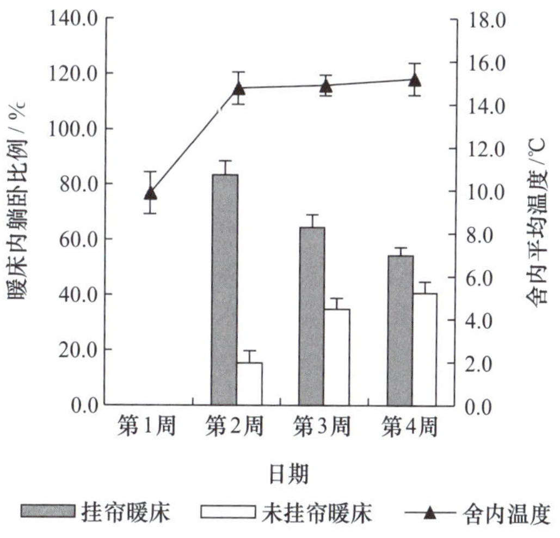

图 5-8 仔猪在不同暖床内躺卧比例随猪日龄的变化(圈栏Ⅱ)

5.6.4 暖床对采暖负荷的影响

Bea 等认为,采用窝式(暖床)饲养系统(kennel housing system)饲养,冬季的低温环境对育肥猪的生产性能并未产生明显的影响。本研究表明,尽管舍内空气温度仅维持在 13.0 ℃左右,但全程断奶仔猪日增重和料肉比分别维持在 500 g/d 和 2.0∶1 左右,这一结果与殷宗俊在舍温 25 ℃条件下的研究结果相当。表明,只要保证局部躺卧温度,适当降低舍温不会影响断奶仔猪的生长发育。

冬季断奶仔猪的饲养,一般要求舍温至少维持在 18.0 ℃。以河北邯郸为例,若冬季猪舍的采暖设计温度为 0.1 ℃,按式(5-1)可计算出断奶猪舍的热负荷:

$$
\begin{aligned}
Q_{\mathrm{H}} &= Q_{\mathrm{HT}} + Q_{\mathrm{INF}} - Q_{\mathrm{IH}} = (t_{\mathrm{i}} - t_{\mathrm{e}}) \sum_{i=1}^{m} \varepsilon_i K_i A_i + (t_{\mathrm{i}} - t_{\mathrm{e}}) c_{\mathrm{a}} \rho N V - Q_{\mathrm{IH}} \\
&= \beta(t_{\mathrm{i}} - t_{\mathrm{e}}) - Q_{\mathrm{IH}}
\end{aligned}
\tag{5-1}
$$

式中:Q_{H}为猪舍采暖热负荷(W);Q_{HT}为猪舍通过围护结构的传热耗热量(W);Q_{INF}为猪舍的空气渗透耗热量(W);Q_{IH}为猪舍内部得热(包括照明、猪自身产热等)(W);t_{i}为畜舍平均舍内计算温度(℃);t_{e}为采暖期舍外平均计算温度(℃);ε_i为围护结构传热系数的修正系数;K_i 为围护结构的传热系数[W/(m^2·K)];A_i 为围护结果面积(m^2);c_{a}为空气比热容[W·h/(kg·K)];ρ 为空气密度(kg/m^3);N 为换气次数(次/h);V 为换气体积(m^3);β 为自定义的综合系数(W/K)。

则对于相同围护结构的猪舍而言猪舍内部维持的温度由 18.0 ℃降低到 13.0 ℃则猪舍冬季采暖热负荷减少比例为:

$$
\begin{aligned}
\eta &= \frac{(Q_{\mathrm{H18}} - Q_{\mathrm{H13}})}{Q_{\mathrm{H18}}} \times 100\% = \frac{[\beta(18-0.1) - Q_{\mathrm{IH}}] - [\beta(13-0.1) - Q_{\mathrm{IH}}]}{\beta(18-0.1) - Q_{\mathrm{IH}}} \\
&\geqslant \frac{18-13}{18-0.1} \times 100\% = 28\%
\end{aligned}
\tag{5-2}
$$

式中:Q_{H18}为舍内温度为 18.0 ℃时猪舍采暖热负荷(W);Q_{H13}为舍内温度为 13.0 ℃时猪舍采暖热负荷(W)。

即当利用暖床作为断奶仔猪局部躺卧区域时,对于邯郸地区而言,其断奶仔猪舍的采暖热负荷可减少 28%左右,从而可以很好地实现节能。

5.7 饮水温度对断奶仔猪的生长和健康的影响

充足、干净、适宜的饮水是猪只健康生长的基本条件,饮水不足将严重影响猪的生长和健康。猪只饮水量的多少受日粮成分、饲料形态、饮水器类型、饮水温度等因素的影响,而饮水温度是养猪生产中常被忽略的关键因素。对于刚断奶的仔猪,饮用冷水会造成冷应激,导致仔猪采食量下降从而致使仔猪质量下降,并出现因消化道机能紊乱带来的腹泻等症状,而长期腹泻会导致机体严重脱水、酸中毒、胃肠黏膜发生损伤,使食用的饲料无法正常消化吸收,从而严重影响猪的生长性能,给养猪产业带来极大的损失。因此,在猪场饲养管理中,确定适宜猪的饮水温度并实现恒温饮水是保障猪只健康生长的关键。本团队专门设计了针对断奶仔猪的冬季恒温饮水装置,并就不同饮水温度对仔猪健康和行为的影响进行了相关研究。

5.7.1 饮水温度对仔猪健康及生长性能的影响

本研究采用单因素三水平随机试验设计，饮水温度分别为 13 ℃（舍温，对照）、25～26 ℃和 30～31 ℃，每个水平 4 个重复。将 50 日龄的 120 头断奶仔猪，随机分配到 3 种饮水温度的 12 个保育圈栏内，饲养至 78 日龄。每个圈栏 10 头猪，各组仔猪初始体重差异不显著（17.5 kg±0.065 kg），试验结果见表 5-9。

表 5-9 饮水温度对断奶仔猪生产性能的影响

测试项目	13 ℃	25 ℃	30 ℃
采食量/(kg/d)	0.87±0.31[a]	0.92±0.33[a]	0.92±0.33[a]
日增重/(kg/d)	0.43±0.01[a]	0.53±0.01[b]	0.44±0.00[a]
料重比(F/G)	2.04±0.02[a]	1.74±0.03[b]	2.04±0.03[a]
日饮水量/L	3.70±0.73[a]	4.48±0.99[b]	2.73±0.61[c]
发病率/%	6.37±0.59[a]	2.65±0.55[b]	4.2±0.95[c]
腹泻率/%	4.85±0.88[a]	1.69±0.28[b]	3.70±0.67[c]

小写字母不同表示差异显著（$P<0.05$）。

可以看出，25 ℃和 30 ℃饮水组比常温组的耗料量均提高 5.74%，但各组的日耗料并无显著差异（$P>0.05$），这与冯霞所得温水较凉水不能显著提高日耗料的试验结果基本保持一致。对照组日增质量显著低于 25 ℃饮水组（$P<0.05$），这是因为当低温饮水进入动物机体内时，需要额外的能量使饮入的水升温。30 ℃饮水组的日增质量也显著低于 25 ℃饮水组，可能的原因是 30 ℃饮水组饮水量较少，当机体缺水时，会导致营养物质的代谢障碍，从而降低了日增重，增加了料重比。

本研究中，25 ℃饮水组的饮水量显著高于对照组和 30 ℃饮水组（$P<0.05$），其平均值分别为 4.48、3.70 和 2.73 L/(头·d)。通常认为，人的最佳饮水温度是 34～39 ℃，这一温度最接近人体的温度，既不会过度刺激肠胃道，又不易造成血管收缩。Villanov 等研究显示，饮入 12 ℃冷水可诱发近端胃出现反射性收缩，出现早饱现象，可能会降低饮水量，引起饮水不足，进而影响食欲，造成采食量减少。饮水温度也可能通过影响近端胃大小来间接影响饮水量的多少，25 ℃饮水组饮水量最多，使得仔猪食欲较好。至于 30 ℃下为何仔猪的饮水量最少，还有待进一步研究。

饮水温度对仔猪的健康也有很大影响。由于断奶后仔猪的肠道结构尚未发育完全，自身抵抗力低下，加之断奶给仔猪带来的应激，会使得肠道的结构和功能发生显著的变化，主要表现为小肠绒毛萎缩，隐窝增生，若再饮用凉水，容易给仔猪胃肠道带来冷应激，改变仔猪对自身肠道微生物菌群的敏感性，打破肠胃微生物平衡，这也解释了为何对照组的发病率和腹泻率显著高于 25 ℃和 30 ℃饮水组。覃小荣和何若刚的研究也表明，在舍内温度为 5～10 ℃的环境温度下，37 ℃饮水能显著降低仔猪的腹泻率，还有抗应激、防下痢的作用。

总之，在舍内环境较好下，让仔猪饮用 25 ℃左右的水，有助于提高日增重，降低断奶仔猪的发病率和腹泻率。

5.7.2 饮水温度对仔猪行为的影响

仔猪日常行为表达除了大部分时间处于躺卧休息状态外，在白天活动时段，采食行为占比较大，而不同饮水温度对采食行为也有影响。为深度了解饮水温度的作用，本团队选取了猪白天活跃高峰的2个时段(8:30—9:30和14:30—15:30)，对饮水、采食、活动等行为的发生频次、行为发生比例等进行了量化分析。其中，发生频次是指观察时段内平均每分钟发生的行为次数；行为发生比例是指观察时段内各行为发生的总时长占总观察时长的百分比。由图5-9可知，25 ℃饮水温度组的仔猪采食和饮水行为发生比例显著高于其他两个组别，表明较高的饮水温度有助于刺激仔猪的采食和饮水。

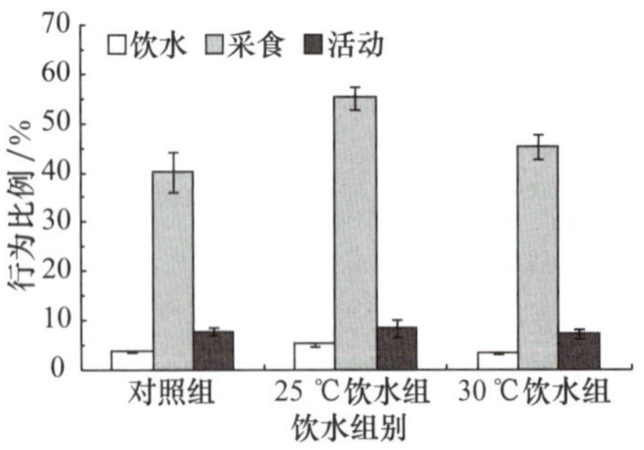

图5-9　不同饮水温度对仔猪行为发生比例的影响

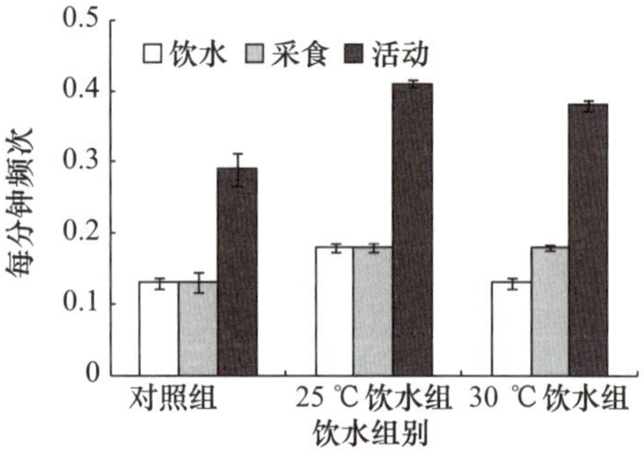

图5-10　不同饮水温度对仔猪行为频次的影响

由图5-10知，在13 ℃、25 ℃下，饮水、采食发生的频次几乎一致，这与猪本身的行为是吻合的。相对而言，25 ℃和30 ℃时的采食、活动的行为频次显著高于13 ℃时的行为频次，这更能表明较高的饮水温度有助于提高猪的活跃程度，对强化自身的机体健康状况是有益的。试验时也曾发现，尽管较高饮水温度会显著增加采食行为发生的比例和频次，但采食量并没有显著增加。这是因为采食频次、采食速度在更大程度上受饲料适口性和料型的影响，而并非饮水温度作用的结果，这也间接解释了3组处理中日耗料无显著差异的原因。

（施正香）

第6章 育成育肥猪福利化饲养工艺与工程配套

本章提要

本章分析了猪在育成育肥阶段的生物学特性及行为习性变化，育成育肥猪福利化饲养工艺与环境要求，饲养设备配套与房舍空间需求，不同生长过程的环境参数需求与工程配套等，旨在为育成育肥猪福利化饲养工艺与工程配套提供参数指导。

6.1 育成育肥猪福利化饲养工艺与环境要求

6.1.1 育成育肥期的生长特性与空间环境需求

1.育成育肥期的生长特性

育成育肥猪自身体重增长规律可分成育成期（生长期）和育肥期两个时期。

育成期（生长期）：体重一般在20～60 kg之间。这个时期的猪各项生长机能和组织都尚未发育完全，消化系统比较薄弱，对于营养物质的吸收能力相对较差，其中消化液里一些促进吸收的成分还不能满足猪本身的生长需要。生长期的猪骨骼发育比脂肪的增长速度快。该时期对猪舍温度调控要求也较高。

育肥期：体重一般为60 kg直至出栏。此时期的猪各项器官组织都发育完全，消化系统功能强大，对于营养物质的吸收能力相对较强。虽然此时期的猪骨骼和肌肉的生长速度都比较缓慢，但此阶段的猪脂肪组织快速生长，对各种饲料吸收能力加强，自身抵抗力也增强，神经系统也非常健全，可以快速应对气候和温度等变化。

2.育成育肥期的空间环境需求

猪属平衡灵活的神经类型，易于调教，可利用猪的这一特点，建立有益的条件反射，如通过短时训练，可使猪在固定地点排粪尿等，实现猪群的自我管理，保障清洁生产。为保证健康养殖工艺的实施，可对育成猪的圈栏分为采食区、躺卧区、排泄区和活动区等功能区。

育成猪一般为自由采食，一般可按照每4头猪共用一个采食空间进行配置；由于猪每天约80%的时间处于躺卧状态，因而躺卧面积应按同时躺卧的要求配置；排泄区一般考虑每20头猪配置1个可同时供2头猪使用的面积。活动区应考虑在2头以上猪进行社交活动的同时，周边还有可供猪单独通过的面积。群养条件下，要保证猪之间正常的社会交往以及其他猪只的自由活动，活动区域的最小面积应按图6-1计算，即满足猪正常社交活动面积应该在12～13 m^2。或者说栏圈中在摆放食槽、猪床等设备可以通行的地方，至少应有3 m的间隔。按出栏时体重90 kg计算，每头猪理论上所需的采食、躺卧、排泄、活动的面积分别为0.40 m^2、

1.00 m^2、0.40 m^2、2.20 m^2，就可对不同饲养规模的圈栏基本面积加以确定（表 6-1）。

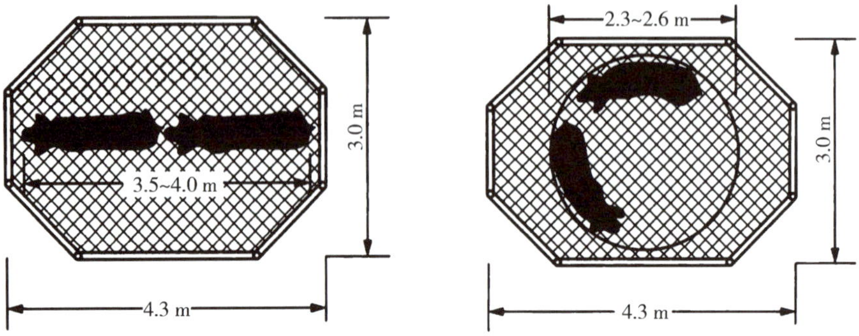

图 6-1 猪需要的活动面积

表 6-1 育成猪不同群体规模的圈栏面积要求 m^2

功能区	育成猪饲养规模/头					
	10	20	40	80	100	200
理论需要						
采食	1.20	2.00	4.00	8.00	10.00	20.00
躺卧	10.00	20.00	40.00	80.00	100.00	200.00
排泄	2.00	2.00	4.00	8.00	10.00	20.00
活动	13.00	13.00	13.00	13.00	13.00	13.00
实际需要	23.00	33.00	53.00	96.00	120.00	240.00
平均每头猪占栏面积	2.30	1.65	1.325	1.20	1.20	1.20

采用 10 头、20 头、40 头为一个群养单元，若能完全满足各功能区的要求，则每头猪平均占栏面积分别达到 2.3 m^2、1.65 m^2、1.32 m^2，而采用 80 头以上为一个群养单元的，则占栏面积只需考虑采食、躺卧、排泄的占地需要，即能够确保猪活动时的空间要求。由此表明，采用 40～80 头饲养育成猪，既能符合健康养殖要求，又可以最大限度地减少占栏面积，提高饲养密度和生产效率，是较为合理的群养规模。

6.1.2 育成育肥期群体规模与饲养管理要求

1.群体规模

生长育肥猪群养规模大小，主要考虑在尽可能节约占地面积的前提下，能够使猪获得一个合理的生活空间。同时，要考虑自动化程度和管理水平。通常，群养规模越大，每头猪获得的相对生活空间也越大，圈栏内设施设备的利用效率也越高。但过大的群体会妨碍猪群的社会行为建立，而且对管理要求较高。在群体组建时，必须考虑每周转群的猪的数量，以及饲养人员的劳动定额。将同一单元的猪群体划分为若干个小群。在圈舍配置时，需要将同一单元的猪群安排在同一猪舍相邻位置，便于管理和周转。目前，国外生长育肥猪的群养规模一般都较大，有的可以达到 200 头/群甚至 1 000 头/群；国内一般认为生长育肥阶段猪群大小以 20～40 头较为合适。

2.饲养管理要求

育肥猪的饲养时间通常是指 71～180 日龄。这一时期猪的长势迅猛、饲料消耗量大，是决定后期出栏效益高低的关键时期。猪群的生长受到品种、营养和饲养环境等各个因素的影响。育成育肥猪的生长速度是先提高（加速生长期），到达最大生长速度后降低（减速生长期），转折点发生在成年体重的 40％左右，相当于生长育肥猪的适宜屠宰期。根据生长特点选择合适的育肥方式，在日粮配比、饮水补充、分群管理等诸多方面加强育肥猪的饲喂管理，营造适宜育肥猪生长的良好养殖环境。

3.环境调控要求

猪的汗腺不发达，温控能力差。自身温度的控制，多受体重、采食、空气等因素的影响。不同阶段育肥猪的适宜温度要求：前期 20～23 ℃，中期 20 ℃，后期 16～20 ℃；舍内的相对湿度也不能过高，高湿环境会促进病原性微生物的繁殖、感染和传播。另外，猪舍里如果空气流通不畅，舍内的空气成分会发生变化，CO_2 和其他有害气体就会积聚，使畜禽所需要的氧气供应不足，以致达到危险的水平。猪舍通风换气，不仅输入新鲜空气，保证畜禽生命活动所必需的氧气，而且排除污浊空气，减少舍内空气中的病原体。猪在舒适的环境中，能确保最快的增长速度和最高效的料肉比。为此，设计猪舍时，应注意配套排风系统、完善隔热降温和保温设施，使猪舍达到合理的温湿度和风速，以实现环控的目的。

4.饲养密度

猪群的饲养密度对猪的增重速率以及饲料报酬都有影响。当饲养密度过低，并且猪舍气温相对较低时，猪的维持净能增加，竞争性采食效果减少，从而导致饲料报酬率增加，增重速率减少。当饲养密度过大时，采食的竞争过大，导致弱者采食量不足，影响增重效果。此外，高饲养密度所引起的应激反应会促进交感神经的活化，促进儿茶酚胺和糖皮质激素的释放，从而使机体的新陈代谢速度加快，严重影响猪的增重，并且造成猪群内打斗增多、休息静卧时间减少、舍内环境污染严重等问题，使猪活动增多，应激和患病概率增加。也有研究表明，随着高密度饲养规模下猪群打斗行为、心理和环境应激行为的增多，会使猪肉品质下降，这是因为应激反应会造成体内失水增多，使体内甲状腺素、肾上腺素和一些毒素的分泌增多。大群饲养一般确保每头不低于 1.2 m^2 为适宜。

5.卫生防疫

育肥猪养殖圈舍应保持清洁卫生、空气清新，注意定期清理圈舍杂草、粪便，注意铺垫垫草的干燥，注意猪舍内外的彻底严格消毒。严格防疫制度，本场饲养和管理人员入场前，要更换衣、鞋。饲养人员不能随意进入其他猪舍，猪舍内用具和其他设备固定本舍使用，不得外借。

6.饲喂管理

日粮要科学配方，合理加工以调制全价日粮，要满足营养补给，确保浓度平衡。配比日粮中，钙、磷比例要均衡，各种氨基酸也要保持平衡。饲料的调制与其适口性、饲料转化率有关，猪的饲料只有经过科学的加工调制才能提高饲料的利用率，改善其适口性。育肥猪的饲喂管理，可采用自由采食，不考虑饲喂次数。确保充足清洁饮水，水是生猪代谢必需的物质，是细胞、体液的主要组成部分，全程参与代谢调节、温控管理。为此，饮水必须要充足，确保无污染致病菌源。

6.1.3 育成育肥猪的饲养工艺与设备配置

1.育成育肥猪的饲养工艺

猪群按哺乳猪→仔猪→育成猪→育肥猪四阶段工艺饲养时，仔猪生长到 70 日龄、体重 22～25 kg 时，即转入育成猪舍，在育成舍内饲养时间约为 8 周。传统的育成猪舍多采用小群圈栏饲养模式。这种模式基本上参考美国 20 世纪 70 年代提出的集约化工业化养殖模式，一般采用一窝一栏，一个栏圈饲养 8～10 头，每头猪占栏面积 0.6～1.0 m^2。近几年来，也有采用两窝一栏，饲养 18～20 头/栏。由于这一阶段猪对环境的适应能力较强，实际生产中，为了节约投资，所用的生长育肥栏相对比较简单，地面采用实体地面或漏缝地板，圈栏内除了配置 3～4 个采食位置的公用食槽、一个鸭嘴式饮水器外，没有其他任何设施。这种模式的优点是饲养密度高，便于管理，投资较低。但由于没有考虑猪的行为特点和生理需要，较小的圈舍面积无法保证每头猪有足够的生活空间，也不能进行较好的功能分区，加之对生长育肥舍的环境调控缺乏应有的重视，往往圈舍环境较差，不利于猪的健康和生长发育。因此，寻求一种适于生长育肥猪的健康养殖工艺模式，为这一阶段的猪只创造良好健康的生活环境，这对提高养猪生产水平和猪肉产品品质具有重要意义。

2.育成育肥猪的设备配置

实现育成猪的健康养殖重点在于圈栏的设计与圈栏内设施设备的配置。育成猪健康养殖模式应具备的条件为：①以群养为基础，提供足够的饲养面积，确保圈栏内有相对独立的功能分区，即躺卧区、采食区、排泄区、活动区，要有足够的生活空间，避免过高的饲养密度；②配置福利性设施，如玩具球、铁链、垫草、播放音乐等，丰富圈栏内环境，减少猪群之间的争斗、啃咬等异常行为的发生；③采用局部温度调控措施，如提供暖床、调温地板、在躺卧区上方加盖保温幕、冷水降温猪床、门帘保温猪床等，使猪在猪舍内避免受到热应激或冷应激；④配有较好的食槽、饮水设备，并科学合理布置；⑤设置专门的排泄区，训练猪只定点排便的习惯，以保持舍内的清洁卫生。

结合猪定点排泄的习性要求，采用（1.5～2）：1 的长宽比的矩形圈栏最为理想。圈栏长度或宽度的尺寸，主要考虑猪群躺卧区域所在的位置以及猪躺卧的方向。另外，如果猪群比较大时，可能会造成猪群之间较多的争斗。根据经验，一般认为 20 头以下的猪可以在同一区域躺卧，20 头以上则最好设 2 个以上的躺卧区域。假设猪躺卧方向与圈栏长度方向平行，猪的躺卧区设在某一端，则圈栏宽度应保证每头猪有 35 cm（体宽）左右的躺卧位置，这种配置比较适合于 20 头/群的圈栏（图 6-2）；假设与圈栏长度方向垂直，猪的躺卧区布置在两侧，则栏圈宽度应该以 2 头猪的体长（2.5～3.0 m）以及暖床之间留出 3 m 的自由活动空间来考虑，其圈栏宽度不应小于 5.5 m，这种配置适合于群体大小 20 头/群以上的圈栏。根据这种思路，就可以得出不同群体大小的适宜圈栏尺寸，如表 6-2 所示。需要注意的是，对于两侧或中间布置躺卧区时，需要配置暖床（图 6-3），否则猪不会按照人为规定的要求将两侧或中间区域作为躺卧区。

图 6-2 育成猪的躺卧区设在圈栏一端

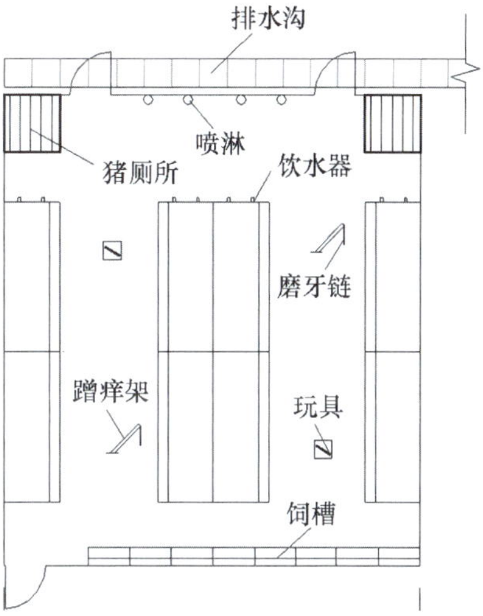

图 6-3 适于 40～80 头群体采用暖床的猪舍圈栏布置

表 6-2 育成猪不同群体大小理想的圈栏尺寸设计

圈栏尺寸	每圈群体大小/头				备注
	10	20	40	80	
圈栏面积/m^2	23	33	53	96	当群体大小为 80 头时，应将躺卧区域设为 4 个，即两侧各 1 个，中间 2 个，排泄区设 2～4 个。
圈栏长度/m	5.9～6.8	7.0～8.0	9.6	8.7～9.6	
圈栏宽度/m	3.4～3.9	4.1～4.7	5.5	10.0～11.0	

6.1.4 育成育肥猪舍的环境要求

猪舍内的空气环境也是影响猪只福利的主要因素，特别是舍内的温湿度、有害气体浓度等，会显著影响猪只的健康与生产力。

在环境要求上，育成育肥猪舍内空气应控制有害气体含量，例如氨（NH_3）、硫化氢(H_2S)二氧化碳(CO_2)等。氨（NH_3)气对眼睛、呼吸道、神经系统有刺激性作用，可引起结膜炎、气管炎、中枢神经系统麻痹等疾病，其主要由粪、尿、饲料、垫草等含氮的有机物分解产生。长期低浓度 H_2S 可使畜禽体质变弱、抗病力下降；容易发生肠胃炎、心脏衰竭等；高浓度 H_2S 可使畜禽呼吸中枢麻痹、窒息死亡。高浓度 CO_2 会造成空气氧含量低下，引起慢性中毒。因此，氨(NH_3）含量一般不得超过 26 mg/m^3、硫化氢含量不得超过 10 mg/m^3、二氧化碳含量不得超过 0.2%。同时，粉尘对眼睛、皮肤、呼吸道都有刺激性，且可能携带病原微生物或吸附有害气体，育成育肥猪舍内粉尘含量不得超过 1.5 mg/m^3，细菌总数不得超过 5 万个/m^3。育成育肥猪舍内相对湿度 40%～80%，适宜的相对湿度为 65%～70%。猪舍通风设计可按每千克活重所需通风量为冬季 0.35 m^3/h，春秋季 0.45 m^3/h，夏季 0.65 m^3/h 进行计算。冬季不得超过 0.30 m/s，夏季不得超过 1.00 m/s。猪对光不敏感，因此猪舍光照强度一般为 30～50 lx，光照时间要求 8～12 h。育成育肥猪舍内空气温度的生产临界范围 16～30 ℃。体重 60 kg 以前，适宜温度为 16～22 ℃。体重 60～90 kg，适宜温度为 14～20 ℃，最低不低于 12 ℃。体重 90 kg 以上，适宜温度为 12～16 ℃，最低不低于 10 ℃。

6.2 育肥猪对不同材质环境丰富度材料的选择倾向

为猪提供一个丰富的饲养环境可促进动物的身心健康，使其特有行为得以表达，减少机械行为和其他不正常行为的发生。在圈栏内设置或添加满足猪采食、饮水以及排泄行为等基本生活设施之外，用于满足猪其他天性行为和生理需求的其他任何物体或设施设备的状态，均可称之为改善圈栏内环境的丰富度。环境丰富度是通过改变动物环境的过程给它们提供行为选择的机会。这种行为选择的机会能够使动物在面临不同的环境时，自己调整怎样与环境相适应。总的来说，一个环境越复杂，生活在其中的动物就有更多的选择。在提供环境丰富度材料时，应考虑猪的喜好。

6.2.1 圈栏配置

为了解生长育肥阶段猪只的喜好，课题组选择体况相似、胎次相同、体重相近的达兰配套系母猪所产的 70 日龄、体重基本一致的健康商品仔猪 20 头（公、母各半），开展了不同环境丰富度配置的猪只行为观测研究。圈栏内料槽、饮水器以及各环境丰富度材料的布置见图 6-4。试验中选择了 3 大类物品作为环境丰富度的内容，详见表 6-3。

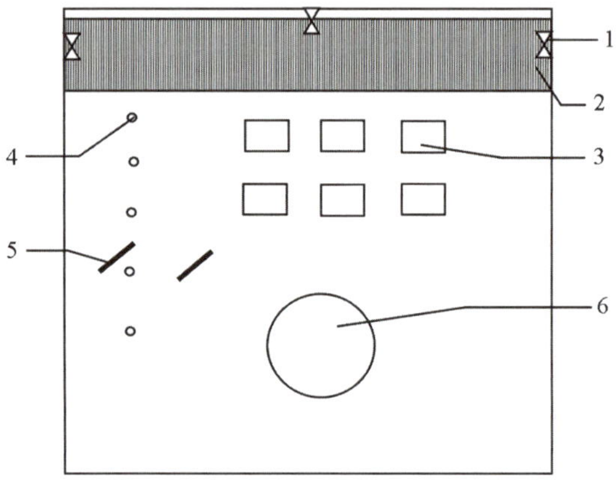

图 6-4 圈栏及环境丰富度内容布置示意图

1. 饮水器 2.漏缝地板及排尿沟 3.鼻拱材料：木盒、硬质塑料球、碎木屑、蘑菇培养土、新鲜泥土、鹅卵石、稻草 4. 悬挂啃咬材料：自行车内胎、细棍、铁链、尼龙绳、塑料、软管 5. 蹭痒架：木架、铁架 6. 料槽

鉴于猪偏爱选择固定的物品玩耍和操控，所有可供猪啃咬的环境丰富度材料均是垂直悬挂固定，材料下端高度以猪肩部高度为准，并随着猪体型的长大，适时调整材料悬挂高度。圈栏全部为水泥实体地面、规格为 4.5 m×4.5 m，可供猪自由采食、饮水，饲养密度约为 1.01 m^2/头。除圈栏内配置的悬挂材料不同外，所有的饲养管理均一致，整个试验至猪出栏为止。

在行为观察前 1 周，将上述挑选好的仔猪转至已经设置好环境丰富度内容的试验圈栏中，使其适应新环境，进行预观察。试验正式开始后，每周录像 1 次，每次 24 h。因育肥猪最活跃的时间在 13:00—17:00（Apple et al.，1992），结合预观察，确定行为录像分析时段为 14:00—16:00，使用购自荷兰 Noldus 信息技术公司的行为观察者录像分析仪 The Observer Video-Pro 观察和测量猪对环境丰富度材料的接触（包括鼻拱、嗅、头部的碰撞、嘴部的咀嚼等行为，详见表 6-4）频次与接触时间。

表 6-3 试验用环境丰富度

内容	描述及材料性质
1.啃咬材料	
铁链	直径 5 mm 镀锌钢筋焊接而成，长约 30 cm，重约 2 kg。
尼龙绳	直径约 2.5 cm，试验中保持 30 cm 的长度。
塑料水管	直径 30 mm 的 PVC 塑料软管，长约 30 cm。
自行车内胎	剪成 4～5 cm 宽的条状，试验中保持 30 cm 的长度。
细铁棍	直径 2 cm、长约 30 cm 的钢筋。
2.鼻拱材料	
新鲜泥土	新鲜的菜园土，经过紫外线杀菌 2 h，放于 30 cm×40 cm×30 cm 的木制盒子中。
碎木屑	普通碎锯末，含少量刨花，经过紫外线杀菌 2 h，放于 30 cm×40 cm×30 cm 的木制盒子中； 蘑菇收获后的培养基质，碾碎后经过紫外线杀菌 2 h，放于 30 cm×40 cm×30 cm 的木制盒子中。
蘑菇培养土	直径 3～5 cm，洗净后消毒，放于 30 cm×40 cm×30 cm 的木制盒子中。
稻草	干稻草，切成 4～6 cm 的长度。
玩具塑料球	直径约 10 cm 的硬质塑料球，放于 30 cm×40 cm×30 cm 的木制盒子中。
鹅卵石	
3.蹭痒材料	
木架	直径约 12 cm 的圆木，以 60°角度固定于圈栏地面。
铁架	用 30 mm×30 mm×4 mm 材质为 Q235B 的角钢焊接而成，固定于圈栏地面。

表 6-4 猪对环境丰富度材料的接触行为描述

行为	描述
鼻拱	猪嘴部重复地前后扒拱材料，可能伴随咀嚼或啃咬材料的动作。
咀嚼	把材料含在嘴里进行咀嚼。
鼻嗅	猪嘴部(未张开)与材料接触。
摇动	猪嘴部咬住材料，同时头部从一侧到另一侧快速移动。
背顶与挤压	猪使用其背部或侧腹部或头部顶起或推压材料。

6.2.2 啃咬材料对育肥猪的接触时间的影响

图 6-5 表示的是育肥猪对不同啃咬材料的接触时间情况，试验表明，育肥猪对铁链和尼龙绳的平均接触时间分别占观察时间的 2.14%和 2.06%，显著多于对内胎 1.29%($P<0.05$)、塑料管 1.17%($P<0.05$)和细铁棍 0.97%($P<0.05$)的接触时间，对内胎的接触时间也显著多于细铁棍，但铁链和尼龙绳之间、内胎和塑料管之间则没有显著性差异。

对于以上 4 种材料，猪更倾向于铁链(图 6-6)，这可能是由于铁链不仅可以变形，而且铁链比尼龙绳、自行车内胎、塑料管等材料来有一定硬度，也比细铁棍更易含进嘴里，更能满足其啃咬与磨牙的天性行为需求。同时，铁链的成本较低，且比较耐用，因此，铁链适合作圈栏饲养条件下满足猪啃咬行为的福利性设施材料。

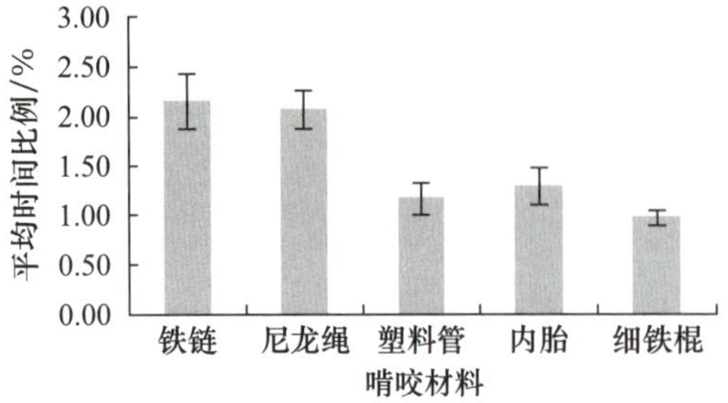

图 6-5　育肥猪对不同啃咬材料的接触时间

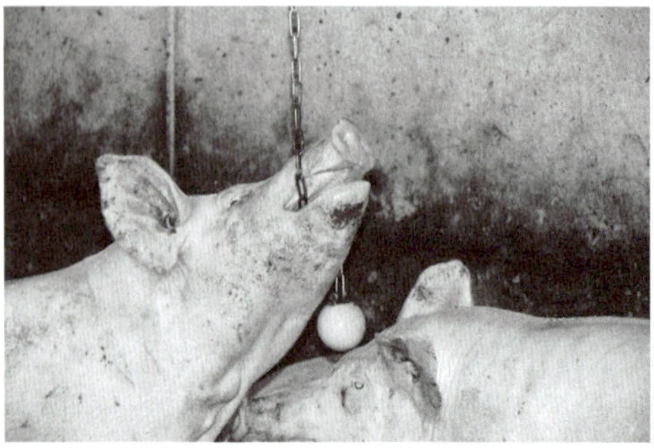

图 6-6　提供铁链作为福利性设施材料的猪舍

6.2.3　鼻拱材料对育肥猪的接触时间的影响

图 6-7 表示育肥猪对不同鼻拱材料的接触频次情况。猪对玩具球接触时间最少(2.48±0.50),并与其他 5 种材料具有显著性差异($P<0.05$)。同时对泥土的接触时间最长(4.85±0.72),且与蘑菇培养土(4.04±0.61)、稻草(3.83±0.57)和碎木屑(3.76±0.38)的接触时间也有显著性的差异($P<0.05$),但鹅卵石(4.52±0.39)、蘑菇培养土、稻草和碎木屑之间没有显著性差异($P>0.05$)。由以上结果可知,猪偏爱鼻拱与泥土性质类似的材料,如泥土、鹅卵石和蘑菇土等。考虑到便于圈栏清洁和卫生管理,鹅卵石较适合作圈栏饲养条件下满足猪鼻拱行为的福利性设施材料。

6.2.4　猪对蹭痒材料的偏爱选择

图 6-8 表示猪对不同蹭痒材料的偏好情况。由图可知,猪在蹭痒时对蹭痒材料的接触频次。试验猪大多选择在木质蹭痒架上进行蹭痒,平均蹭痒的次数为 1.6 次/(h・头),而在铁质材料上蹭痒的次数仅 0.7 次/(h・头),两者呈现出显著性差异($P<0.05$)。说明与铁质材料相比,猪偏爱在木质材料上蹭痒。

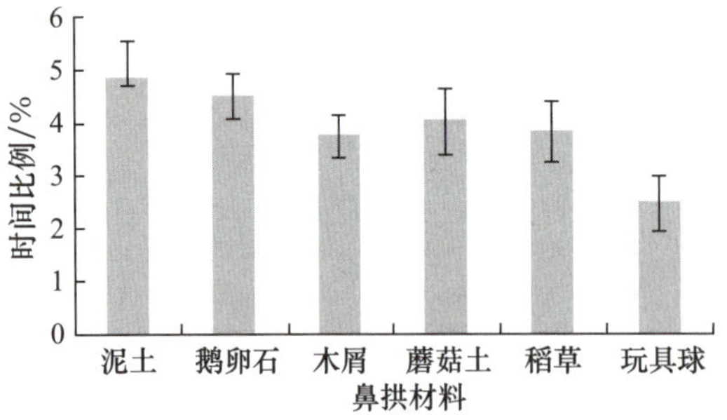

图 6-7　育肥猪对不同鼻拱材料的接触时间

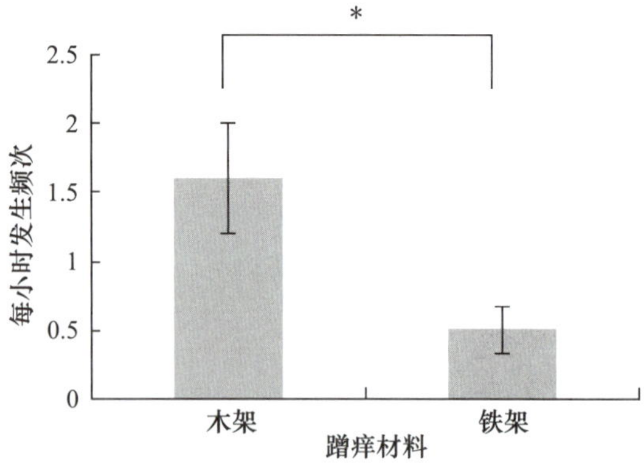

图 6-8　育肥猪对不同蹭痒材料的接触频次与时间

6.3　猪对不同颜色福利性设施的反应

为了解猪对不同颜色的选择倾向,选取了 3 个直径为 20 cm 的木球(图 6-9),在木球上分别用环保型油漆刷成红、黄、黑-白条纹 3 种颜色，每只球上固定 3 条长 30 cm 的铁链，供猪啃咬。试验时将球悬挂于 6.2.1 所述的圈栏内，悬挂高度以球的下端刚好在猪抬头时嘴能够碰到为宜，试验过程中根据猪体高度及时调整球的悬挂高度，同时每隔一周将 3 种颜色的球调换位置，以消除位置差异带来的干扰。

图 6-10 是猪对不同颜色木球的选择结果。可以看出，猪对黑白球的接触频次最多，红球次之，黄球最少。猪对黑白球的接触频次平均达到了 20.88 次/h，比对黄球的接触频次多 39.85%，表现出显著性的差异($P<0.05$)，与红球的接触频次也达到 18.89%，比黄球多 26.52%，也表现出显著差异($P<0.05$)，但与黑白球和红球的接触频次没有差异。说明猪对黑白球和红球的识别力比对黄球的识别力强。

图 6-9 试验用不同颜色木球

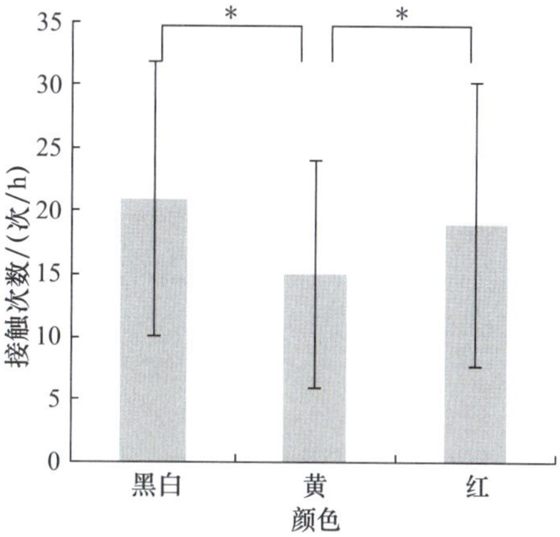

图 6-10 育肥猪对颜色的选择倾向

同时，相关研究表明猪对各种环境丰富度材料的接触时间和次数均随着时间的增加而减少，猪在接触同一材料一定时间后，其兴趣会下降到较低的水平。因此丰富圈栏饲养环境，改善猪福利时，对设置的丰富材料应在设置一定时间后进行改变以吸引猪兴趣。

6.4 环境丰富度对育肥猪行为的影响

猪的行为主要包括躺卧、站立、坐、立、行走、跑、采食、饮水、排泄、争斗、拱腹、拱咬同伴、拱咬圈栏设备、拱啃地面、探究邻圈、蹭痒等。舍饲养猪虽易于管理猪群、便于猪舍环境控制、节约土地，但舍饲条件下栏内环境较为单一，猪在这种圈栏内生活，缺乏修饰、散步、嬉戏等表达其正常活动的场合或机会，限制猪的一些行为需要，使猪心理上需要以一些异常的行为方式加以宣泄。相关研究表明使用一些材料提高环境丰富度，可影响猪的行为格局，增加对环境探究的时间，减少同伴间的攻击。

6.4.1 试验动物的选取、试验设计和行为观测方法

本试验选取体况相似、胎次相同、体重相近的达兰配套系母猪所产的 70 日龄、体重基本一致的健康商品仔猪 320 头(公母各半)，采用随机区组设计，随机分配到 8 种环境丰富度配置的圈栏内饲养，每个圈栏 20 头，各圈栏之间的猪体重差异不显著(31.7 ± 0.40，$P>0.05$)。圈栏

内配置铁链、玩具球、拱槽等材料，具体做法见表 6-5。其中，铁链用直径 5 mm 镀锌钢筋焊接而成，长约 30 cm，重约 2 kg；玩具球为市售直径 20 cm 硬质塑料儿童玩具球；拱槽是 40 cm×30 cm×30 cm 的水泥槽，内装直径 2～4 cm 的鹅卵石。各试验组和对照组均在同一栋猪舍内，由同一个饲养员饲喂，全程采用干粉料，按中国瘦肉型猪营养需要标准配制，自由采食、饮水，饲料计量不限量，管理措施各组均保持一致。添料及扫除时间定在每天早 7:00，确保空气流通，发现染病个体及时处理，整个饲养过程中无饲养人员更换。日常记录包括猪舍温度、湿度、氨气浓度、通风情况、发病情况、腹泻情况、用药情况、体表损伤情况（脓肿、肩部创伤、阴户创伤、擦伤）、腿病发生情况等。

表 6-5　各处理组不同的环境丰富度配置

环境丰富度	组　别	铁　链[1]	玩具球[2]	拱　槽[3]
0	对　照	−	−	−
	处理 1	+	−	−
1	处理 2	−	+	−
	处理 3	−	−	+
	处理 4	+	+	−
2	处理 5	+	−	+
	处理 6	−	+	+
3	处理 7	+	+	+

−表示不设置，+表示设置；1 表示设置 1 种材料，2 表示设置 2 种材料 ，3 表示设置 3 种材料。

按照 8 个处理随机区组试验设计，将上述所选择的 320 头仔猪随机分配到不同环境丰富度配置的育成育肥圈栏内饲养，不同的环境丰富度配置见表 6-5。各组间猪生活的环境、面积、朝向及日常管理相同。所有试验的猪均在转入试验圈栏前进入单独称重并编号，试验从 70 日龄开始，到 150 日龄结束，全期 80 d，分中猪阶段（50 d）及大猪阶段（30 d）。

在试验及对照的每个圈栏中随机选取 6 头猪进行标记（在背部用颜色笔写上编号），以便在整个实验过程中观察者对其进行个体识别，即每组行为观测的动物有 12 头。在动物转群后的第三天，以后每隔一周，使用日本松下公司出品的 Panasonic 彩色摄像头和录像机从早上 6:00 开始至第二天早上 6:00 连续拍摄每组试验圈栏内的目标猪。之后，在实验室使用购自荷兰 Noldus 信息技术公司的数字式行为图像记录分析仪（The Observer Video-Pro）对所拍摄的录像进行分析，主要测量猪躺卧、站立、采食、饮水和排泄 5 种正常行为以及争斗、拱腹、咬耳、咬尾、探究物体、探究养殖设施（圈栏与料槽）等异常或探究行为（表 6-6）。行为观察和测量是在计算机上启动 The Observer 5.1 程序并通过多媒体播放记录猪行为信息的影像文件开始的，对每头标记的猪分别每隔 15 min 即时扫描观察记录一次，观察结束后程序自动生成该样本的全部数据。包括每种行为变量的频次，同时选取每天猪最活跃的时间段即下午 13:30—15:30 对每种行为变量的发生频次、平均持续时间、潜伏期等量化指标。在所测量行为的指标中，我们主要选取以下 3 种进行统计分析：频率，指观察期内各行为在每分钟内发生的平均次数；时间，即平均持续时间，由观察期内各行为发生的总持续时间除以总频次所得；比例，观察期内各行为持续时间总和占整个观察期时间的百分比。

表 6-6 猪行为描述

行为	描述
躺卧	猪躺卧，无其他行为。
站立	猪以四肢直立，可以静止或移动。
坐立	猪前腿直立，后肢弯曲在臀部下面，以其后腿及臀部支持全部重量。
行走	以规律匀称的步法慢慢移动。
跑	小跑或疾走。
采食	猪嘴伸入食槽。
饮水	猪咬住饮水器。
排泄	猪静止站立，排尿或排便。
争斗	推挤，用头互相顶撞，咬和追赶同伴。
拱腹	用鼻缘有节奏地掀拱同伴的腹部或鼠蹊部。
拱咬同伴	啃咬吸吮同圈伙伴耳、蹄等身体部位。
拱咬圈栏设备	猪嘴接近或接触圈栏设备。
拱啃地面	猪嘴接近或接触圈栏地面。
探究邻圈	与相邻圈栏内猪相互探究。
蹭痒	猪身体的一侧在蹭痒架或圈栏上擦动。
其他行为	上述没有规定的其他行为。

6.4.2 环境丰富度与猪的躺卧和坐立姿势

猪在环境中有 4 种主要的姿势，即躺卧（侧卧和趴卧）、站立（四肢直立）、坐立（前腿直立，后腿屈于臀下）以及跪坐（前腿屈于体下，后腿直立），4 种行为的发生以前 3 种居多，尤其是躺卧行为，猪一天超过 80%的时间是处于躺卧状态。表 6-7 和图 6-11 表示的是不同环境丰富度配置下猪各种姿势的发生率。

由表 6-7 中数据可以看，猪各种姿势的发生率受到圈栏内添加环境丰富度材料的影响，猪的躺卧时间随圈栏内环境丰富度的加大呈现出下降的趋势，而站立和坐立时间则有延长的趋势，圈栏环境越丰富，猪站立的时间越长，反之越短。环境丰富度 0 即对照组的躺卧时间最长，站立和坐立时间最短；圈栏中仅放置一种环境丰富材料即环境丰富度为 1 的处理 1（铁链）、2（玩具球）、3（拱槽）三组的育肥猪躺卧时间小于对照组，站立时间长于对照组；圈栏中放置三种环境丰富度材料即环境丰富度为 2 的处理 4、5、6 三组的猪躺卧时间小于环境丰富度 1 的处理组以及对照组，站立时间长于环境丰富度 1 的处理组以及对照组；放置三种材料的环境丰富度 3 即处理 7 组（铁链＋玩具球＋槽）的猪躺卧时间最少，比对照组少 5.69%（$P<0.05$），站立时间最长，比对照组长 7.99%（$P<0.05$）；猪坐立的时间也是各处理组长于对照组，也以环境丰富度 3 的处理 7 组最长，比对照组长 1.44%（$P<0.05$）；而各处理组猪的跪坐时间没有明显差异（$P>0.05$）。

表 6-7 环境丰富度对猪各种姿势的影响(平均值±标准差) %

姿势	丰富度 0	丰富度 1			丰富度 2			丰富度 3
	对照	处理 1	处理 2	处理 3	处理 4	处理 5	处理 6	处理 7
躺卧	81.00±1.18[a]	78.97±1.12[bc]	79.91±0.94[ab]	78.26±0.50[bc]	78.58±0.98[bc]	77.38±1.25[cd]	77.96±0.72[cd]	76.39±1.42[d]
站立	16.90±0.36[b]	18.49±1.40[ab]	17.58±0.36[b]	17.01±0.77[ab]	17.56±0.60[ab]	17.75±0.55[a]	18.73±0.60[ab]	18.25±1.53[a]
坐立	2.09±0.37[c]	3.42±0.86[bc]	3.06±0.95[c]	4.16±0.39[b]	3.67±0.45[bc]	3.87±0.12[bc]	3.78±0.41[bc]	5.11±0.71[a]
跪坐	0.02±0.01	0.02±0.02	0.03±0.02	0.02±0.03	0.03±0.01	0.02±0.02	0.01±0.01	0.02±0.02

表中数据指猪各种姿势的发生时间占总观察时间的百分比;同行肩标字母相同,表示差异不显著,同行肩标字母不相同,表示差异显著($P<0.05$)。

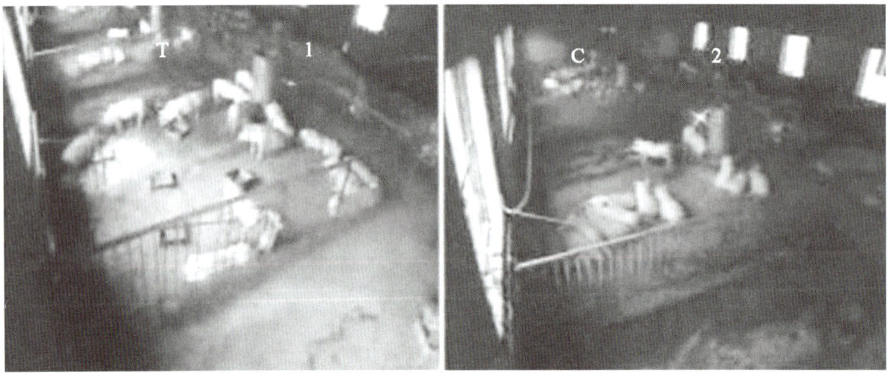

图 6-11 同一时刻下不同环境丰富度猪的行为表现

1.单一环境丰富度对猪各种姿势的影响

由表 6-7 可知,环境丰富度 1 的三个处理组与对照组相比,其猪躺卧时间均比对照组少。处理 1 组(铁链)、处理 3 组(拱槽)两组的猪躺卧时间显著少于对照组($P<0.05$),处理 2 组与对照组没有统计上的差异,环境丰富度 1 的三个处理组之间猪的躺卧时间也没有统计上的差异($P>0.05$);三个处理组的猪的站立时间与对照组没有差异($P>0.05$);放置拱槽的处理 3 组的猪坐立时间显著多于对照组($P<0.05$),放置铁链的处理 1 组和放置玩具球的处理 2 组与对照组之间没有差异($P>0.05$)。

2.多个环境丰富度对猪各种姿势的影响

表 6-7 中数据同时反映了圈栏内放置两种和三种环境丰富度的处理组与对照组之间的猪各种姿势的情况。在环境丰富度 2 的三个处理组中其猪的躺卧时间显著少于对照组($P<0.05$),但三个处理组间没有差异;猪站立时间以放置铁和拱槽的处理 5 组最少,平均占观察时间的 18.25%,显著少于对照组($P<0.05$);猪的坐立时间和跪坐时间三组之间及与对照组都没有差异($P>0.05$)。

环境丰富度 3 即处理 7 组的猪的躺卧时间、站立时间和坐立时间都显著少于对照组($P<0.05$),跪坐时间与对照组没有差异($P>0.05$)。处理 7 组和 5 组的猪站立时间明显长于对照组猪($P<0.05$),其他组猪站立时间与对照组没有差异,不同的环境丰富度设置对猪的站立时间没有影响($P>0.05$)。

单纯在圈栏内添加或设置一种环境丰富度材料,对猪的躺卧时间没有影响,但在圈栏内设置两种以上的环境丰富材料时,躺卧时间则比不设置环境丰富度材料的对照圈呈现出显著缩短。这说明猪对放进圈栏内的环境丰富度材料表现出了趋近行为，并会花费一定的时间对这些材料进行亲近或玩耍。

6.4.3 环境丰富度对猪主要行为的影响

1.对猪采食、饮水、排泄行为发生时间的影响

环境丰富度对猪采食、饮水、排泄等主要行为发生时间的影响见表 6-8。从表中数据可以看出，随着圈栏中环境丰富度的不断加大，猪的总体采食时间有延长的趋势，以处理 7 组猪的总体采食时间最长，显著长于对照组（$P<0.05$）和处理 1、2 两组的猪采食时间。设置两种环境丰富度圈栏的猪采食时间长于设置单一环境丰富度的圈栏和对照圈栏（$P<0.05$）。单一环境丰富度圈栏，以设置拱槽的处理 3 组猪的采食时间最长，显著长于设置铁链的处理 1 组（$P<0.05$）和设置玩具球的处理 2 组（$P<0.05$）以及对照组（$P<0.05$）。设置多个环境丰富度的圈栏猪的采食时间没有统计意义上的差异。

猪的饮水行为总是伴随采食行为发生的，一般情况下猪采食后会立即饮水。由表 6-8 可知，环境丰富度对猪饮水时间的影响规律与采食类似，也是随着圈栏内设置的环境丰富度材料不断增多，表现出饮水时间延长的趋势。无论是单一环境丰富处理组，还是多个环境丰富度处理组，只要是圈栏内设置有拱槽的（处理 3、5、6、7 组），猪的饮水时间显著长于对照组的猪饮水时间（$P<0.05$），而这几个处理组的猪的饮水时间则没有明显差异（$P>0.05$）。设置多个环境丰富度的圈栏（处理 4、5、6、7 组）的猪的饮水时间显著长于仅设置铁链、玩具球（处理 1、2 组）的单一环境丰富度圈栏的猪的饮水时间（$P<0.05$）。

表 6-8 环境丰富度对猪三种主要行为的影响（平均值±标准差） %

行为	丰富度 0	丰富度 1			丰富度 2			丰富度 3
	对照	处理 1	处理 2	处理 3	处理 4	处理 5	处理 6	处理 7
采食	9.69 ± 0.90^{b}	10.16 ± 0.47^{b}	9.76 ± 0.83^{b}	11.67 ± 1.10^{a}	11.69 ± 1.17^{a}	12.86 ± 0.88^{a}	12.38 ± 1.29^{a}	13.12 ± 0.83^{a}
饮水	0.92 ± 0.24^{d}	0.97 ± 0.22^{cd}	1.01 ± 0.25^{cd}	1.30 ± 0.22^{abc}	1.14 ± 0.21^{bcd}	1.41 ± 0.13^{ab}	1.61 ± 0.29^{a}	1.63 ± 0.08^{a}
排泄	0.76 ± 0.08^{cd}	0.86 ± 0.07^{cd}	1.01 ± 0.11^{bc}	1.01 ± 0.14^{bc}	1.05 ± 0.08^{abc}	1.21 ± 0.19^{ab}	1.19 ± 0.18^{ab}	1.24 ± 0.14^{a}
其他	88.68 ± 1.43^{a}	88.01 ± 0.66^{a}	88.22 ± 1.24^{a}	86.02 ± 1.18^{b}	86.12 ± 1.32^{b}	84.82 ± 0.97^{bc}	85.22 ± 1.55^{bc}	84.02 ± 0.82^{c}

表中数据指猪各种行为的发生时间占总观察时间的百分比；其他行为指除采食、饮水、排泄以外的任何行为，同行肩标字母相同表示差异不显著，同行肩标字母不相同表示差异显著（$P<0.05$）。

环境丰富度对猪排泄行为的影响与采食和饮水行为类似。处理 7 组的猪的排泄时间最多，分别与对照组和设置单一环境丰富度的 1、2、3 处理组表现出显著性的差异（$P<0.05$）。三个单一环境丰富度处理组中，以设置铁链的处理 1 组的猪的排泄时间最短，并与其他两个单一环境丰富度处理组形成显著性差异（$P<0.05$）。三个设置两种环境丰富度的处理组之间的猪的排泄时间没有差异（$P>0.05$），但显著长于对照组的猪的排泄时间（$P<0.05$）。

2.对猪采食、饮水和排泄行为发生频次的影响

环境丰富度对猪采食、饮水和排泄行为发生频次的影响如图 6-12 所示。由图可以看出，猪的采食频次受到圈栏中环境丰富度的影响，圈栏内环境越丰富，猪的采食频次会增加，但单次采食时间会减少。设置多个环境丰富度圈栏的猪的采食频次比对照和设置单一环境丰富度圈栏的采食频次多，但统计结果表明，多个环境丰富度设置的圈栏的采食频次与对照组相比没有显著性差异（$P>0.05$），却与设置铁链的处理 1 组和设置玩具球的处理 2 组的采食频次表现出显著性的

差异($P<0.05$)，其他各处理组间的采食频次没有显著差异($P>0.05$)。与采食频次发生的规律相似，各组猪的饮水频次也是随着圈栏中环境丰富度的增加表现出增加的趋势，多个环境丰富度圈栏的猪的饮水频次也是和设置铁链的处理 1 组和设置玩具球的处理 2 组的饮水频次表现出显著性的差异($P<0.05$)，与对照和其他处理组间不表现出显著性差异($P>0.05$)。

猪的排泄频次也受到圈栏内环境丰富度的大小的影响，其影响规律与环境丰富度对采食、饮水行为的影响规律相似，虽然随着圈栏环境丰富度的增加而呈现出增多的趋势，但各组间没有统计意义的差异($P>0.05$)。

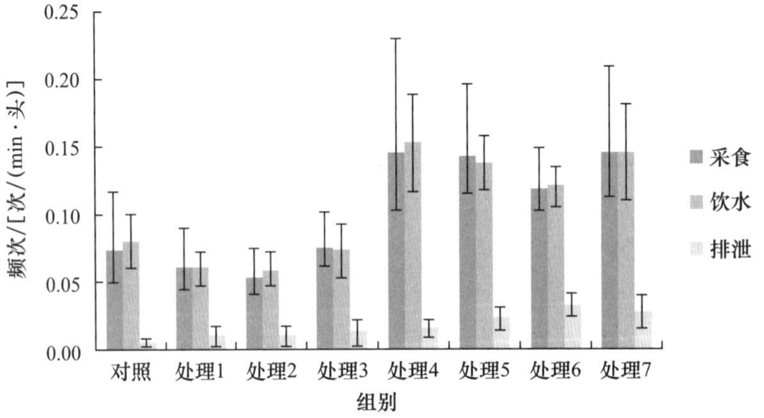

图 6-12　环境丰富度对猪各种行为频次的影响

3.环境丰富度对猪行走、跑(跳)行为的影响

猪的行走行为变化没有采食、饮水那样有规律，圈栏内设置环境丰富度对猪的行走行为(图 6-13)没有明显影响。但猪的跑(跳)行为(图 6-14)的发生频次却受到了环境丰富度的影响，跑(跳)行为的发生频次随着圈栏内环境丰富度的加大有增多的趋势，以设置玩具球和拱槽的处理 6 组的猪的跑(跳)行为最多，同时设置铁链、玩具体和拱槽的处理 7 组次之，它们之间的跑(跳)行为发生频次没有明显差异，但与对照、设置铁链的处理 1 组和设置玩具球的处理 2 组的猪的跑(跳)行为频次表现显著性的差异($P<0.05$)。

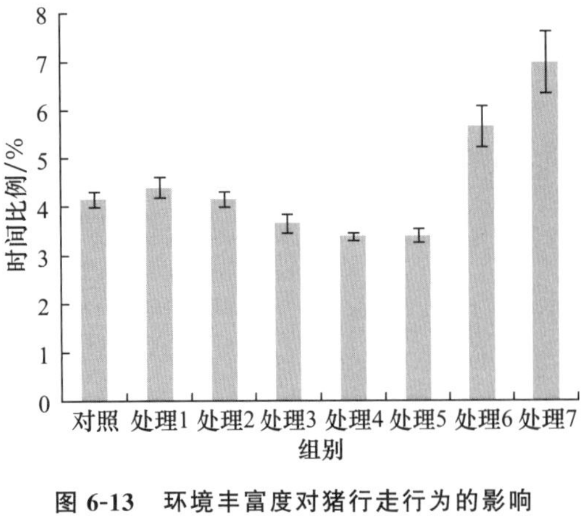

图 6-13　环境丰富度对猪行走行为的影响

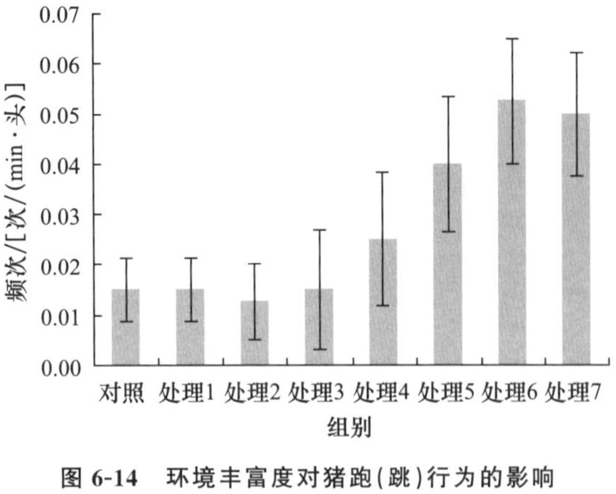

图 6-14　环境丰富度对猪跑(跳)行为的影响

4.环境丰富度对猪争斗等异常行为的影响

猪的争斗等异常行为受圈栏内环境丰富度影响的状况如表 6-9 所示。可以看出，对照组猪的争斗行为明显多于各处理组（$P<0.05$），多个环境丰富度处理组的猪的争斗行为少于单一环境丰富度处理组，但差异不显著（$P>0.05$）。圈栏中设置有拱槽的各处理组猪的争斗行为少于没有设置拱槽的各处理组，但差异不显著（$P>0.05$）。各处理组猪拱腹行为的发生率明显少于争斗行为（$P<0.05$），对照组猪发生拱腹行为的概率多于各处理组，并与设置拱槽的处理 3 组以及设置多个环境丰富度圈栏呈现显著性差异（$P<0.05$），但各处理组之间猪的拱腹行为发生频率没有差异。对照组的猪对同伴的啃咬行为包括咬尾、咬耳显著多于各处理组（$P<0.05$），但各处理组间没有表现出差异，说明本次试验设置环境丰富度的种类和数量对各异常行为的发生影响不大。

表 6-9 环境丰富度对猪异常行为的影响（平均值±标准差） 次/(min·头)

行为	丰富度 0	丰富度 1			丰富度 2			丰富度 3
	对照	处理 1	处理 2	处理 3	处理 4	处理 5	处理 6	处理 7
争斗	0.12 ± 0.10^{a}	0.03 ± 0.02^{b}	0.04 ± 0.02^{b}	0.02 ± 0.03^{b}	0.03 ± 0.02^{b}	0.02 ± 0.01^{b}	0.02 ± 0.01^{b}	0.01 ± 0.01^{b}
拱腹	0.03 ± 0.02^{a}	0.01 ± 0.01^{ab}	0.01 ± 0.01^{ab}	0.00 ± 0.01^{b}	0.01 ± 0.01^{b}	0.00 ± 0.01^{b}	0.00 ± 0.01^{b}	0.00 ± 0.01^{b}
拱咬同伴	0.12 ± 0.10^{a}	0.03 ± 0.03^{b}	0.02 ± 0.02^{b}	0.02 ± 0.02^{b}	0.03 ± 0.01^{b}	0.01 ± 0.02^{b}	0.01 ± 0.01^{b}	0.01 ± 0.01^{b}
探究	0.17 ± 0.05^{c}	0.50 ± 0.21^{b}	0.46 ± 0.14^{bc}	0.54 ± 0.11^{ab}	0.57 ± 0.14^{ab}	0.48 ± 0.19^{bc}	0.46 ± 0.19^{bc}	0.84 ± 0.43^{a}
拱啃设备	0.13 ± 0.05^{a}	0.10 ± 0.09^{a}	0.11 ± 0.05^{a}	0.04 ± 0.09^{b}	0.05 ± 0.10^{b}	0.05 ± 0.06^{b}	0.05 ± 0.06^{b}	0.02 ± 0.17^{b}
蹭痒	0.00 ± 0.00	0.00 ± 0.00	0.00 ± 0.00	0.00 ± 0.00	0.00 ± 0.00	0.00 ± 0.00	0.00 ± 0.00	0.00 ± 0.00
与同伴交流	0.07 ± 0.03^{b}	0.10 ± 0.04^{ab}	0.10 ± 0.03^{ab}	0.08 ± 0.04^{b}	0.07 ± 0.03^{b}	0.14 ± 0.11^{ab}	0.22 ± 0.16^{ab}	0.27 ± 0.23^{a}

同行肩标字母相同表示差异不显著，同行肩标字母不相同表示差异显著（$P<0.05$）。

猪是非常好奇的动物，对周围的物体表现出强烈的探究欲望。在圈栏内设置环境丰富度材料，可以满足猪的探究行为，避免其他有害行为的发生。从表 6-9 可以看出，圈栏内设置一至多个环境丰富度，对猪的探究行为产生了一定程度的影响，试验圈栏的猪的探究行为随着圈栏环境丰富度的不断增加而增多，处理 1、3、4、7 组的猪探究行为显著多于对照（$P<0.05$）。圈栏中的一些饲养设备同样也会受到猪的玩耍或拱啃。随着圈栏中设置的环境丰富度的增多，猪对饲养设备如圈栏、料槽等的接触减少，设置拱槽的处理 3 组以及设置多个环境丰富度的各处理组的猪对饲养设备的玩耍、探究以及拱啃等行为显著少于对照组。

观察发现，各试验圈栏内较少出现蹭痒行为。猪之间的交流、交互等非伤害性的亲近行为在观察期间也有发生，且在一定程度上受到圈栏内设置环境丰富度的影响。以同时设置拱槽、铁链和玩具球的猪之间的亲近行为较多，明显多于对照组、仅设置拱槽的处理 3 组以及设置铁链、玩具球的处理 4 组（$P<0.05$）。但与其他各处理组没有显著性差异（$P>0.05$）。

可见，在圈栏内添加一些可以满足猪拱啃、咀嚼和蹭痒的材料丰富猪的生活空间，可以降低舍饲环境条件猪的同伴间啃咬、拱腹等有害行为，减少猪对饲养设备如料槽、圈栏的探究和侵害行为。

6.5 环境丰富度对育肥猪健康和生产性能的影响

6.5.1 试验动物的选取、试验设计和试验方法

选择体况相似、胎次相同、体重相近的母猪所产的70日龄、体重基本一致的健康商品仔猪320头(公母各半),品种为达兰配套系,所有的猪在转入前均按常规方法进行饲养,如剪牙、断尾、称重、打耳号等。随机分为8组,每组2个重复,每重复20头,各组体重差异不显著(31.7 ± 0.40, $P>0.05$)。各试验组和对照组均在同一栋猪舍内,由同一个饲养员饲喂,全程采用干粉料,按中国瘦肉型猪营养需要标准配制,自由采食、饮水,饲料计量不限量,管理措施各组均保持一致。添料及扫除时间定在每天早7:00,确保空气流通,发现染病个体及时处理,整个饲养过程中无饲养人员更换。

按照8个处理随机区组试验设计,各试验组基础日粮相同,将上述所选择的320头仔猪随机分配到不同环境丰富度配置的育成育肥圈栏内饲养,不同的环境丰富度配置见表6-5。各组间猪生活的环境、面积、朝向及日常管理相同。所有试验的猪均在转入试验圈栏前进入单独称重并编号,试验从70日龄开始,到150日龄结束,全期80 d,分中猪阶段(50 d)及大猪阶段(30 d)。

监测指标主要包括发病率、腹泻率、死淘率、胃底黏膜的形态以及部分血液生化指标。

6.5.2 环境丰富度对猪健康的影响

试验统计了育肥猪的发病率、腹泻率和死淘率,见表6-10。

表6-10 环境丰富度对育肥猪健康的影响(平均值±标准差) %

项目	丰富度0	丰富度1			丰富度2			丰富度3
	对照	处理1	处理2	处理3	处理4	处理5	处理6	处理7
中猪								
发病率	6.14 ± 0.15^{a}	5.15 ± 0.22^{b}	5.73 ± 0.14^{a}	4.74 ± 0.07^{bc}	4.95 ± 0.07^{b}	4.79 ± 0.15^{bc}	4.79 ± 0.30^{bc}	4.43 ± 0.37^{c}
腹泻率	4.80 ± 0.15^{a}	4.11 ± 0.08^{bc}	4.54 ± 0.22^{ab}	4.01 ± 0.07^{c}	4.17 ± 0.15^{bc}	3.96 ± 0.30^{c}	3.80 ± 0.07^{c}	3.80 ± 0.37^{c}
死淘率	2.50 ± 3.54	0.00 ± 0.00	2.50 ± 3.54	0.00 ± 0.00	0.00 ± 0.00	0.00 ± 0.00	0.00 ± 0.00	0.00 ± 0.00
大猪								
发病率	5.47 ± 0.23^{a}	4.61 ± 0.11^{bc}	4.77 ± 0.33^{bc}	4.77 ± 0.33^{bc}	4.92 ± 0.11^{b}	4.22 ± 0.23^{c}	4.46 ± 0.11^{bc}	4.22 ± 0.23^{c}
腹泻率	4.15 ± 0.33^{ab}	3.60 ± 0.22^{bc}	4.38 ± 0.22^{a}	3.44 ± 0.22^{c}	3.52 ± 0.33^{c}	3.29 ± 0.22^{c}	3.44 ± 0.22^{c}	3.29 ± 0.23^{c}
死淘率	5.00 ± 0.00^{a}	0.00 ± 0.00^{b}	0.00 ± 0.00^{b}	0.00 ± 0.00^{b}	0.00 ± 0.00^{b}	0.00 ± 0.00^{b}	0.00 ± 0.00^{b}	0.00 ± 0.00^{b}
全程								
发病率	5.88 ± 0.00^{a}	4.94 ± 0.08^{c}	5.35 ± 0.05^{b}	4.76 ± 0.18^{c}	4.94 ± 0.08^{c}	4.57 ± 0.18^{cd}	4.66 ± 0.13^{cd}	4.35 ± 0.30^{d}
腹泻率	4.53 ± 0.04^{a}	3.91 ± 0.13^{b}	4.47 ± 0.23^{a}	3.79 ± 0.13^{b}	3.91 ± 0.22^{b}	3.69 ± 0.27^{b}	3.66 ± 0.04^{b}	3.60 ± 0.30^{b}
死淘率	3.75 ± 1.77^{a}	0.00 ± 0.00^{b}	1.25 ± 1.77^{b}	0.00 ± 0.00^{b}	0.00 ± 0.00^{b}	0.00 ± 0.00^{b}	0.00 ± 0.00^{b}	0.00 ± 0.00^{b}

同行肩标字母相同表示差异不显著,同行肩标字母不相同表示差异显著($P<0.05$)。

1.不同环境丰富度下猪的发病率

由表6-10可以看出,不同环境丰富度下,猪各阶段和全程的发病率不同,随着圈栏中环境

丰富度的加大，猪各阶段和全程的发病呈现现出下降的趋势。环境最丰富的处理 7(铁链＋拱槽＋球)发病率最低，中猪和大猪阶段平均比对照组分别降低了 27.85％和 22.85％，全程发病率则比对照组平均降低了 26.02％，均呈现出显著性差异($P<0.05$)。

在单一环境丰富度处理的三个试验组中，中猪阶段以处理 3(拱槽)的猪发病率最低，处理 1(铁链)次之，且都与处理 2(球)呈现出显著性差异($P<0.05$)，但处理 3 与处理 1 之间的猪发病率没有差异($P>0.05$)。大猪阶段，不同的单一环境丰富度处理对猪发病率没有影响($P>0.05$)。单一环境丰富度条件下，猪的全程发病率也是以处理 2 最高，并与处理 1、处理 3 相比差异显著($P<0.05$)，处理 1 和处理 3 则没有差异($P>0.05$)。

中猪阶段，在三个设置两种环境丰富度和一个设置三种环境丰富度的试验组中，三个两种环境丰富度处理的猪发病率没有差异($P>0.05$)，但以处理 4(铁链＋球)发病率最高，且与处理 7 呈现出显著性差异($P<0.05$)；而处理 5(铁链＋槽)、处理 6(球＋槽)和设置三种环境丰富度的处理试验组的猪发病率没有差异($P>0.05$)。大猪阶段和全程的猪发病率与中猪阶段相似，也是以处理 4 的猪发病率最高，并与处理 7 的猪发病率差异显著($P<0.05$)。

2.不同环境丰富度下猪的腹泻率

由表 6-10 可以看出，各阶段和全程的猪腹泻率，随圈栏中环境丰富度的加大呈现出下降的趋势，各阶段和全程的腹泻率均是以对照组最高，以处理 7 组猪的腹泻率最低，中猪阶段降低了 20.83％，大猪阶段为 7.20％，全程则降低 20.53％。均呈现出显著的差异($P<0.05$)。

在单一环境丰富度处理的三个试验组中，中猪阶段和大猪阶段均以处理 3(拱槽)的猪腹泻率最低，都与处理 2(球)呈现出显著性差异($P<0.05$)，但处理 1(铁链)与处理 2，处理 3 与处理 1 之间的猪腹泻率没有差异($P>0.05$)。单一环境丰富度条件下，猪的全程腹泻率也是以处理 2 最高，并与处理 1、处理 3 相比差异显著($P<0.05$)，处理 1 和处理 3 则没有差异($P>0.05$)。不同的三个设置两种环境丰富度和一个设置三种环境丰富度的试验组中，猪腹泻率没有差异($P>0.05$)。

3.不同环境丰富度下猪的死淘率

各种环境丰富度下，中猪阶段的死淘率没有差异($P>0.05$)，大猪阶段和全程的死淘率均以对照最高，与其他各组相比差异显著($P<0.05$)。

4.不同环境丰富度下猪的胃黏膜形态

猪屠宰后，对不同环境丰富度饲养条件下的猪的胃黏膜进行观察，结果发现对照组的猪有 6 头存在胃黏膜出血情况，占对照组屠宰猪头数的 75％，其中有 1 头表现为严重溃疡，4 头表现为胃黏膜角质化。而各环境丰富度处理组的情况则好于对照组，尤其以处理 7 最好，8 头供试屠宰猪中只有 1 头有轻微出血症状。图 6-15 反映了处理 7 和对照组的猪胃黏膜形态典型区别。不同环境丰富度下猪的胃黏膜形态的差异可能是圈栏中的环境丰富度的加大，增加了猪对环境的适应性，增加了猪的抗应激能力。

图 6-15　处理 7(右)与对照组(左)的猪胃黏膜比较

6.5.3 不同环境丰富度下猪抗应激相关生化指标分析

环境丰富度对猪血清皮质醇(COR)、三碘甲状腺原氨酸(T3)、甲状腺素(T4)的影响见图 6-16 至图 6-18。从图中可以看出,各处理组的猪血清中皮质醇水平均比对照组高,且随圈栏中环境丰富度的加大有增高的趋势;而猪血清中三碘甲状腺原氨酸(T3)的水平与皮质醇(COR)相反,各处理组血清 T3 水平均低于对照组,且有随着环境丰富度加大有降低的趋势。但环境丰富度对猪血清皮质醇(COR)、三碘甲状腺原氨酸(T3)两种激素水平的影响均没有达到统计上的差异($P>0.05$)。

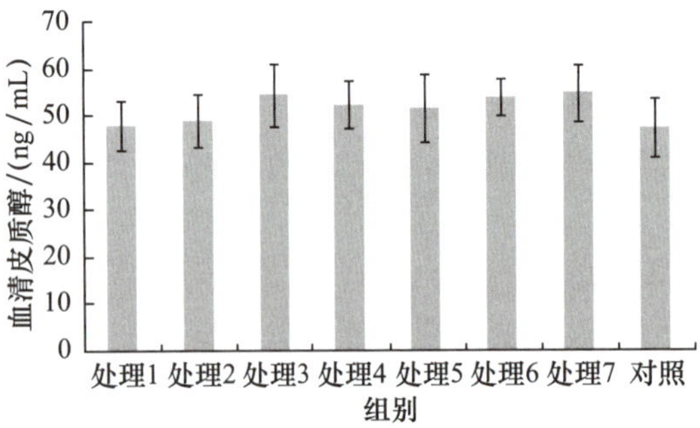

图 6-16 不同环境丰富度下猪血清皮质醇含量比较

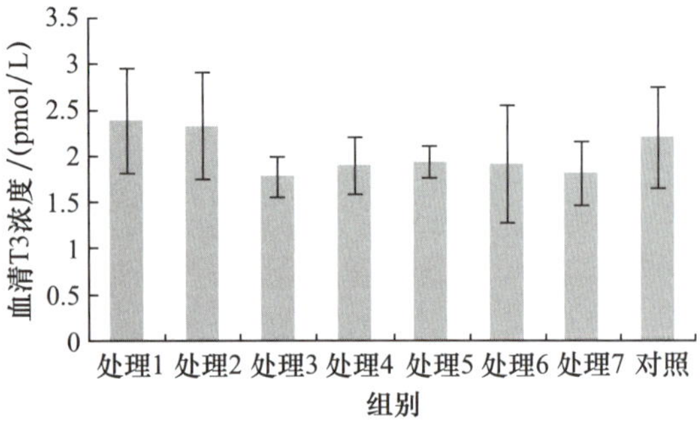

图 6-17 不同环境丰富度下猪血清 T3 浓度比较

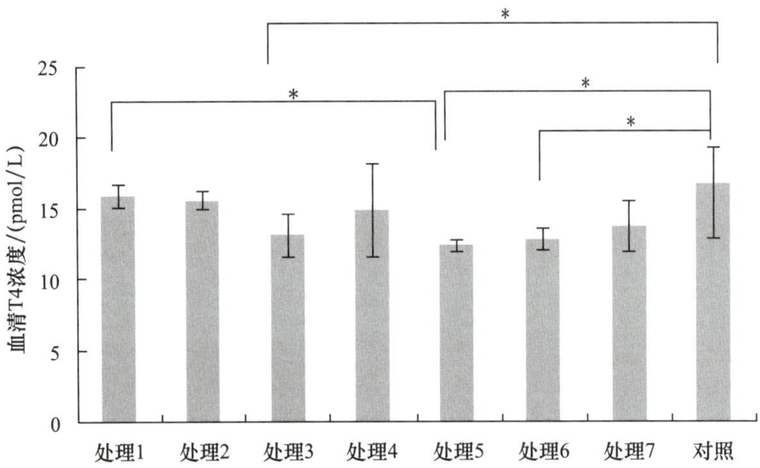

图 6-18 不同环境丰富度下猪血清 T4 浓度比较

不同环境丰富度下,猪血清甲状腺素(T4)的变化较为复杂,其总趋势也是各处理组猪血清 T4 水平比对照组低,但设置拱槽的试验组 3、设置铁链和拱槽的试验组 5 以及设置球和拱槽的试验组 6 的猪血清 T4 水平显著低于对照组猪($P<0.05$),且仅设置铁链的试验组 1 猪血清 T4 水平也显著高于设置铁链和拱槽的试验组 5($P<0.05$)。

6.5.4 环境丰富度对育肥猪生产性能的影响

由表 6-11 可以看出,不同配置的环境丰富度处理组的育肥猪末重、体增重和平均日增重均比对照组高，其中处理 4(铁链＋玩具球)、5(铁链＋拱槽)、6(玩具球＋拱槽)、7(铁链＋玩具球＋拱槽)组的末重、体增重以及平均日增重均与对照组相比达到了显著差异($P<0.05$)，其中处理 7 组(铁链＋玩具球＋拱槽)的末重、全程体增重和平均日增重最高，分别达到了(88.32±1.38)kg、(57.80±1.03)kg 和(760.53±26.98)g，分别比对照组平均提高 6.63%($P<0.05$)、10.83%($P<0.05$)和 10.84%($P<0.05$)。因此从本试验数据可以得到，随着圈栏内环境丰富度配置的增加，猪的生产性能表现越好，圈栏内的环境丰富度越高肥猪出栏时的末重就越大。这说明，在圈栏内配置环境设施用以丰富圈栏环境可增加猪生活环境的舒适性，降低了由于贫瘠的舍饲环境带来的不利影响，使猪的生产性能得到了更有效地发挥。

1.单一环境丰富度配置对增重的影响

由表 6-11 和图 6-19 可以看出，在配置铁链(处理组 1)、玩具球(处理组 2)和拱槽(处理组 3)等单一环境丰富度圈栏的育肥猪末体重、全程体增重和平均日增重均比对照组高。其中以圈栏内加拱槽的育肥猪末重、全程体增重和平均日增重最高，分别达到了(85.86±1.44)kg、(55.18±1.22)kg 和(725.99±32.00)g，比对照组提高 3.66%、5.81%和 5.80%；在三个处理组中配置玩具球圈栏的末重、全程体增重和平均日增重最低，但均没有达到显著性差异($P>0.05$)，与对照也无显著差异($P>0.05$)。因此，在圈栏内设置一个单一的环境丰富度对猪的增重没有明显影响。

表 6-11 环境丰富度对育肥猪生产性能的影响(平均值±标准差)

项目	丰富度 0	丰富度 1			丰富度 2			丰富度 3
	对照	处理 1	处理 2	处理 3	处理 4	处理 5	处理 6	处理 7
初重/kg	30.35 ± 0.59^{a}	31.70 ± 0.40^{a}	30.30 ± 1.29^{a}	30.33 ± 0.41^{a}	30.13 ± 0.69^{a}	30.55 ± 0.65^{a}	30.58 ± 0.57^{a}	30.95 ± 0.55^{a}
末重/kg	82.83 ± 1.32^{a}	85.36 ± 1.11^{abc}	84.40 ± 1.41^{ac}	85.86 ± 1.44^{ab}	87.12 ± 2.53^{bc}	87.58 ± 0.87^{bc}	87.54 ± 1.26^{bc}	88.32 ± 1.38^{b}
增重/kg	52.15 ± 1.34^{a}	55.05 ± 0.87^{abc}	53.70 ± 1.17^{ab}	55.18 ± 1.22^{abc}	56.38 ± 1.89^{bc}	56.95 ± 0.49^{bc}	56.93 ± 1.18^{bc}	57.80 ± 1.03^{c}
日增重/g	686.18 ± 35.38^{a}	724.34 ± 22.90^{abc}	706.58 ± 30.82^{ab}	725.99 ± 32.00^{abc}	748.36 ± 42.23^{bc}	749.34 ± 12.92^{bc}	749.01 ± 30.97^{bc}	760.53 ± 26.98^{c}
日均耗料量/kg	$2.38\pm.0.01^{a}$	2.40 ± 0.06^{a}	2.40 ± 0.08^{a}	2.43 ± 0.08^{a}	2.40 ± 0.08^{a}	2.38 ± 0.01^{a}	2.31 ± 0.00^{a}	2.28 ± 0.12^{a}
料重比	3.47 ± 0.03^{d}	3.32 ± 0.11^{cd}	3.39 ± 0.02^{d}	3.34 ± 0.04^{cd}	3.19 ± 0.05^{bc}	3.18 ± 0.05^{bc}	3.08 ± 0.12^{ab}	2.99 ± 0.10^{a}

同行肩标字母相同表示差异不显著，同行肩标字母不相同表示差异显著($P<0.05$)。

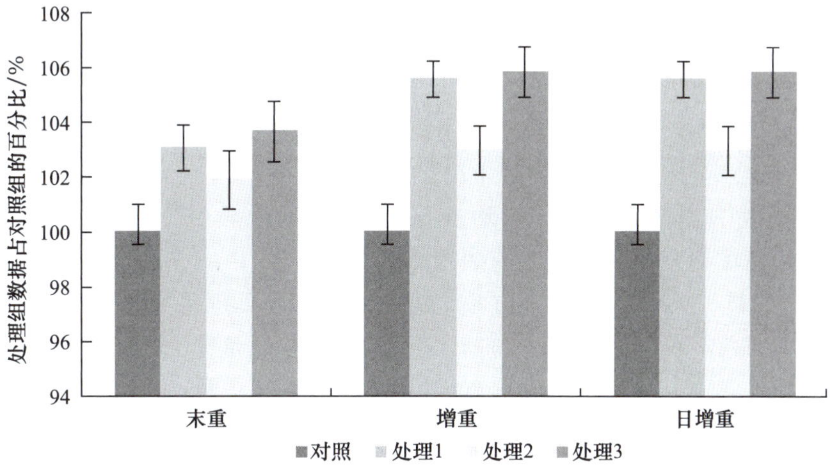

图 6-19 单一环境丰富度对增重的影响

2.多个环境丰富度配置对增重的影响

由表6-11和图6-20可以看出，在配置铁链和玩具球(处理组4)、铁链和拱槽(处理组5)、玩具球和拱槽(处理组6)两个环境丰富度圈栏的育肥猪末体重、全程体增重和平均日增重均比高于对照圈栏。其中末重分别比对照组约提高5.72%、6.28%和6.23%，全程体增重分别提高8.11%、9.20%和9.17%，平均日增重分别提高9.06%、9.20%和9.16%；统计分析表明均与对照组表现出显著性差异($P<0.05$)，而配置两个环境丰富度的各圈栏之间以同时配置铁链和拱槽(处理组5)的圈栏末体重、全程体增重和平均日增重最高，而同时配置铁链和玩具球(处理组4)的圈栏最低，但没有达到显著性差异($P>0.05$)；

由图6-20还可以看出，试验圈栏中同时配置铁链、玩具球和拱槽(处理组7)的猪末体重、全程增重和平均日增重最高，生产性能的表现最好，与对照组相比达到了显著性差异($P<0.05$)，但与配置铁链和玩具球(处理组4)、铁链和拱槽(处理组5)、玩具球和拱槽(处理组6)相比差异不显著($P>0.05$)。

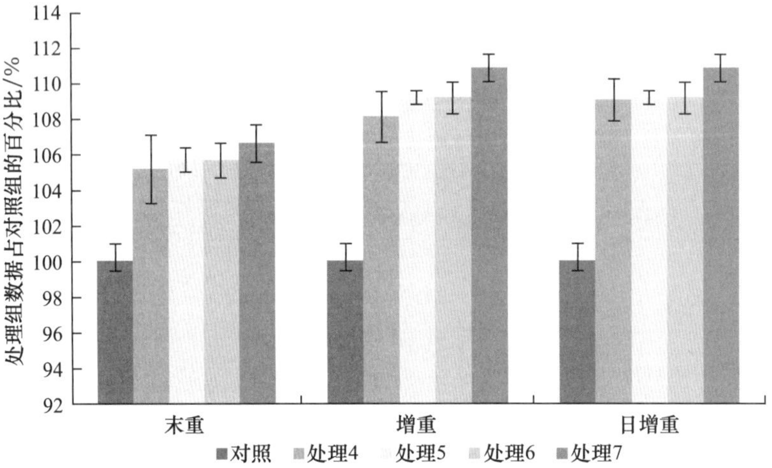

图6-20　多个环境丰富度对增重的影响

3.环境丰富度对平均日增重的影响(ADG)

由表6-11可以看出，各试验组均比对照组平均末重高，处理4、5、6、7组的末重均与对照组体重末重达到了显著差异($P<0.05$)，其中处理7组(铁链＋玩具球＋拱槽)的末重最高(88.32±1.38)kg，比对照组平均高5.49 kg($P<0.05$)，圈栏内的环境丰富度越高肥猪出栏时的末重就越大。在单个环境丰富度处理组(1、2、3组)，以圈栏内加拱槽的处理组肥猪出栏重最高，添加玩具球处理组出栏重最低，但均没有达到显著性差异($P>0.05$)，这三个处理组均比对照组的出栏时体重大，但一样也没有表现出显著性差异($P>0.05$)；在双环境丰富度处理组，以处理组5(铁链＋拱槽处理)的平均末重最高，但这三个处理组之间也没有达到显著性差异($P>0.05$)；处理组7在所有试验组中的平均末重最高，并且和处理组2和对照达到了显著性的差异($P<0.05$)。在平均增重方面，也是处理组7的平均增重最高，达到了(57.80±1.03)kg，与对照组平均提高了10.84%，表现为显著性差异。单环境丰富度处理组(1、2、3)的平均增重虽然也比对照高，但没有达到显著性差异($P>0.05$)；双环境丰富度处理的4、5、6三组饲养期的全程增重分别比对照组提高了9%以上，表现出显著性差异。由以上数据我们也可以得到，环境丰富度对猪的平均日增重也产生了影响，所有处理组的平均日增重均比对照组高，最高的是第 7 处理组，达到了(760.53±26.98)g，其次是第 5、4、6 处理组，与对照组相比都表现出了显著性的差异($P<0.05$)。本试验中所设置的几种环境丰富度配置，以处理组 7 最为丰富，这组的猪生产性能的表现也最好，随着圈栏内的环境丰富度的增加，猪的生产性能表现越好，这说明，丰富圈栏的环境可以使猪更加舒适，降低由于舍饲带来的环境的不利影响，更有效地发挥猪的生产性能。

4.环境丰富度对料重比(F/G)的影响

由表 6-11 的数据可以看出，随着圈栏内的环境丰富度的加大，猪的料重比有降低的趋势，所有的处理组均比对照的料重比低，分别降低了 4.32%、2.16%、3.89%、11.10%、8.50%、7.93%、13.83%，其中第 7 处理组的料重比最小，与对照组相比表现出显著性差异，第 4、5、6 处理的料重比也和对照组表现出显著性差异，处理组 1、2、3 的料重比虽然也比对照组小，但没有表现出显著性差异，这说明，圈栏内的丰富环境能对猪发挥其生产性能有利，有利提高饲料利用率，环境丰富度越高，越有利于饲料的利用率提高。

5.环境丰富度对平均日采食量(ADFI)的影响

由表 6-11 还可以看出，各试验组日均采食饲料量没有显著性差异。这说明增加圈栏内的环境丰富度虽然可以提高育肥猪的生产性能，但对于猪的日采食量没有影响。

6.环境丰富度对猪出栏体重均匀度的影响

表 6-12 表示的是出栏时猪的体重的变异系数(CV)，变异系数越小，猪体重的均匀度就越高。由表中数据可以看出，猪出栏时体重均匀度好于对照组的有设置铁链的处理 1 组、设置铁链和拱槽的处理 5 组、设置玩具球和拱槽的处理 6 组以及同时设置铁链、玩具球和拱槽的处理 7 组。而其他处理组的体重变异系数匀大于对照组。

表 6-12　出栏时猪的体重变异系数

组别	丰富度 0	丰富度 1			丰富度 2			丰富度 3
	对照	处理 1	处理 2	处理 3	处理 4	处理 5	处理 6	处理 7
CV/%	1.59	1.30	1.67	1.68	2.90	0.99	1.44	1.56

6.6 育成育肥猪福利化饲养工程配套

6.6.1 育成育肥猪的均匀性管理与批次化出栏计划

猪批次化生产模式是借鉴早期的工业化批次式生产模式。此模式利用了全进全出的生产方式，将生产阶段或日龄在同一批次的育成育肥猪只圈养在一起，在同一批次转群或出栏，使育成育肥猪群的健康状况、生产性能(增重速度、饲料报酬及上市日龄等)保持在最佳的状态。批次化生产模式可以使传统连续饲养方式造成的疾病散播得到阻断。育成育肥实施批次化生产，不同批次猪只不混养，每栋猪舍或每个单元饲养一批猪只，视猪场规模可采取 1 周、2 周、3 周或 5 周一批次生产，各栋猪舍或各单元间严格执行隔离防疫措施，使养猪的生物安全风险降到最低。

6.6.2 育成育肥猪福利化饲养的设备配置

1.不同规模猪场育成猪舍单元及圈栏配置

按照1周为生产节律的规模猪场，育成猪的饲养时间不完全相同。本文中以平均水平考虑，即育成猪的饲养日龄为71～126日龄，分别计算单元数、每个单元猪的饲养量、选择的圈栏群体大小，以及每单元圈栏数量见表6-13。对于每个圈栏猪群大小，推荐使用20、40和80头。其中以40头/圈在饲养面积、圈栏长宽比方面最为理想。

表6-13 不同规模猪场以周为生产节律的育成猪单元及圈栏配置

猪场规模	存栏量/头	单元数/个	单元饲养量/头	圈栏饲养量/头	每单元圈栏数/个
年出栏5 000头	1 980	9	220	40/20	6
年出栏10 000头	3 960	9	440	40	11
年出栏20 000头	5 940	9	660	40	17
年出栏50 000头	7 920	9	880	40	22

在进行育成舍工艺设计时，需要注意以下几点：①从工程防疫的角度，应尽可能按单元实施全进全出；②实在无法实施的，则可在一栋猪舍中安排几个单元，单元之间应该有所分隔，单元的数量最好与饲养员的劳动定额匹配；③如果猪舍内选用双列布置的，则每个单元的圈栏数最好按偶数配置；④对于1万头的规模猪场，建议每2个单元建1栋育成舍，2万～5万头的规模猪场，建议每1个单元建1栋育肥舍；⑤表6-13中每个圈栏的群体大小是按照群养条件下能实现较高生产效率的一个推荐值，具体究竟采用多大群体以及每栋猪舍设置几个单元，还需要结合用户要求以及管理技术水平加以确定。

2.育成猪舍配套设备

就育成猪健康养殖模式构建的思路而言，只要为这一阶段的猪提供较好的福利，能做到明确的功能定位，且有一个良好的温度环境，即使是条件简陋的农户小群体饲养，也可以获得较好的效果。育成猪舍常规设备配置主要有：

(1)饲喂设备(图6-21) 包括人工喂料设备和机械喂料设备。人工喂料设备比较简单，各个猪舍一般配有加料车，到饲料车间领取一定量的饲料后，人工加入每个食槽中。自动喂料系统由贮料塔、饲料输送机、输送管道、自动给料设备、计量设备、食槽等组成，整个工艺流程为饲料厂加工好的饲料用专用运输车将饲料先送入贮料塔，再通过螺旋或其他输送器将饲料直接输送到食槽或自动料箱中。有些猪场也采用湿拌料或者稀料饲喂，其料线配置也有所不同。

(2)饮水设备(图6-22) 常见的鸭嘴式自动饮水器、乳头式自动饮水器以及装有控制水位的饮水杯，有些猪场选用的饲槽中带有饮水器，不但满足了猪边采食边饮水的习性，而且还能使猪进行自拌湿料。

(3)清粪设备 与采用的清粪方式有关。生产中，育肥猪舍以水泡粪和刮板清粪为主。刮板清粪可减轻劳动强度，提高工效。如果能做到日产日清，则可减少冲洗用水量和后续污水量，保持舍内较好的清洁卫生。但刮板清粪设备比较容易出现故障，维护成本较高。

图 6-21 猪舍饲喂设备

图 6-22 猪舍健康饮水设备

(4)环境调控设备 包括通风设备,如风机、进排气小窗、蝶阀或风管等;降温设备,如湿帘一风机蒸发降温系统、喷淋降温系统、湿帘冷风机等;供暖设备,如热水供暖系统、热风供暖系统及局部采暖系统等;空气过滤系统,如排风口空气过滤系统等。有关内容详见第 7 章。

(席 磊)

第7章 福利化养猪环境控制技术

本章提要

本章介绍规模猪场的温湿度、新鲜空气供应与有害气体排除等环境控制系统的设计要求，不同猪舍的通风系统设计技术，稳温控制技术等。

动物生产环境是一种综合性的生态环境，包含着许多性质不同的单一环境因子。每一环境因子在综合生态中的质量、性能和强度，都会对动物生产起着主要的或次要的、直接的或间接的、有利的或有害的作用，这些作用又会随时间和空间上的变化而产生差异。根据环境因子的性质，动物的环境包括空气环境、水环境、光环境以及其他环境因子。空气环境因子主要包括空气温度、相对湿度、气流速度、热辐射等热环境因子，空气成分、有害气体、空气微生物、空气中的微粒等空气环境质量因子；水环境因子主要是指水源、水质以及供水、排水和污水处理系统；光环境因子主要为光照及辐射。此外，还有如土壤质地、土壤结构、土壤理化性质、土壤生物等土壤因子，地球表面上的海洋、湖泊、陆地、草原、高山、丘陵、经纬度、海拔等地理因子；饲养设备、设施等构成的动物生活空间环境因子；动物个体之间、群体结构等形成的社会环境等。所有这些都会在不同程度上影响动物的优良遗传潜力的发挥、饲料转化率的高低及疾病产生的可能性等。本章将着重围绕猪舍的空气热环境和空气质量环境因子，分析猪的不同生理阶段所需的环境条件，及创造这些环境所采取的调控方法措施、设施设备配置，为猪舍良好的环境设计提供理论指导。

7.1 猪舍空气环境调控因子与阈值

7.1.1 温湿度

温湿度是影响猪只热舒适性和生产性能的关键环境参数，主要包括温度和相对湿度。由于猪的皮下脂肪层较厚、汗腺功能不发达，高温易引起猪只的热应激反应，导致核心体温和呼吸频率增加，进而降低生产和繁殖性能；低温会引起猪只的冷应激反应，促使其增加采食量，降低饲料转化率，仔猪对温度的要求更为苛刻，低温会增加仔猪腹泻和感冒等疾病的发生率，严重影响健康状况。相对湿度会直接影响猪体与外界环境的热量交换，通过作用于体热调节过程而间接影响猪的生长生产性能。此外，温度和湿度间能够协同作用，夏季高温或冬季低温伴随高湿度环境会加剧猪的热应激和冷应激程度，因此，猪舍温湿环境状况是猪只生长、生产和繁殖性能优劣以及福利化水平高低的重要保障。

温度和湿度的调控范围是猪舍温湿环境控制的基础，通常将猪舍的温度维持在等热区(thermal neutral zone，TNZ)，即猪只通过自身的调节可以维持机体的产热和散热平衡，当温度低于下临界温度(lower critical temperature,LCT)或高于上临界温度(upper critical temperature,UCT)时,将导致猪的非特异性应激反应。表 7-1 与表 7-2 为美国、加拿大和丹麦等国对各阶段猪舍内等热区温度的推荐值,而没有给出对湿度的具体要求。国家标准《规模猪场环境参数及环境管理》(GB/T 17824.3—2008)对不同阶段猪舍中温度、湿度的舒适范围和上下临界温度均给出了推荐值(表 7-3)。

表 7-1 美国、加拿大推荐的不同阶段猪舍温度控制范围 ℃

阶段	推荐的最佳温度	适宜温度区间
新生仔猪	35	32～38
哺乳仔猪(2～5 kg)	30	27～32
哺乳后期仔猪(断奶后 4～5 d)	35	33～37
断奶仔猪(5～20 kg)	27	24～30
育成猪(20～55 kg)	21	16～27
育肥猪(55～110 kg)	18	10～24
妊娠母猪	18	10～27
产仔母猪	18	13～27
公猪	18	10～27

表 7-2 丹麦推荐不同阶段猪舍温度控制范围

日龄/d	体重/kg	阶段	适宜温度区间/℃
0	1.5	哺乳仔猪	25～30
20	5	早期断奶仔猪	27～32
65	20	断奶仔猪	21～24
115	50	早期育成猪	15～21
160	85	后期育成猪	13～18
185	110	育肥猪	10～15
		空怀母猪	15～20
		妊娠母猪	15～20

表 7-3 不同阶段猪舍的温度和湿度要求

阶段	空气温度/℃			相对湿度/%		
	舒适范围	高临界	低临界	舒适范围	高临界	低临界
种公猪	15～20	25	13	60～70	85	50
空怀妊娠母猪	15～20	27	13	60～70	85	50
哺乳母猪	18～22	27	16	60～70	80	50
哺乳仔猪保温箱(1 周龄)	28～32	35	27	60～70	80	50
保育猪	20～25	28	16	60～70	80	50
生长育肥猪	15～23	27	13	60～75	85	50

①表中哺乳仔猪保温箱的温度是仔猪 1 周龄以内的临界温度,2～4 周龄时的下限温度可降至 26～24 ℃。表中其他数值均指猪床上 0.7 m 处的温度和湿度。

②表中的高、低临界值指生产临界范围,过高或过低都会影响猪的生产性能和健康状况,生长育肥猪舍的温度,在月份平均气温高于 28 ℃时,允许将上限提高 1～3 ℃,月份平均气温低于−5 ℃时,允许将下限降低 1～5 ℃。

③在密闭式有采暖设备的猪舍,其适宜的相对湿度比上述数值要低 5%～8%。

7.1.2 舍内气流

气流可促进机体对流散热和蒸发散热，低温时加大气流会加剧冷应激对猪的不利影响，因此，冬季风速应保持在最低限度以上，以减少为保持舍内适宜温度所需要补充的热量。高温时通风换气有利于猪体散热，可减轻热应激的危害。由于猪体表无汗腺，且皮肤较薄，过大气流产生的体表摩擦会造成不适。因此，高温时不应采用高气流速度进行降温，传统上规定风速以不超过 1 m/s 为宜。此外，舍内气流分布应均匀，冬季尤其注意防止贼风。为确保舍内空气质量，应加强通风换气。

我国《规模猪场环境参数及环境管理》(GB/T 17824.3—2008)标准及农业建筑环境相关教材《设施农业工程工艺及建筑设计》(李保明，施正香，2006)中对猪舍的通风量、风速等均有规范，结合二者相关数据(表 7-4)可以看出，其中冬季通风量与美国、北欧推荐值相近，但是夏季通风量均显著低于欧美推荐水平。表 7-5 中美国 MWPS 的猪舍通风标准和 2015 年伊利诺伊大学采用的是最新产热量所计算出来的建议通风量新标准。我国目前的猪舍建设规模化不断增大，饲养猪只品种的更新和饲料工艺的进步也推进了猪只生产过程中的产热量增加，因此，我国也需要以因地制宜的原则建立不同气候区域的猪舍通风新标准。

表 7-4　我国猪舍通风环境参数标准

猪舍种类	空怀、妊娠前期母猪	种公猪	妊娠母猪	哺乳母猪	哺乳仔猪	断奶仔猪	后备猪	育成猪	育肥猪
换气量/[m^3/(h·kg)]									
冬季	0.35	0.45	0.35	0.35	0.35	0.35	0.45	0.35	0.35
春、秋季	0.45	0.60	0.45	0.45	0.45	0.45	0.55	0.45	0.45
夏季	0.60	0.70	0.60	0.60	0.60	0.60	0.65	0.60	0.60
风速/(m/s)									
冬季	0.30	0.20	0.20	0.15	0.15	0.20	0.30	0.20	0.20
春、秋季	0.30	0.20	0.20	0.15	0.15	0.20	0.30	0.20	0.20
夏季	≤1.00	≤1.00	≤1.00	≤1.00	≤0.40	≤0.60	≤1.00	≤1.00	≤1.00

猪舍的通风量在宏观程度上决定了猪舍内部的通风效率，但是由于猪舍的跨度一般较大，猪只在猪舍内部处于不同的空间位置，因此，气流的均匀性在很大程度上影响了猪只的舒适性及生产的均匀度。通常在夏季采用纵向通风猪舍需要保障靠近湿帘端的猪只不要感觉过冷，而靠近排风口的猪只不要感觉过热，以促进整舍生产的均匀性。在设计猪舍冬季通风气流过程中，猪只躺卧区的空气流速不宜过大，保证猪只正常休息，维持正常增重。

与通风气流直接相关的概念还有"风冷效应"，随着猪舍设计通风量标准的不断增加，猪舍内部的风速也相应提高，研究指出 0.2 m/s 的风速可以带来 4 ℃体感温度的降低，0.5 m/s 与 1.5 m/s 则分别可降低体感 7 ℃与 10 ℃。上述研究仅基于单头固定猪只以及气流温度。近年来的研究则发现高温风速对猪只体感温度的影响低于低温，小猪较大猪更易受到风速的影响。

表 7-5 美国猪舍通风量建议标准

阶段	体重范围/kg	MWPS 标准/(m^3/h)	新标准/(m^3/h)
冬季通风标准			
保育前期	5.5～14	3.4	5.1
保育猪	14～34	5.1	8.5
生长猪	34～68	11.9	18.7
育肥猪	68～100	17	20.4
妊娠母猪	147	20.4	42.5
分娩母猪和仔猪	181	34	52.7
夏季通风标准			
保育前期	5.5～14	42.5	76.5
保育猪	14～34	59.5	166.6
生长猪	34～68	127.5	244.8
育肥猪	68～100	204	360.4
妊娠母猪	147	255	765
分娩母猪和仔猪	181	850	1190

7.1.3 空气质量

在规模化猪舍中，由于猪的呼吸、皮肤的分泌作用和外激素等，粪尿、饲料、垫草的积存发酵，加之人的操作、猪的活动影响，空气中有害气体、恶臭物质浓度较高，且空气中存在大量的微生物、颗粒物，舍内空气质量比较恶劣。另外，许多猪舍采用纵向通风的通风方式，导致舍内空气均匀性较差，大量废气、粉尘积聚在猪舍尾端，导致舍内前后端空气质量差异较大，使得猪生长速度不一，影响产品质量。

猪舍内 CO_2 主要来源于猪的呼吸、粪污排放以及取暖设备。CO_2 本身无毒，但其危害是浓度过高时会导致动物缺氧窒息，仔猪进入 CO_2 浓度高的环境中容易出现呼吸速率增加，行为异常等反应，严重时机体会失去平衡。NH_3 主要来源于粪便的直接排放，尤其是在排泄物变干的过程中挥发量很大，猪舍中的 NH_3 会刺激动物黏膜，降低猪的免疫机能，长期生活在高浓度的 NH_3 环境中会导致仔猪生长速率降低、呼吸系统损伤以及抵抗力降低等。H_2S 等臭气主要来源于粪便，是厌氧细菌发酵的产物，舍内 H_2S 浓度过高会导致猪畏光、采食量下降、呼吸中枢堵塞。猪舍空气中的颗粒物主要来源于舍内干燥的粪便和饲料，大量的微生物和内毒素容易附着在颗粒物上，暴露在高浓度颗粒物环境中会导致猪采食量减少，生长速率和体重会显著降低，同时由于呼吸系统疾病和脓肿引起猪的发病率和死亡率增加。

在空气质量控制范围上，欧美国家主要对猪舍内部分空气质量指标的浓度进行限定，国际农业和生物系统工程委员会(CIGR)于 1984 年建议了畜禽舍内二氧化碳、氨气、硫化氢和一氧化碳的最大浓度值，各成员国家在此基础上制定本国的浓度上限值(表 7-6)。

表 7-6 国外机构推荐的畜禽舍污染气体最大浓度值

气体类型	CIGR 推荐畜禽舍污染气体最大浓度/(mg/m^3)	美国爱荷华州立大学推广中心推荐限值/(mg/m^3)
CO_2	5 398.7	5 893
NH_3	13.9	8
H_2S	7	8
CO	11.5	63
PM	—	10

国家标准《规模猪场环境参数及环境管理》(GB/T 17824.3—2008)和部分专著中对不同阶段母猪舍(空怀、妊娠、哺乳和后备)中二氧化碳、氨气、硫化氢、粉尘、恶臭、颗粒物和细菌总数给出了相应的推荐值,表 7-7 参考国内各项标准总结了我国猪舍空气环境的参数要求。另外,猪舍内 PM2.5、PM10、TSP 浓度分别不应高于 0.075 mg/m^3、0.5 mg/m^3、1.2 mg/m^3。

表 7-7 国内猪舍污染气体最大浓度值

猪舍种类	空怀/妊娠母猪	哺乳母猪	后备猪	育肥猪	种公猪	保育仔猪
CO_2/(mg/m^3)	1 500	1 300	1 500	1 500	1 500	1 300
NH_3/(mg/m^3)	20	15	20	25	25	20
H_2S/(mg/m^3)	8	8	8	10	10	8
细菌总数/(万个/m^3)	1.5	1.2	1.5	1.5	1.5	1.2

7.2 猪舍环境调控方法与模式

7.2.1 温湿度

温湿度调控方法主要包括围护结构的隔热与保温、降温和加温。猪舍建筑围护结构的隔热和保温性能对维持舍内环境稳定性,提高环境控制效果、减少降温和加温能耗具有重要作用。降温技术用来减少夏季高温对猪只的影响,降低猪只热应激程度。加温技术通过增加热源的方式减少冬季低温对猪只的影响,降低猪的冷应激程度。

1.保温

猪舍冬季围护结构保温性能不达标不仅会加速围护结构衰变,降低猪只的体感温度,而且导致舍内极易形成低温高湿的环境状况,影响正常生产生活;夏季围护结构隔热性能不达标易导致猪舍受外界高温环境影响大,降低舍内降温效果等。因此,应根据所在地区的气候条件,合理设计围护结构保温和隔热性能参数。在建筑围护结构保温和隔热性能中,围护结构的热阻是其中重要的参数。热阻值的确定不能够仅凭借经验判断,而应根据猪只对环境的需求而确定。以冬季围护结构热阻值计算为例,可借鉴人居建筑标准中对建筑围护结构低限热阻的计算方法,结合猪舍适宜的温湿度参数,确定猪舍冬季保温的围护结构低限热阻值。加拿大地区制定了畜禽舍建筑围护结构保温性能手册，建议冬季舍外设计温度在－12.2 ℃的地区，猪舍的天花板和墙体的围护结构热阻值分别为2.12(m^2 · K)/W和1.76(m^2 · K)/W，与东北地区纬度相近的日本地区，对1月舍外平均气温低于－6.7 ℃的猪舍的围护结构热阻建议值为1.37(m^2 · K)/W。

目前，猪舍冬季保温通常采用关闭门窗、减少换气次数的方式，但这种方式在严寒地区猪舍内往往不能达到猪只健康生长的适宜温度，而且空气流通不畅还会导致有害气体浓度升高，降低猪的福利水平。铺设垫料是较为常见的冬季保温措施，通过减少热量的传导散失从而达到保温目的。Andersen(2000)在研究了群养母猪躺卧区地面铺设稻草的保温技术，可以给妊娠母猪提供舒适的局部环境、抵御低温天气，但需要经常性更换稻草，增加了劳动力和成本。研究表明绝缘的人工合成垫或橡胶垫也可以提高母猪的舒适性，在温度较低的情况下，相比实体地面妊娠母猪更喜欢在人工合成垫上躺卧。德国猪行为学专家Bugl设计的诺廷根暖床技术有利于改善躺卧区的保温，该暖床外壳是由良好的保温材料制成，其前侧壁是用PVC塑料做成的双层条形软门帘。它是利用猪自身散发的热量或结合加热器来补充热量，为猪提供理想的局部环境温度。猪可以自由进出躺卧，并根据暖床内的环境温度来调节身体，为猪提供温暖干燥的适宜生长环境。另外，北方寒冷地区塑料暖棚猪舍通过覆盖双层塑料薄膜或阳光板，实现棚舍内白天增温、夜间保温的效果。为减少夜晚舍内热量过快散失所导致的昼夜温差，在塑料大棚外加盖草帘，可显著提高其保温性能。猪舍冬季保温措施还包括锅炉集中供热、电热风炉等方式，尽管这些措施可以使舍内达到母猪舒适温度，但对煤炭或电能能源的消耗量较大。

2.降温

在良好的建筑隔热效果下，除采用通风所带来的对流降温方式外，还包括蒸发降温、传导降温和辐射降温方式，其中蒸发降温利用水蒸发吸热的降温原理，属于潜热散热；传导和辐射降温方式借助热源与冷源间的热传导和热辐射进行降温，属于显热散热。应用在猪舍的蒸发降温技术主要包括湿帘-风机降温、喷淋降温、细雾蒸发降温、滴水降温；传导降温主要包括地板降温；辐射降温主要包括水冷式猪床降温。

(1)蒸发降温　常用的蒸发降温主要有湿帘-风机降温、喷淋与细雾蒸发降温、滴水降温等形式。湿帘-风机降温系统是目前国内外使用最为广泛的将湿帘降温与机械通风技术结合使用的直接蒸发降温技术。湿帘-风机降温系统主要由湿帘、风机、水循环系统和自控装置组成，湿帘通常安装在一端山墙或侧墙上，风机位于另一端山墙，排风形成负压环境，迫使舍外未饱和的空气在负压作用下流经多孔湿润的湿帘表面，水分蒸发的同时吸收过流空气中的大量潜热，从而冷却过流空气的温度，达到降温效果(图7-1)。

湿帘-风机降温系统是一种整舍降温技术，可应用于各生长阶段猪舍内。运行中湿帘的蒸发效率可达到75％～90％，通风阻力损失为10～40 Pa。通常情况下，当舍内温度高于猪只的热应激温度阈值时开启湿帘-风机降温系统，降温幅度一般为5～6 ℃，夏季可控制舍内温度低于30 ℃，风速维持在0.5～1.0 m/s。相较于仅进行通风降温的猪舍，湿帘-风机降温猪舍能够显著降低舍内温度，增加温度分布均匀性。总体而言，湿帘-风机降温系统具有降温效果显著、运行稳定可靠等特点，但运行时需要负压环境，对猪舍的密闭性要求较高，且降温幅度受舍外空气相对湿度的影响，在夏季高温高湿地区的降温效果不显著。此外，系统安装过程中需要注意风机与湿帘的距离不能过长，以规避舍内温湿度差异太大等问题。

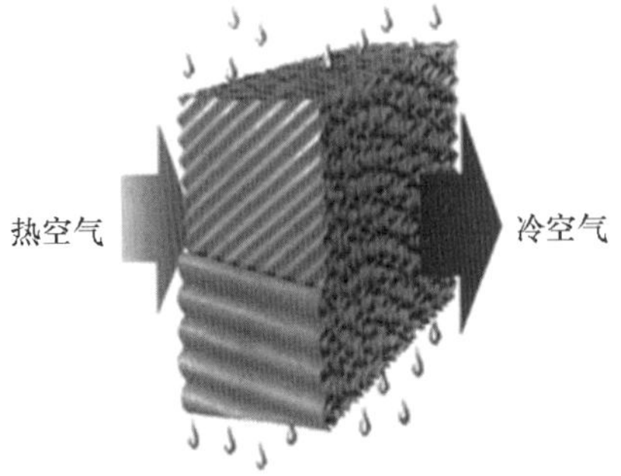

图 7-1　湿帘降温原理与现场应用

喷淋降温系统是通过直接喷洒水的方式打湿猪体，水在猪体表面蒸发带走热量(图 7-2 左)。喷淋降温系统常与机械通风技术结合使用，多应用于断奶和育肥猪舍，使用时的喷水压力一般在 70～250 kPa 之间，出水量依猪体大小而定，通常断奶猪在每头猪 65 mL/h，生长育肥猪在每头猪 300 mL/h。在使用方法上，为了不造成水资源的浪费、地面聚水汇流和污染猪只躺卧休息区域等，各猪场可依据当地气温、湿度、通风等条件制定喷淋方法，通常采取间断运行的工作方式，喷淋器开启 1～2 min 后间隔 45～60 min。

细雾蒸发降温系统是采用水力或气力雾化的方式向降温区域直接喷入细雾，使其蒸发冷却空气。喷雾冷风机降温是细雾蒸发降温的一种类型，通常将细雾装置安装在风机的进风口处，利用负压通风使喷雾形成的过饱和空气均匀地进入猪舍中，细雾与空气进行热质交换，达到降温目的(图 7-2 右)。细雾蒸发降温的蒸发效率低于湿帘，为增大降温效果，通常将雾滴直径细化在 50～80 μm 之间，以增大雾滴与空气的接触面积。美国等地区提出了高压喷雾降温方式，将系统的压力提高至 5 MPa 以上，一定程度上改善了降温效果对外界空气湿度的依赖，但也同时增加了设备成本与运行费用。

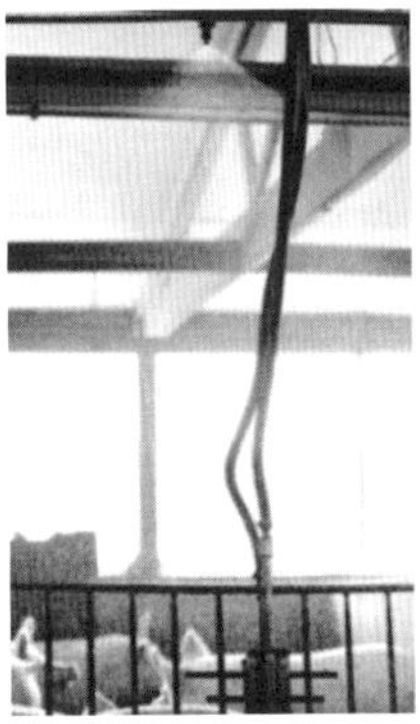

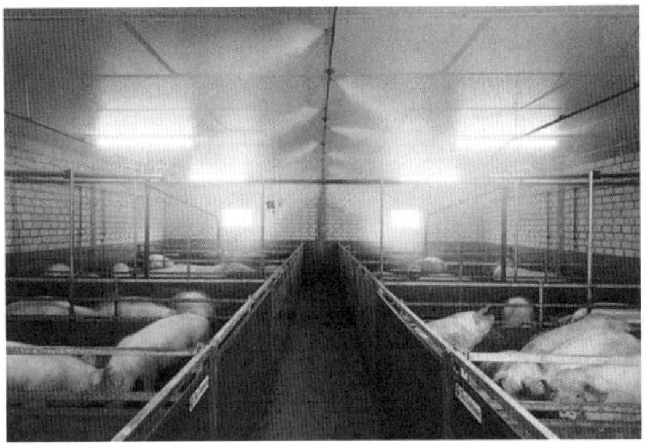

图 7-2　喷淋降温(左)和细雾蒸发降温(右)系统

喷淋与细雾蒸发降温的主要区别在于喷出水滴的大小。两种降温系统均具有投资成本低、结构简单、降温效果明显等特点，在结合通风的情况下，可以有效降低猪舍温度，与仅通风的猪舍比较，舍内温度平均下降 3～4 ℃。相较于湿帘-风机降温系统，喷淋和细雾蒸发降温系统对猪舍的密闭性要求低、在开放舍、密闭舍、机械和自然通风的猪舍中都可应用。较喷淋系统，细雾蒸发降温系统对水的消耗较少，能够避免打湿地面或造成积水，但其蒸发降温效果受舍外空气湿度的影响较大，两降温系统在蒸发过程中均会增加舍内的湿度。

滴水降温系统通过滴水器将水直接滴至母猪的后颈和颈肩部位，对母猪下丘脑附近皮肤进行降温(图 7-3)。安装运行中，需要注意水滴管口一般应置于距离猪栏前端 50 cm 的正上方 30 cm 处，水量每小时 2～3 L，滴水管尺寸、水滴数量等应以保证水分不溅湿猪的前蹄为原则，应保持地面干燥、不滴水入耳，避免溅湿母猪腹部乳房区等。滴水降温系统作为一种局部降温措施，常应用在分娩母猪舍，不但能满足母猪的降温需求，缓解热应激状况，也能避免采用喷淋或细雾蒸发降温等措施导致的水滴溅湿小猪，较好地解决分娩舍母猪和哺乳仔猪对环境温度需求不同的矛盾。滴水降温系统的装置结构简单，可应用于开放、半开放式猪舍，由于滴水量少且能够快速蒸发，降温过程不易导致舍内湿度增加，降温效果受舍外环境湿度的影响较小。但滴水降温系统的降温效果有限，通常与风机或正压风管的局部送风系统相结合以增加风冷效果，提高母猪的热舒适性。

(2)传导降温　地板降温(flooring cooling)通常在猪舍躺卧区地板下铺设排管并使较低温度的地下水从中流过，利用猪只与地板间的热量传导进行降温，将水温控制在 15 ℃左右，即可起到降温并保持躺卧区地板温度相对稳定的作用(图 7-4)。

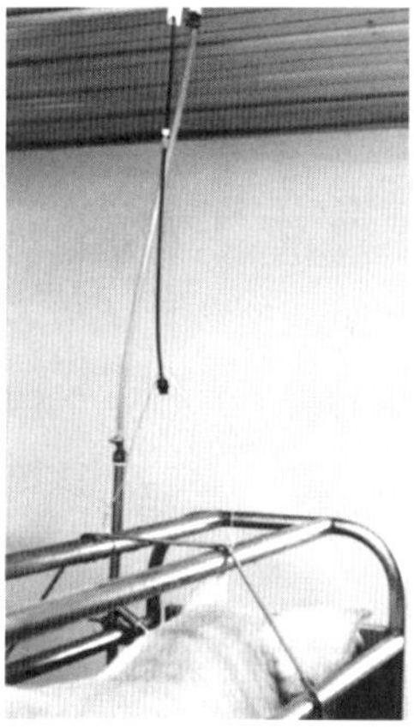

图 7-3　滴水降温系统

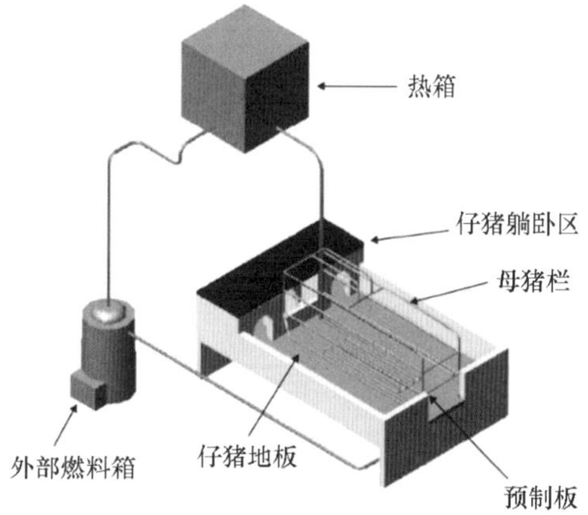

图 7-4　地板降温系统

地板降温是应用较为广泛的局部降温技术，多应用于母猪舍，地板降温系统符合猪只的行为特点，增加了高温环境下猪只的躺卧比例，提高了猪只热舒适性，可应用于开放式和封闭式猪舍的局部降温，用于降温的地下水经循环后仍可作为猪只的饮用水，提高了对水的利用效率，但地板降温系统仅对躺卧区地面进行了降温，未降低周围环境空气温度，需要与其他降温措施结合使用。此外，系统对地板的温度控制水平要求较高，存在流动过程中局部温度不均，不易调控，维修不便等缺陷。

(3)辐射降温　水冷式猪床降温系统是一种利用热辐射降温原理的局部降温技术，该系统根据母猪的体尺、生理需求、行为习性等，结合猪栏的结构设计，采用在猪体躺卧区周围构建由均匀分布的水平镀锌钢管所构成的拱棚型壁面，钢管内通入流动的地下水，通过低温壁面与猪体热表面进行辐射热交换的方式进行降温。

水冷式猪床降温系统主要应用于妊娠与哺乳母猪舍，该降温系统能够有效地降低猪体躺卧区周围空气的温度，在猪床外界环境波动较大时，猪床内部的空气温度仍可维持在 25～

30 ℃，避免了猪体周围小气候的过冷或过热，提高了母猪的热舒适度，减少了母猪的热应激程度。通入猪床内的地下水还可以用来供猪饮用或其他生产用水，使水资源得到了充分利用。

3.加温

在良好的建筑围护结构保温基础上，可采用加温技术提高舍内温度。加温技术分为集中加温和局部加温，集中加温指对猪舍进行整舍加温，根据加温介质的不同可以分为热水和热风加温，主要包括热水散热器、热风炉等；局部加温指对猪舍的局部区域进行加温，主要包括地板加温、保温箱（灯）、电加热板等。

（1）集中加温　热水加温主要包括热水管地面加温和热水散热器加温。热水管地面加温是将热水管埋在猪舍地面以下，并在热水管下面铺设防潮隔热层以阻止热量向下传递，保证地面以上供热，使得猪舍内的温度可以保持在猪的适宜温度范围内。应用较为广泛的是热水散热器，主要由热水锅炉、管道和散热器 3 部分组成，散热器按其形状可以分为管型、翼型、柱型和平板型，由于铸铁柱形散热器传热系数较大，不易集灰，多应用于猪舍。布置原则上，散热器应尽量使舍内温度分布均匀，同时兼顾管路长度，一般可将散热器安装在窗户下方，可直接对从窗缝进入的冷空气加热，避免“贼风”对猪只的影响。散热器应分成多组，每组片数少于 10 片以保证外侧散热片面积占比较大，从而提高加温效果。

热风供暖系统是利用热源将空气加热到设定温度，随后将暖空气通过管道送入猪舍进行加温。热风采暖系统一般可分为热风炉式、空气加热器式和暖风机式，其中热风炉采暖系统是目前使用最多的加温技术，该系统包括热风炉（立式、卧式）、离心风机、电控箱和有孔引风管等四部分，主要通过燃煤、天然气、太阳能等热源将空气加热到一定温度，然后通过管道将热风送入舍内，送风管内适宜的风速为 2～10 m/s，送风孔的直径可根据经验数据选取，一般为 20～50 mm，孔距为 1.0～2.0 m。根据流体力学原理，沿热风流动方向送风管的送风孔应由疏到密布置，这样可使舍内温度分布更加均匀。热空气从送风孔以非等温受限射流的形式喷出，一般以侧向开孔向舍内送热风，使母猪的活动区处于射流的回流区。采用热风炉采暖，应尽量使每个猪舍用一台热风炉，排风口应开在猪舍下部。热风采暖设备投资低，结构简单，可与管道通风技术相结合，不仅提高了猪舍温度，也提供了新鲜空气，降低了猪舍能源消耗。但由于空气的贮热能力较低，远距离输送会使热量损失和温度快速下降，因此，热风采暖系统不适宜对跨度较大的猪舍进行加温。

近年来，随着公众环保意识提高，太阳能、地源热泵和空气源热泵等作为可替代燃煤供暖的清洁能源得到了广泛关注。太阳能供暖是将冷空气引入太阳能接受室后，被太阳能加热，由石床将热能贮存起来，夜间通过风机将加热后的空气送入猪舍进行加温。地源热泵和空气源热泵都属于热泵系统，两者把不能直接利用的低位热能（土壤、空气等）转换为可以利用的高位热能，从而达到节约部分高位热能（煤炭、电能、天然气等）的目的，其中地源热泵包括土壤源热泵和水源热泵，随着技术的不断成熟，以清洁能源作为热源的加温技术将会在规模化和集约化的猪舍中不断得到应用。总体而言，集中加温技术由于存在一次性设施投资成本高、能耗大、维护困难等问题，目前在母猪舍中的实际应用较少。

（2）局部加温　地面加温是对猪只生产生活区域的地面进行加温，主要分为电加热地暖和热水管加热地暖。热水管加热是将热水管埋设在猪舍地面的混凝土层内或地下土层中，热水流经热水管以热辐射形式加热猪只生活区地面，在热水管下方铺设防潮隔热层以阻止热量向下传递。热水管地面采暖的热水可由统一的热水锅炉供应，或在每个需要采暖的舍内安装一台电热水加热器，水温由恒温控制器控制，温度调节范围一般在 45～80 ℃。电加热地暖是把电热线埋入猪舍地板下方，直接将电能转化为热能对猪舍地面加温。

保温灯、保温箱或电加热板等在妊娠和哺乳母猪舍中得到广泛应用。保温灯与保温箱的热源均为红外灯，一般悬挂在猪群上方。保温箱通常是用水泥、木板或玻璃钢制造而成，一个保温箱供一窝仔猪加温使用。除采用红外灯加热外，还有采用电加热方式的置于仔猪躺卧区域的电加热板等。

较集中加温，局部加温投资成本小，能源消耗少，可以满足哺乳母猪与仔猪对温度需求不同的矛盾；通过合理的控制，局部加温能够对加温模式、加温时间、加温温度等进行更加精准的控制，但存在加温不均匀、使用寿命短等问题。热水管地面加温技术利用了地下土层的保温贮能作用，可维持舍内较长时间的温度恒定，减少了能源消耗，且供热均匀，能够保证主活动区域地面干燥，供热均匀，减少了猪痢疾等疾病的发生。但其存在一次性投资较大，加热时间长，对突然的湿度变化调节能力较差，地面一旦裂缝，极易破坏采暖系统，且维修困难等缺陷。保温灯、保温箱和电加热板的局部加温方式具有投资成本低，可精准调节等优点，但也存在区域加温不均匀、保温箱热量损失较快等不足。

7.2.2 舍内气流

通风是猪舍内一种常用的降温和空气质量调节技术。《规模猪场环境参数及环境管理》(GB/T 17824.3—2008)在猪舍通风方面要求猪舍通风时，气流分布应均匀，无死角，无贼风，跨度小于 10 m 的猪舍宜采用自然通风，并设地窗和屋顶风管，跨度大于 10 m 或者全密闭的猪舍宜采用机械通风。根据舍内气流动力可以将通风技术分为自然通风、机械通风及混合通风，根据通风控制区域等则可分为整舍通风和局部通风。

和整舍通风相比，局部通风无须整舍组织气流，对猪舍的密闭性要求较小，具有定点送冷风、局部空间降温，成本较低的优势，能够应用于密闭性较差、空间较大、自动化程度较低的猪舍。以将湿帘冷风机-纤维风管通风系统应用于分娩猪舍为例，将应用湿帘风机-纤维风管通风系统的母猪舍作为试验组，以自然通风母猪舍为对照组，在舍外日平均最高气温 39.9 ℃，平均温度 31.5 ℃、湿度 85.6%时，试验舍和对照舍日平均温度、日平均最高温度分别为 27.7 ℃、29.6 ℃和 30.2 ℃、32.5 ℃($P<0.01$)，湿度分别为 87.5%和 82.5%($P>0.05$)。母猪生理和生产性能指标上，该系统降低了母猪的皮肤温度和呼吸频率，提高了母猪的采食量、平均分娩率和平均窝产仔数。风管送风的局部通风通风系统在使用过程中要避免遭到猪只的破坏，风管内空气需保持清新、凉爽及干燥，避免空气传染病的发生。

7.2.3 空气质量

空气质量调控方法主要包括除尘、除臭和杀菌等，通常在除尘和除臭技术中兼具杀菌功能。针对母猪舍空气污染物产生的源头和在舍内的传播过程，可将除尘和除臭技术分为源头控制和过程控制，通风作为一种重要的热环境和空气质量控制技术，其主要在热环境控制技术进行阐述。

1.除尘

母猪舍颗粒物的主要来源为饲料、粪便与发酵床等。除尘技术在源头控制上主要通过改变饲喂方式(湿法饲喂)、清粪频率等减少空气颗粒物的产生。在传播过程控制上主要包括静电除尘、喷雾除尘、空气电净化除尘等。

(1)静电除尘　这是利用静电场使气体电离从而使尘粒带电吸附到电极上的除尘方法。在强电场中空气分子被电离为正离子和电子,电子奔向正极过程中遇到尘粒,使尘粒带负电吸附到正极被收集。近年来,空气电净化技术(electrostatic space charge system,ESCS)被视为一种有效的猪舍除尘技术。ESCS由控制器、高压电源、空间电极等构成,利用了空间电场防病防疫的技术原理,通过在猪舍空间架设高压电极线,与地面(或建筑结构)之间形成直流电场,通电后的高压电极四周产生高能带电粒子、微量臭氧和氮氧化物,荷电后的带电颗粒物在直流电场作用下发生定向运动,吸附于舍内墙壁或地面等。此外,静电除尘技术也常与机械通风技术相结合,安装于猪舍风机末端,用以减少颗粒物向大气环境的排放。

除具有降尘作用外,静电除尘技术还能杀死悬浮或吸附在颗粒上的微生物。空间电净化系统的高压电场电离产生的臭氧与舍内空气中的细菌、氨气和硫化氢等臭气作用,具有杀菌和除臭作用。当在猪舍的粪道内设置空间电场时,由于场所狭窄,会进一步增加除尘、除臭和杀菌的效果。应用于风机末端的静电除尘技术相较于洗涤塔或袋式集尘器等除尘方式,对风机造成的压降较小。静电除尘技术能够明显改善猪舍内的空气质量环境,提高猪的生产性能,但猪舍内的墙壁、地面、灯管等设施表面会吸引大量的灰尘,给清洁工作带来较大困难。

(2)喷雾除尘　根据空气动力学原理,利用压缩空气产生的射流与水在雾化喷嘴出口处混合,将水雾化成同颗粒物大小相近的雾滴,一方面,雾滴与颗粒物充分结合后沉降;另一方面,雾滴进入空气后的瞬间蒸发会中和空气中过量的正离子,增加了负离子在空气中的含量,起到降尘的作用。在美国和欧洲地区,通常会使用植物油或油水混合液代替水进行除尘,在使用过程中应使用含碘量低、不含颗粒物和臭气的油类,其中大豆油和菜籽油使用较为广泛;油水喷洒区域应该远离风机附近、加热和采食区。喷洒油水混合液也常作为猪舍尾气除尘的手段之一(图7-5)。

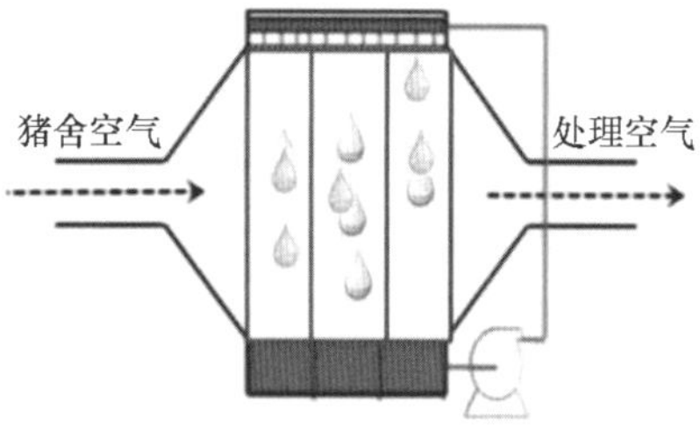

图7-5　喷雾除尘

相较于喷雾除尘,喷洒油水混合液除尘被证明是一种降低猪舍颗粒物浓度的有效办法,油水混合物中油的占比应高于20%,当油滴与颗粒物混合粒径大于150 μm时能有效沉降,但喷洒油水混合液会导致猪舍地面湿滑,增加清洁工作的难度,容易出现安全隐患,此外,油水混合液受外界气候条件影响较大,冬季寒冷季节较难维持混合液的流动性。

2.除臭

粪尿是母猪舍恶臭的主要来源，氨气、硫化氢是恶臭气体中的主要组成部分。除臭技术在源头控制上主要通过增加清粪频率、调整饲料中粗蛋白水平、加入饲料添加剂等方式减少臭气产生。在传播过程控制上主要包括发酵床、臭氧或过氧乙酸氧化等。

(1)发酵床除臭　发酵床是利用外源功能菌种或生物酶对恶臭的直接降解或对产恶臭微生物的抑制来脱除恶臭的生物除臭方式，具有成本低、耗料少、效益高、操作简单、无污染等优点，是一种无污染、无排放的、无臭气的环保养猪技术。目前，浙江省丽水市通过改进工艺，试点成功了“非接触式发酵床”模式，该模式将猪养殖于铺设漏缝地板架空的猪舍上，下层为发酵床垫料，猪粪尿落于发酵床上定期翻混，利用垫料内菌种和猪粪协同发酵作用，快速降解，可消除恶臭，抑制害虫、病菌，同时，微生物菌群能将垫料、粪便合成有机肥等。相比传统模式，能进一步节省劳动力、提高饲料利用率、降低发病率。

(2)除臭剂除臭　母猪舍除臭剂使用较为广泛，主要包括物理吸附剂、化学吸附剂和生物吸附剂，各吸附剂的主要代表、作用原理、使用方法和缺点如表 7-8 所示。

表 7-8　除臭剂类型、作用机理、使用方法

类型	主要代表	作用机理	推荐使用方法	缺点
物理	活性炭、沸石粉、膨润土、凹凸棒石、麦饭石等。	通过物理性吸附芳香族类化合物，通过氧化作用去除挥发性臭气物质。	将吸附剂均匀放置于通风口，多层效果更佳，对粪便的臭气处理均匀撒在表面即可，添加量 5%，接种量 25%，生物炭粒径 40 目。	只是吸附了臭气，并未消除或转化臭气，吸附能力会逐渐变小。
化学	过氧化钙、氯化钙、磷酸氢钙、过氧化氢、氯化亚铁和亚硝酸盐等。	通过化学反应将臭味物质转化为无臭气体。	将除臭剂均匀撒在地面或粪池。	反应剧烈，副产物有毒有害。
生物	芽孢杆菌、双歧杆菌、乳酸菌、红假单胞菌等。	降低 pH，抑制其他有害微生物生长，调节粪便中微生物菌群结构，减少臭气代谢过程。	将微生物菌剂投放到猪的排泄物中。	效果不稳定，受到环境制约，需要一定的菌种培养时间，微生物数量达标后才有效果。

(3)氧化除臭　氧化除臭的原理是用臭氧、氧原子等强氧化剂将空气中游离的有害物质如有害气体、有机物、细菌及病毒氧化分解为无臭无害的 CO_2 和 H_2O 等(图 7-6)。氧化剂可人为通过光化学法、电化学法、电晕放电等方法产生，将强氧化剂与舍内空气混合或将其直接注入舍内空气中，剂量取决于污染物的种类和浓度。但是当污染物经过氧化反应降解完全后，残余的氧化剂本身也是一种污染物。而且在臭氧与含硫恶臭气体反应后，会有如 SO_2 高阈值臭味气体生成。所以经臭氧分解后气体臭味可降低，但需要配合碱吸收等后续工艺来消除臭气。由于生产的能耗较高，氧化除臭的成本主要投入在氧化剂的生成过程中。

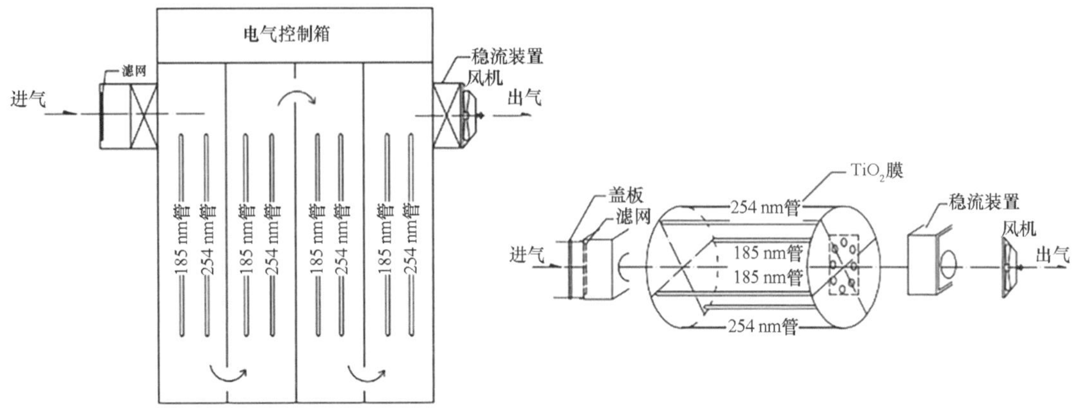

图 7-6　高能光电除臭设备工作原理示意图

3.综合处理

通常为了卫生防疫要求，猪舍进风端和排风端要分别设置空气净化系统，进风端是为了过滤空气颗粒物，有效阻断猪蓝耳病、猪瘟、伪狂犬病、口蹄疫、喘气病等病原微生物的传播途径，防控疾病传播蔓延，确保猪舍内猪只的健康。排风端是为了减少猪舍尾气中含有的大量臭气、粉尘等空气污染物排放到大气中，对周边环境造成严重污染。

(1)新风系统　新风系统可对进入猪舍的外界空气中的粉尘及其携带的致病微生物进行过滤处理(图 7-7)，带有热交换器和送风管道的新风系统能够将冬季及夏季排出的空气进行能量回收(热量和冷量)后向舍内有组织送风。过滤装置是新风系统的重要组成，主要利用撞击(Impaction)、拦截(Interception)和扩散(Diffusion)的除尘原理，其设计与安装位置主要取决于猪舍的通风系统，通常将过滤装置设置在侧墙或吊顶进风口处(图 7-8)，配合猪舍内负压或正压通风系统进行过滤。加拿大健康养猪委员会(Canada Swine Health Board)对新风系统在负压通风猪舍的应用制定了技术指导手册，其中对过滤器的

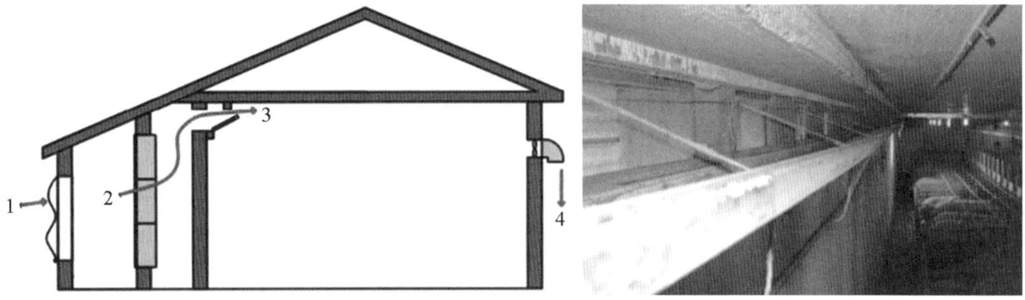

图 7-7　新风系统示意图

1.初级过滤　2.次级过滤及湿帘系统　3.导流板　4.排风口

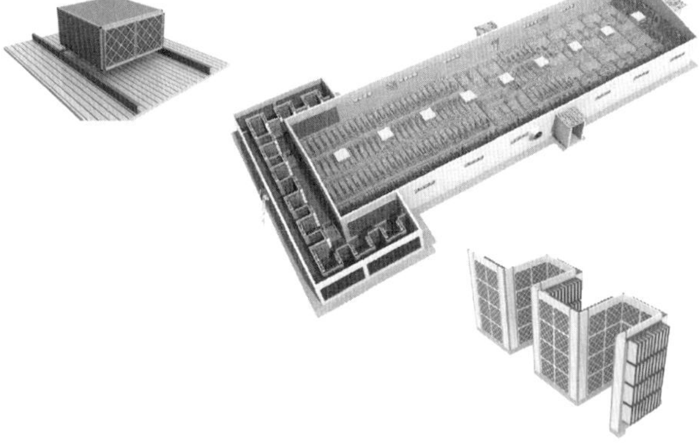

图 7-8　吊顶进风和侧墙进风过滤系统

选择、不同负压通风系统与过滤器的配合使用以及系统运行中的压降等方面给出了详细参考。

新风系统是一种源头控制技术，它不仅可以过滤颗粒物，在过滤器中添加抗菌膜后还具有一定杀菌作用，这对猪舍的防疫具有重要作用。在冬季寒冷季节，新风系统能够一定程度上解决保温和通风的矛盾问题。美国地区的研究表明，新风系统可以有效降低猪舍颗粒物浓度，减少空气中传播的病原体，如甲型流感(swine flu)、猪流行性腹泻(PED)、猪繁殖和呼吸综合征病毒(PRRSV)，这些病原体能够被患病猪通过呼吸传播到空气中形成气溶胶，或与尘土颗粒黏合形成尘埃并且实现长距离的传播。负压新风系统对猪舍的密闭性要求较高，需要避免猪舍建筑的漏风现象；此外，安装过滤装置会给通风带来一定的阻力，导致较大的压降，需要平衡新风系统通风量与夏季降温所需要的通风量之间的关系。

(2)空气过滤系统　猪舍内的恶臭气体、病原微生物等有害物质，主要以颗粒物为载体来进行传播。研究表明，由于粉尘的存在，会加大舍内恶臭气体的扩散范围，通过采用物理法、化学法或生物法来去除空气中的粉尘等颗粒物，可以有效地改善恶臭、降低病原微生物的传播。物理法主要是利用水、陶瓷、挡板等介质的喷淋吸附作用来减少污染物的排放；化学法主要是在物理法的基础上添加硫酸等酸性物质，从而中和氨气等物质的方法；生物法是将排放尾气通过微生物种群的生物介质，并进行厌氧/好氧发酵，从而实现降解污染物的方法。丹麦、德国等国的许多猪舍即采用“地沟通风＋尾气生物过滤”的工艺模式来减少臭气和颗粒物的排放，以满足欧盟养殖法规对猪舍空气排放的要求(图 7-9)。但是猪舍加装空气排放过滤系统会增大整舍的通风阻力，对猪舍的密闭性和风机的性能有很高的要求，系统中的过滤介质也有使用寿命，需要定期更换。

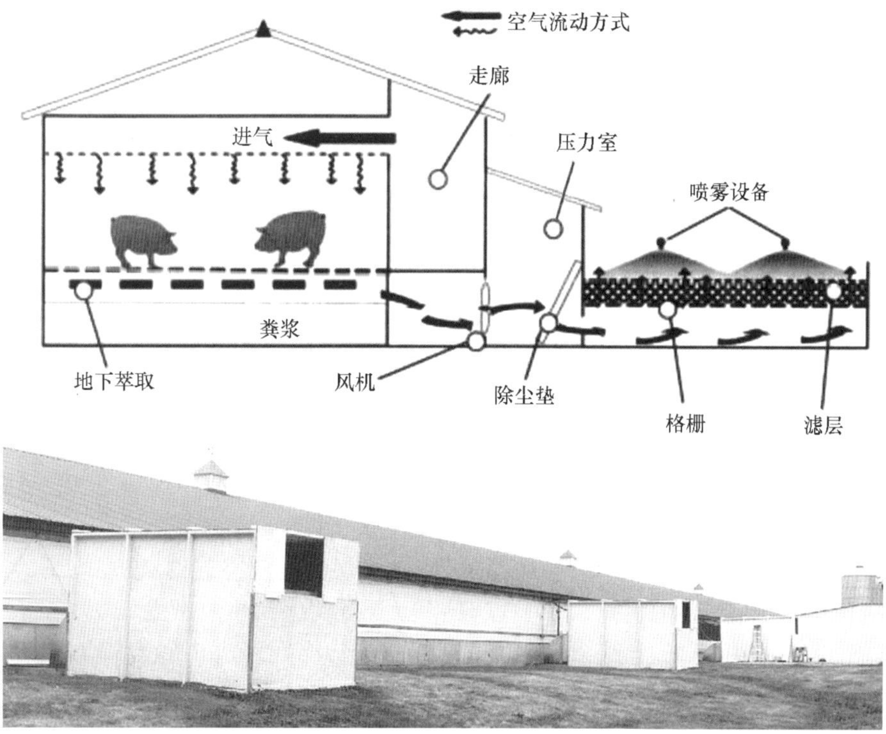

图 7-9　猪舍尾气净化系统

7.3 母猪舍环境调控技术与应用

母猪舍的环境舒适性直接影响母猪的福利状态，母猪体重较大，加上妊娠哺乳等生理行为，因此产热量巨大，夏季降温调控对其影响显著。另外，产仔舍由于大猪小猪同时存在，容易出现大猪怕热小猪怕冷的状态，保障仔猪的定点加热以及母猪的精准通风降温，是调节母猪舍环境舒适性，提高母猪福利状态的关键。

7.3.1 降温

1.地中热交换降温

王志毅等(2002)报道了地下管道、地道及自然洞穴通风降温系统，通过利用地下土壤热容量大且夏季地下土层的温度低于空气温度的特性，在地下一定深度的土层中埋管或者开挖地道，令室外空气从中流通，得到冷却后再引入畜舍内。该系统气流稳定、结构简单、降温效果好、节省能源、对环境无污染、使用寿命长、运行管理和维护简单，不会造成舍内绝对湿度过高且降温效果好。但是为保证土壤与空气间具有足够和稳定的温差及换热面积，其地道埋深往往深达 3～4 m，并需具有足够的长度，因此工程量、一次性建设投资较大。Goetsch 和 Muehling(1985)通过在分娩舍中采用地道风的降温方式，当环境温度达到 33.3 ℃可以使得舍内达到 20.6 ℃。Baxter(1994)表明当地下埋管为 1.8 m 深时，管道的气流温度可以从 35 ℃降到 23.6 ℃。Lemay 和 Marquis(1995)研究表明当环境温度为 20～30 ℃，能保持出口气流温度为 18 ℃。马承伟(1997)研究表明地道风降温在可以将气温降到湿球温度以下，在我国南方高温高湿地区应用比蒸发降温效果更好，但其一次性建设投资较大。

局部通风是将新鲜空气经过绝热通风管道引入，然后通过口径约 100 mm 的竖直管道，管道悬于个别猪栏的前端上方，将空气向下输送到猪的鼻部，气流流量一般为 1.5～2 m^3/s，风管口越近，猪只效果越佳。适用于个别圈养的种公猪、妊娠母猪以及泌乳母猪，若风管内空气保持清新、凉爽及干燥则可减少各种空气传染病的发生。Heard 等(1986)通过对分娩母猪鼻部局部通自然风和冷却风对比，发现局部通冷却风试验组的母猪的采食量也增加了 5%，仔猪平均增重 5%且死胎数减少 0.06～0.12 头，两种方式都使得母猪的呼吸率下降，提高了母猪的舒适度。

2.接触降温

采用矩形钢管弯曲制成猪枕头(也叫冷枕头)，管内通地下冷水等冷源，将其固定在漏缝地板上，或覆盖 5 cm 厚的水泥埋在头部躺卧位置的地板中。研究表明，采用(20±3)℃低温循环水的冷枕头后，母猪的躺卧时间从 12%上升到 32%，且断奶仔猪数增加 1 头。在德国诺廷根猪场系统中的实际使用情况可提高综合经济效益 10%以上。

Bull 等(1997)通过给母猪采用鼻部通风、滴水降温和冷垫降温 3 种方式，通过在圈栏中的位置来判断对降温系统的喜好试验中，发现当环境温度达到热应激时段(34.2±2.8)℃，母猪选择降温设备的时间增加到 80.2%，当环境温度为(26.6±2.3)℃时，选择时间降到 66.2%，而且更喜欢冷垫，即使是在温度降下来的时候也较喜欢待在冷垫上，同时母猪的呼吸率和体表率与其他两种降温方式有显著性差别。虽然冷垫降温能取得较好的经济效益和一定的降温效果，但是冷垫降温的方式只给猪的头部降温，当环境温度超过 35 ℃时猪体周围环境仍然较高，不能满足母猪舒适性的需求。

利用地下水对猪舍地板局部降温主要通过在猪舍躺卧区地板下铺设排管并通以较低温度的地下水，一般在 15 ℃左右，即能起到降温并保持躺卧区地板温度相对稳定的作用。Huynh 等（2004）通过对高温环境中变化地板温度对猪的行为和生产的影响，通过对比两种不同类型地板通冷水（实心地面 60%和板条漏缝地板 40%对比头部 15%水泥漏缝地板和 45%凸面水泥地板及尾部板条漏缝地板 40%）发现，实心地板通冷水后温度下降（25.0 ℃对比 26.8 ℃），从而减少了躺卧在漏缝地板的猪的比例（15.0%对比 22.2%），采用地板降温增加了采食量和生长率。同时，降温措施和圈栏设计影响猪在地板上的排泄行为，冷却的地板更为干净，从而表明地板降温能改善猪的热舒适性和生长性能。Silva 等（2006，2009）报道当地板进水温度为 17 ℃时，有降温地板的实验组母猪的采食量更多，与对照组无降温措施对比有显著性区别。地板降温组的母猪断奶后平均体重和背膘厚都明显高于对照组，断奶后的发情时间更短，仔猪日增重、断奶平均体重和哺乳期间的增重更快，且试验组的母猪每天的平均泌乳量也更大。试验组的母猪的呼吸率、直肠温度和体表温度更低，试验组的母猪躺卧时间比对照组更短，更多的时间用于泌乳和采食，因此降温地板能有效地提高母猪的生产和繁殖能力。Van Wagenberg 等（2006）通过在冷却分娩母猪的肩部下的冷地板来传导散热，结果表明使用冷却地板的母猪采食量比对照组平均高 0.6 kg，且每头仔猪平均每天多增重 20 g，均与对照组有显著性差异，但是母猪的体重和仔猪的死胎率没有差异。虽然母猪躺卧的姿势和位置不受降温地板的影响，但是每个降温圈栏平均能耗散 170 W 的热量，大约每头猪能耗散 58 W 的热量。Shi 等（2006）通过比较有无降温地板的猪的躺卧行为发现，无降温措施的地板温度和空气温度接近，而当环境温度达 34 ℃时降温地板的温度为 22～26 ℃，能为猪提供一个较为舒适的躺卧温度，而且猪的躺卧行为受地板温度的影响，当地板温度低于 26 ℃时超过 85%的猪躺卧在降温地板上，只有 10%～20%的猪躺卧在温度为 30 ℃的地板上，当温度高于 33 ℃几乎没有猪躺卧在上面。冷却地板同时可以增加猪的躺卧行为，更多的猪愿意躺在实体凉地面上而不是在漏缝地板上，因此固体凉地板应当比漏缝地板的温度低，以确保猪愿意躺在漏缝地板以外的地方。

传导降温目前研究较多的是降温地板，符合动物的行为特点，适用于开放式及封闭式猪舍的局部降温，不增加室内的空气湿度。且地下水经过循环后仍可作为饮用水使用，提高水的利用率。水流动过程中局部温度不均，不易调控，且维修不便。由于只能针对猪体的躺卧的地面，所以对地板的温度控制水平要求较高，而且只能猪体躺卧地面降温，并不能把周围环境的空气温度降下来，持续的高温环境对猪体的健康仍有不利的影响。

3.辐射对流降温

第 3 章中提到的妊娠母猪水冷式降温猪床，以地下水为冷源，在限位栏内置循环水管，通过顶部及侧面安装的铝板，将冷空气辐射到猪床内部；猪体表面热源则与周围空气形成上升气流，形成典型的自然对流降温形式。根据 CFD 模拟结果，猪床内部的空气温度随着时间的增加不断降低，在 180 s 收敛时达到充分换热，在冷水管管距越小、猪床进水温度越低条件下，降温效果越明显（图 7-10）。现场应用结果表明，该猪床在高温环境中能显著降低猪床内部干球温度，猪床内空气温度比舍内的空气温度平均低 3 ℃，干球温度最大降幅为 6.7 ℃，如表 7-9 所示。但在使用过程中水管表面容易产生结露现象，若水管采用水平铺设，则会顺势滴落，打湿床内地面。因此，宜将床顶部的循环水管改为三角状、下部为竖直状，在底部设横向引流槽，这样可避免躺卧区地面潮湿问题(图 7-11)。

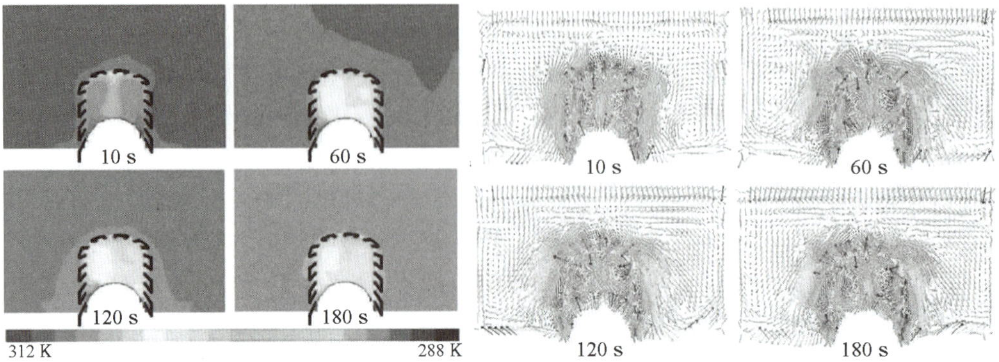

图 7-10 水冷式猪床降温系统 CFD 模拟结果图

表 7-9 水冷式猪床降温系统降温效果

项目	干球温度/℃			相对湿度/%			风速/(m·s)		
	舍外	舍内	试验组	舍外	舍内	试验组	走道	对照组	试验组
max	39.6	33.9	29.4	93.8	85.3	96.9	1.2	0.2	0.2
min	24.4	26.3	23.9	27.9	48.6	70.8	0.0	0.0	0.1

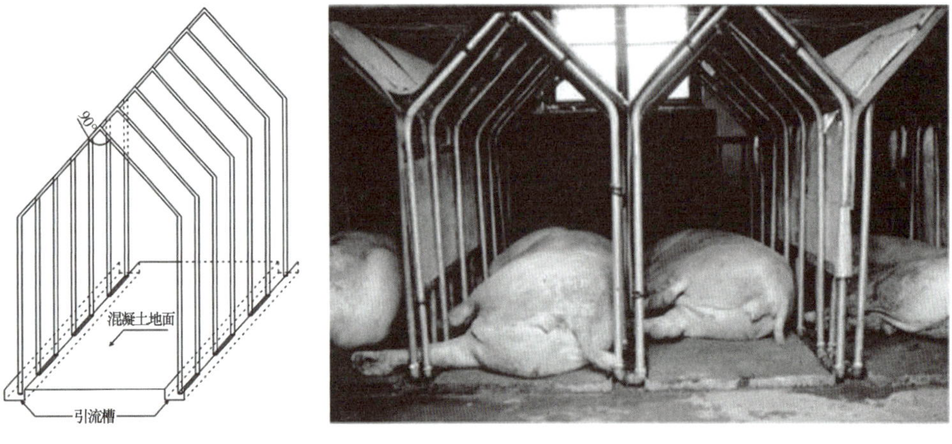

图 7-11 改造后的水冷式猪床降温系统设计(左)与现场应用(右)

7.3.2 加温

保温灯、保温箱或电加热板加温(图 7-12)是母猪舍局部加温的主要方式,能够满足母猪不同身体部位、母猪与仔猪不同的温度需求。汤金兰等将红外保温灯、电热板加温及两者相结合的加温方式应用在哺乳母猪舍,并比较了三者的应用效果,其中保温箱为砌砖结构加盖形式,长、宽、高尺寸为 100 cm×60 cm×100 cm,上吊功率为 175 W 红外线灯或下铺电热板,电热板尺寸为 90 cm×50 cm,高低挡位功率分别为 120 W 和 60 W。试验观测了产房、保温箱内温度变化,记录各组间产活仔数、仔猪初生重、断奶重、仔猪健康状况及伤亡情况和各加温设备的耗电量等。

如表 7-10 和表 7-11 所示，单独采用电热板取暖的哺乳仔猪育成率达 95.9%，明显高于单用保温灯 83.3%的育成率；在仔猪病死率方面，单用电热板组则明显低于单用保温灯组，用电热板加温的两组仔猪日增重分别为 220.3 g 和 195.7 g，明显高于仅用红外灯的 158.3 g。试验中观察到，仔猪在长时间使用红外保温灯情况下，保温箱内局部温度过高容易导致仔猪失水较多，增加出窝饮水频次，增加仔猪在保温箱外活动被母猪踩压的可能性，因此，电加热板具有较好的应用效果，且电热板在节省电量方面也具有明显的优势，随着技术水平的提高，电热板的局部加温方式是未来母猪舍采暖的重要方向。

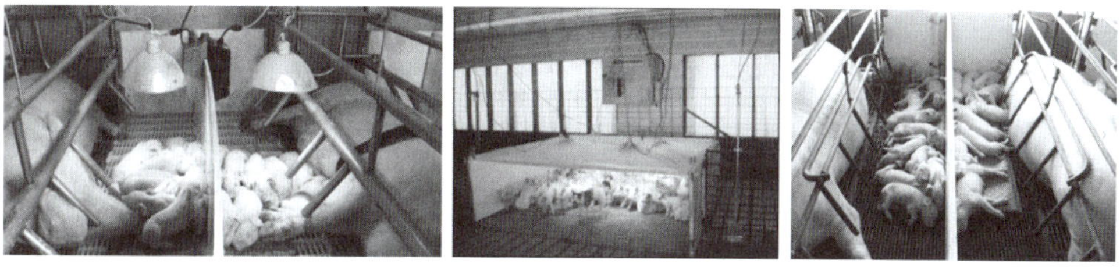

图 7-12 保温灯(左)、保温箱(中)和电加热板应用(右)

表 7-10 保温箱内不同采暖设备对仔猪的影响

组别	仔猪头数	发病率/%	死亡头数	因下痢引起的死亡头数	育成率/%
A 组	72	45.9	12	11	83.3
B 组	70	30	9	7	87.1
C 组	73	11	3	3	95.9

表 7-11 保温箱内不同采暖设备对仔猪的影响

组别	试验头数	初生重/kg	断奶重/kg	平均日增重/g
A 组	60	1.581±0.04	6.964±0.501	158.3±9.071
B 组	61	1.588±0.039	8.241±0.441	195.7±7.886
C 组	70	1.592±0.046	9.081±0.438	220.3±7.358

A 组仅用红外灯；B 组红外灯加电热板；C 组仅用电热板。

为了避免保温灯长时间加温导致的局部温度过高等问题，如图 7-13 所示，美国艾奥瓦州立大学通过研究表明，在红外辐射加温灯下方一定位置处安装半遮挡的温度传感器，测量的保温灯下方温度可以代表以该加温区域为权重的平均温度 AWAT(area weighted average temperature)，通过传感器的反馈机制可以精准地对仔猪加温时间、加温温度进行调节，摆脱了传统的仅凭借工作人员经验的加温模式，减少了仔猪出窝频次，能够更好地提高仔猪的福利化程度。

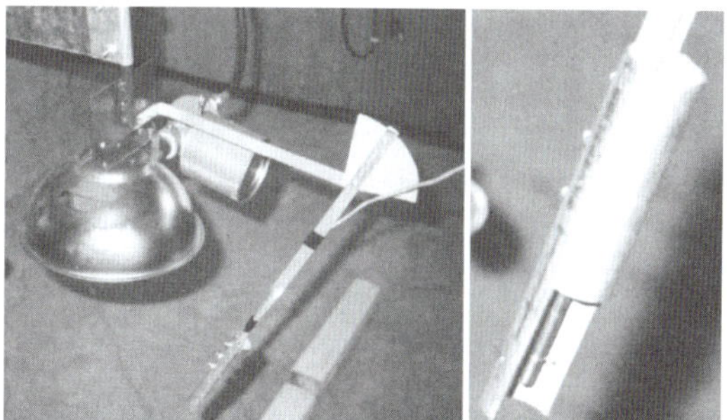

图 7-13 精准控制局部保温灯加温设备

7.3.3 通风

猪鼻部蒸发降温系统与湿帘冷风机-纤维风管通风系统均是在母猪舍应用较多的正压送风系统。猪鼻部蒸发降温系统是将新鲜空气经过绝热通风管道引入，然后通过口径约 100 mm 的竖直管道，管道悬于猪栏的前端上方，将空气向下输送到猪的鼻部，气流流量一般控制在 1.5～2 m^3/s，风管口越接近猪只，降温效果越好（图 7-14）。湿帘冷风机-纤维风管通风系统是使舍外空气首先经过湿帘冷风机降低温度，后经纤维风管开孔，以射流形式定点向母猪限位栏正压送冷风，以达到降温效果，其中纤维风管是一种由特殊聚酯纤维制成的集空气传输和分布于一体的末端分布装置，悬挂于母猪栏位上方（图 7-15）。

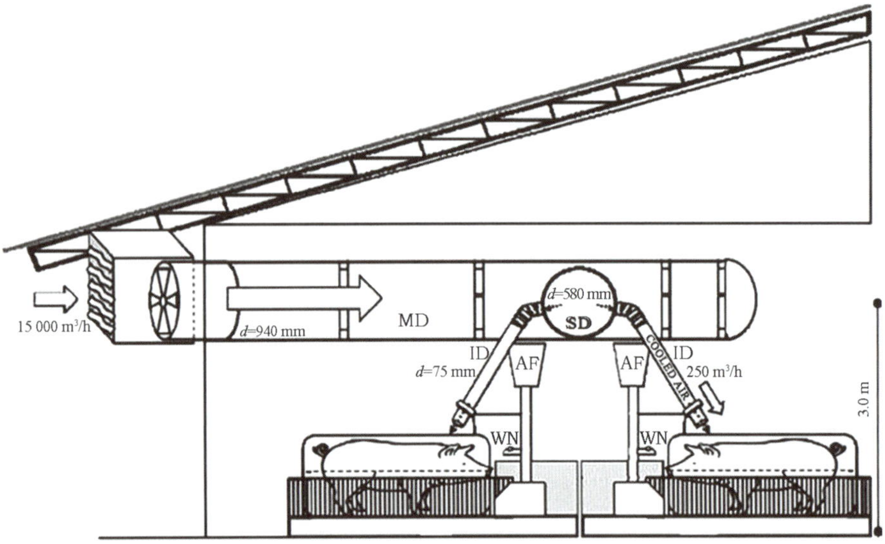

图 7-14　猪鼻部蒸发降温系统

图 7-15　湿帘冷风机-纤维风管通风系统

7.4 保育仔猪舍环境调控技术与应用

保育仔猪由于体重较轻，产热量有限，因此对于保育仔猪舍的环境控制应重点考虑保温和加温。保育仔猪多躺卧在地板上，地板的低温可引起仔猪腹泻等疾病，因此地暖加温是一种提高保育仔猪福利的有效措施。空气源热泵作为一种新型节能加温技术，在保育猪舍的应用也逐渐增多。

7.4.1 电加热地暖

由于电加热地暖方式具有使用周期长、调控方便、节省能源等特点，目前在保育猪舍广泛运用。中国农业大学对比了地面辐射、保温灯和顶板辐射 3 种局部供暖技术在保育仔猪舍中的应用效果。在地面辐射供暖的设计上，主要参考了美国和加拿大对地暖设计的相关标准（表 7-12、表 7-13），预设单位采暖功率 250 W/m^2，地面温度控制在 25～35 ℃，结合保育猪舍养殖管理情况，设计地暖区域和地暖面积。实际施工时（图 7-16），首先在清洁干净的猪栏内水泥实体地面上铺设 20 mm 厚的阻燃挤塑保温板，在挤塑板上依次铺设高强度的反射膜（1 mm）、固定电缆线的铁丝网、发热电缆等，同时安装地面感温探头，固定电线管，发热电缆可正常使用后，再用水泥砂浆回填找平（留一定坡度，坡向排水处）。

表 7-12 猪舍地暖设计参考

仔猪体重/kg	猪所占电热板面积/m^2	地面温度/℃	电热/(W/m^2)
<13.6	0.56～1.40/窝	29.4～35.0	322.6～430.1
13.6～34.1	0.09～0.19/头	21.1～29.4	268.8～322.6
34.1～68.1	0.19～0.28/头	15.6～21.1	268.8～322.6
68.1～100	0.28～0.33/头	10～15.6	215.1～268.8

引自 Midwest Plan Service Structures and Environmental Handbook，1983。

表 7-13 热水地面供暖的地面温度与热能输出关系

猪舍类别	地面温度/℃	热能输出/(W/m^2)
育肥猪舍	25～30	150～200
仔猪舍	30～35	200～250
分娩猪舍	35	250～300

引自养猪生产.中国农业出版社，加拿大阿尔伯特农业局畜牧处等编著，1998。

图 7-16 电加热地面辐射供暖现场应用

通过对 3 种加温方式的局部温度进行连续监测，可以得到，电加热地面辐射供暖、顶板辐射供暖和红外保温灯供暖（中心位置）的局部地面温度分别为（28.0±0.3）℃、（25.8±0.6）℃和

(26.8±0.5)℃,电加热地暖与顶部电热板供暖的地面温度存在极显著差异。仔猪活动范围(距地面0.3 m高度)的局部环境温度保温灯组(中心位置)(21.3±0.7)℃和顶部电热板组(20.7±0.3)℃极显著地高于地暖组(18.4 ℃±0.4 ℃,$P<0.01$),3种供暖组的局部环境湿度范围为65%~75%,与舍内整体湿度水平相比,得到了有效改善。3种供暖方式下仔猪行为观测结果显示(表7-14),保温灯组供暖辐射面积有限,仔猪扎堆挤聚现象较为严重;地暖组的仔猪也偏好挤聚趴卧;顶部电热板组仔猪站立行为发生频率(39.0%±1.4%)极显著地高于电地暖组仔猪站立频率(13.9%±0.8%)和保温灯组站立频率(6.9%±0.7%)。

表7-14 三种供暖方式下仔猪挤聚、趴卧和站立行为发生频率 %

行为	测定时段	地暖	顶部电热板	保温灯	P
挤聚	10:00—12:00	35.3 ± 1.8^{b}	27.5 ± 1.9^{c}	45.6 ± 2.0^{a}	<0.01
	14:00—16:00	34.7 ± 2.2^{b}	25.5 ± 1.8^{c}	42.7 ± 2.2^{a}	<0.01
	总体	35.0 ± 1.4^{b}	26.5 ± 1.3^{c}	44.2 ± 1.5^{a}	<0.01
趴卧	10:00—12:00	18.9 ± 0.7^{b}	7.9 ± 0.8^{c}	21.7 ± 1.3^{a}	<0.01
	14:00—16:00	13.9 ± 1.1^{a}	6.3 ± 1.0^{b}	17.3 ± 1.7^{a}	<0.01
	总体	16.4 ± 0.8^{b}	7.1 ± 0.6^{c}	19.5 ± 1.1^{a}	<0.01
站立	10:00—12:00	15.0 ± 1.3^{b}	35.7 ± 1.7^{a}	6.2 ± 1.1^{c}	<0.01
	14:00—16:00	12.9 ± 1.1^{b}	42.2 ± 1.7^{a}	7.6 ± 1.0^{c}	<0.01
	总体	13.9 ± 0.8^{b}	39.0 ± 1.4^{a}	6.9 ± 0.7^{c}	<0.01

7.4.2 空气源热泵

空气源热泵是一种通过输入少量高品位能源(电能)实现热量从低品位热源(空气)流向高品位热源(例如水、油等)的节能装置,通常包括压缩机、蒸发器、电加热带、换热器等。近年来中国农业大学将空气源热泵供暖应用于不同阶段类型猪舍,取得良好的应用效果,图7-17为空气源热泵供暖系统运行与现场应用示意图,CP为压缩机;EP为蒸发器(evaporator);CAEHZ为低温防冻电加热带(cryogenic antifreeze electric heating zone);SHE为壳式换热器(shell heat exchanger);EEV为电子膨胀阀(electronic expansion valve);ASHPU为空气源热泵机组(air source heat pump unit);T为温度测量点(temperature measuring point),共6个测点;K为循环水泵(circulating water pump),其中K3为空气源热泵总系统(general system,GS)的大循环水泵;L为流量计(flowmeter),共3个流量计;ammeter为电表,3个电表是电能记录仪,逐时记录空气源热泵用电量,电表1(ammeter 1)记录空气源热泵1电量,电表2(ammeter 2)记录空气源热泵2电量,总电表(general ammeter)记录空气源热泵总系统电量;PLC是空气源热泵的热流量记录电子系统,连接了供回水管上的6个温度探头以及3个流量计;蓄水罐(water tank)高1 m,直径1 m。

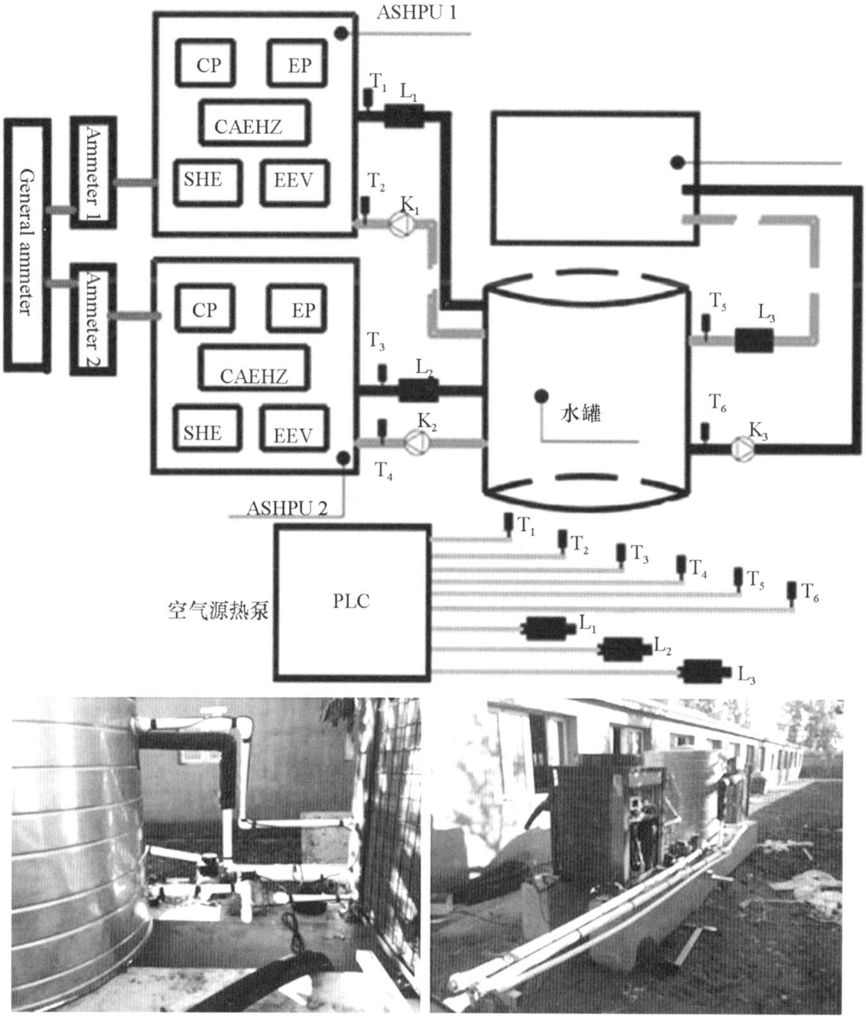

图 7-17 空气源热泵供暖系统运行(左)与现场应用示意图(右)

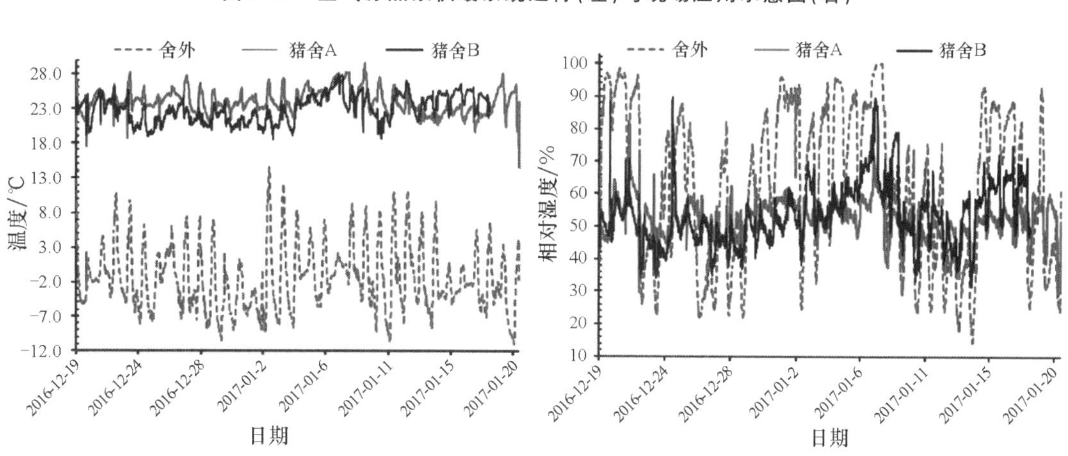

图 7-18 空气源热泵应用过程中猪舍内外温度(左)与湿度(右)变化

将空气源热泵应用于北京地区的2栋保育猪舍，如图7-18所示，供暖期间，2栋猪舍平均温度分别控制在(24.0±1.7)℃、(23.0±2.0)℃，平均湿度分别控制在52%±6%、54%±9%，系统运行稳定，舍内温湿度满足仔猪的生理需求。此外，通过测量猪舍不同位置的地面温度与供暖温度的相关关系，回归分析得到地面温度与供水温度、室外温度成正比例线性关系。建议设计猪舍地暖时，采用回形等布管方式并控制管线长度，避免地暖供暖温度分布不均，设置地暖管时各环路加热管长度一般不超过120 m。通过对空气源热泵性能及节能减排分析，认为该系统适于北京地区猪舍供暖使用。

7.5 生长育肥猪舍环境调控技术与应用

生长育肥猪养殖密度高，产热量巨大，因此合理的通风降温是提高生长育肥猪环境舒适性的关键，湿帘与隧道通风联合运行是生长育肥猪舍环境调控的常用手段。另外，饲养密度高也导致舍内粪污排放量增加，影响舍内的空气质量，粪坑通风技术在保证通风总量的情况下，有效提高了有害气体的处理效率，配合舍外过滤除臭装备，可有效降低危害物的排放。

7.5.1 生长育肥猪舍的降温

生长育肥猪舍湿帘-风机降温系统应用最为普遍，通过调整湿帘和风机的不同布置方式，控制风机通风量等可以得到不同的舍内温度和风速分布。如图7-20所示，比较A、B、C、D四种风机与湿帘安装方式的CFD模拟效果可以得到，湿帘置于山墙端较侧墙端，舍内的温度和风速分布更加均匀，风机的安装位置对于舍内温度和风速分布影响较小。

王美芝等研究了湿帘风机系统在北京地区两栋育肥猪舍内的降温效果，如图7-19所示，两栋育肥猪舍均为南北朝向，一栋降温方式为湿帘风机，另一栋仅进行风机降温，湿帘和风机分别位于东西两侧山墙，大、小湿帘尺寸分别为2.6 m(宽)×1.8 m(高)×0.15 m(厚)、1.3 m(宽)×1.8 m(高)×0.15 m(厚)，风机尺寸分别为1.18 m×1.18 m(2个)，0.86 m×0.86 m(2个)，24 h不间断运行。

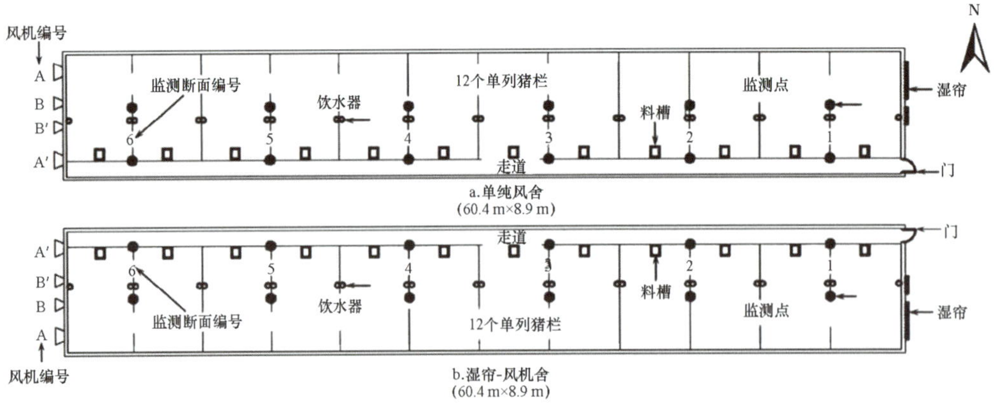

图7-19 安装湿帘-风机降温系统内的试验育肥猪舍及环境参数测点示意图

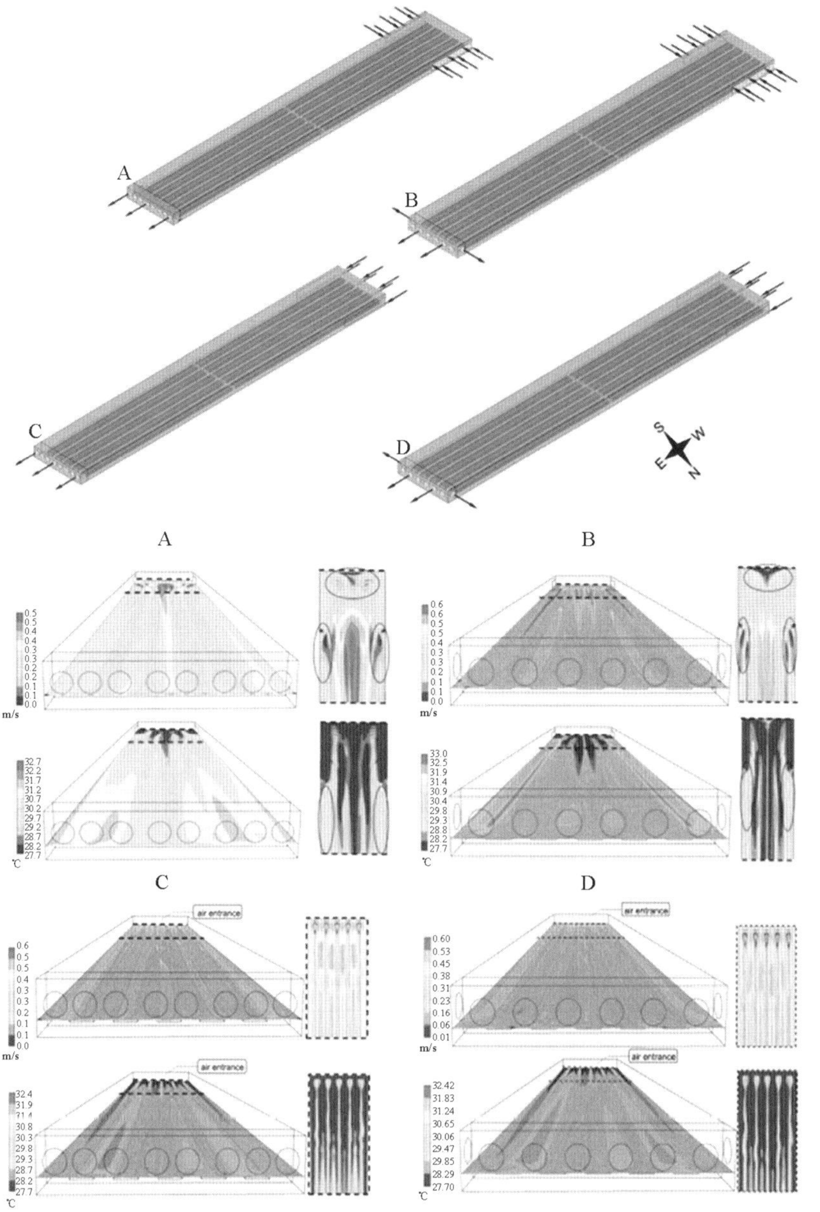

图 7-20　湿帘-风机布置方式和 CFD 模拟结果图

试验期间舍外温度范围 17.1～41.1 ℃，相对湿度范围 33.6%～100%；仅安装风机的猪舍内平均温度 19.6～33.8 ℃，相对湿度 48%～100%；湿帘-风机舍舍内平均温度 21.3～31.7 ℃，相对湿度 65%～100%。通过对两猪舍温度分布范围统计发现，湿帘风机猪舍和单纯风机猪舍舍内温度低于 28.0 ℃的小时数占比分别为 71.6%和 61.8%，高于 30.0 ℃的小时数占比 5.0%和 20.2%。两猪舍不同温度范围的时长及占比如表 7-15 所示。对试验期间猪的呼吸频率进行分析发现，单纯风机舍内的猪只呼吸频率在 12:00 点和 14:00 点分别高出湿帘风机舍内猪只呼吸频率 3.82 次/min 和 3.05 次/min。试验结果表明，湿帘风机系统能显著降低猪舍内温度，减少舍内高温持续时间，有效改善生长育肥猪生理状况。

表 7-15 单纯风机舍、湿帘-风机舍内不同温度范围的时长

单纯风机舍			湿帘-风机舍		
温度/℃	时间/h	占比/%	温度/℃	时间/h	占比/%
19.58～27.9	278	61.8	21.34～27.9	322	71.6
28.0～29.9	81	18.0	28.0～29.9	107	23.8
30.0～33.8	91	20.2	30.0～31.7	21	5.5
合计	450	100	合计	450	100

试验日期 2015-07-24 00:00 至 2015-08-11 17:00。

7.5.2 生长育肥猪舍的通风

由于我国大部地区属温带季风气候，气温年较差大，因此现代猪舍通风控制常使用联合隧道通风模式。联合送风模式在夏季使用隧道通风模式，在冬季则使用侧墙负压进风模式实现较小通风量的通风。使用联合隧道通风模式，可以有效切换冬夏通风设施设备，提高环境的可靠性，但是由于使用了两套通风模式，也带来了系统投入较大的问题。联合通风系统的通风设备主要包括风机、通风小窗或进风口等(图 7-21)。

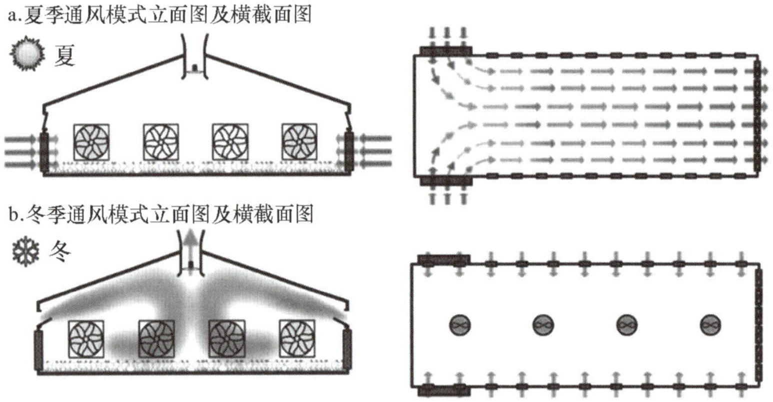

图 7-21 联合隧道通风模式

大型轴流风机多用于纵向通风模式。小型轴流风机主要用于舍内的横向通风或粪沟的纵向通风。屋顶风机一般用于冬季侧墙进风或天花板送风过程中。常用风机如图 7-22 所示。在夏季通风模式中，主要通过控制风机开关的数目进行通风流量的调控。

通风小窗是联合送风模式春、秋及冬季猪舍通风的一个主要装备，分侧墙通风小窗和屋顶通风小窗两种(图 7-23)。通过调节小窗开口大小进行压力调控进而对通风流量进行控制。

精准通风在育肥猪生产中也有应用，通过对动物活动区定向通风，以增加动物活动区域的空气流速，在夏季提高育肥猪体的表面对流换热量，在冬季则通过提高通风口入射角度，保障射流沿天花板运行，防止产生贼风，同时对空气进行预热。李浩等通过相应曲面方法建模，构建了侧墙入风口不同角度、不同高度及空气流量下育肥猪不同活动区域的气流预测模型，同时探讨了不同入射角度对猪群散热的影响。

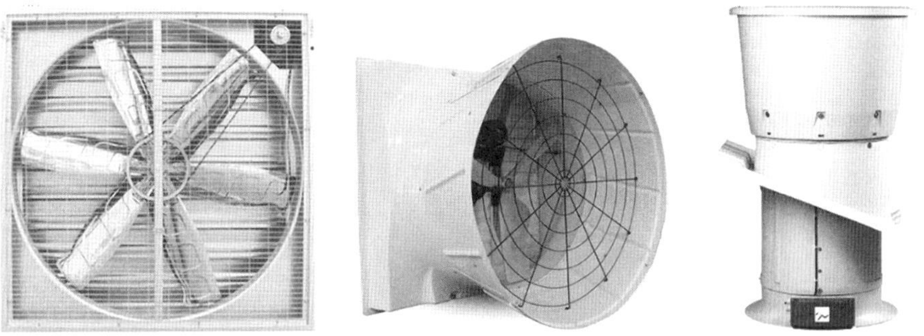

a.无拢风筒的轴流风机　　b.带拢风筒的轴流风机　　c.屋顶风机

图 7-22　育成育肥舍常用风机类型

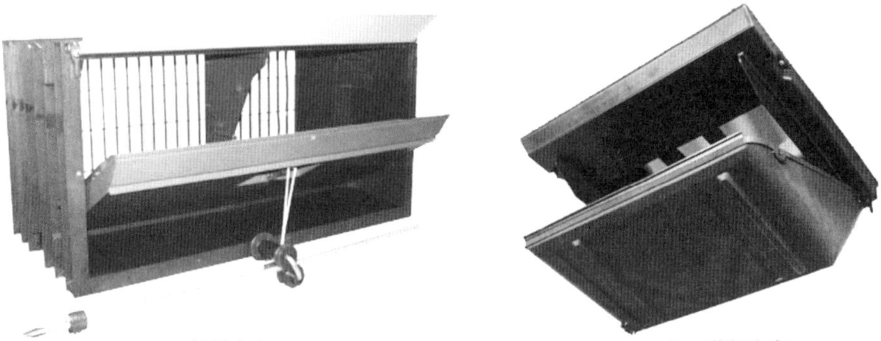

a.侧墙小窗　　b.天花板小窗

图 7-23　育成育肥猪舍通风小窗

局部粪坑通风(partial pit ventilation, PPV)也是生长育肥猪舍常见的负压通风方式,通常是在猪舍漏缝地板下方一端安装风机,排出粪道内的有害气体,目前在欧美等畜牧业发达国家应用较多,如图 7-24 所示为丹麦奥胡斯大学 Zhang Guoqiang 团队提出的局部坑道通风系统(partial pit ventilation),相较于坑道通风需要较大的通风量,局部坑道通风仅需要 5%～10%的最大通风量,便可有效降低舍内有害气体浓度。已有研究表明,PPV 系统的运用可显著提高猪舍空气环境,改善动物福利状况。其中进气方式、漏缝地板、气候条件等是影响局部粪沟通风效果的主要因素。宗超等曾对丹麦的局部粪坑通风猪舍的气流特征以及进气口类型和季节对 PPV 猪舍氨气和温室气体排放的影响等进行了系统的研究,同时构建了 PPV 猪舍气流和气体污染物传播数值预测模型。

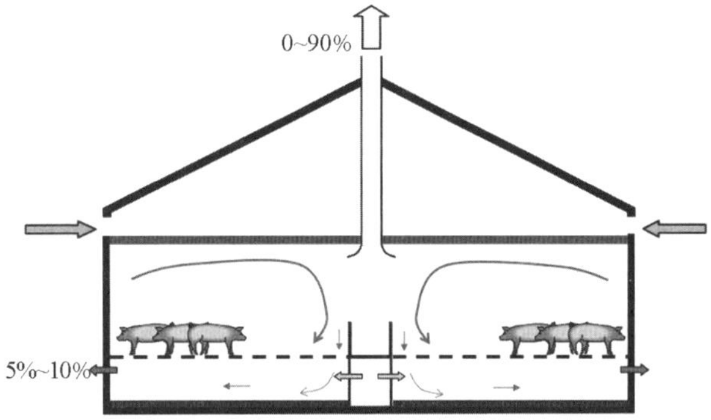

图 7-24　粪坑通风

通过在实验室搭建局部粪坑通风风洞(图 7-25),研究 PPV 猪舍在不同进气方式、漏缝地板和通风率条件下的气流特点。研究发现,通风率的增加导致猪舍地面近地面风速和粪沟风速的增加;和天花板进气(ceiling inlet, C 系统)相比,侧墙射流(wall jet inlet, W 系统)的进气方式下舍内风速更高,紊流强度更低,具有较好的回流效果(图 7-26)。

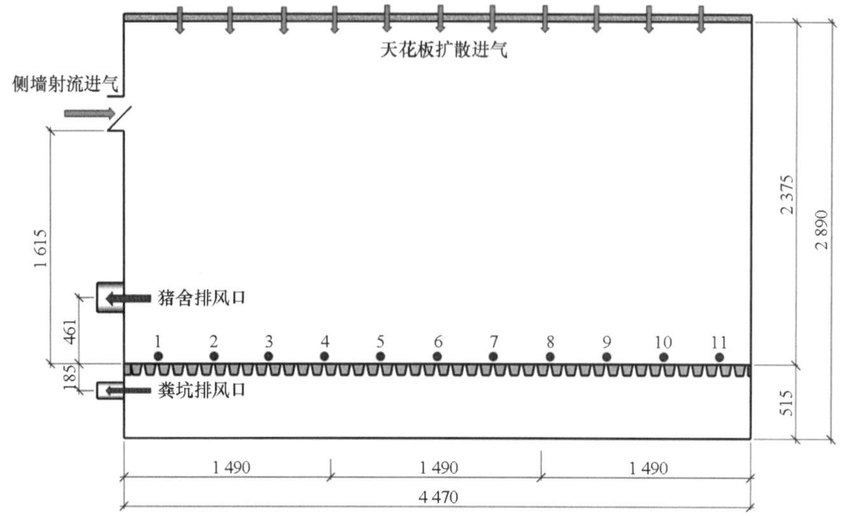

图 7-25 局部粪沟通风风洞示意图(单位:mm)

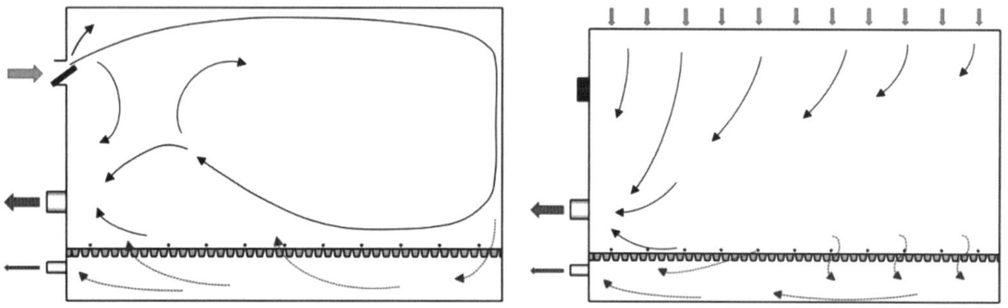

图 7-26 风洞试验气流效果

试验对比了两种进风方式(W 系统和 C 系统)的 PPV 育肥猪舍对舍内空气质量和氨气排放等的影响。研究表明,和侧墙射流相比,天花板进风方式的 PPV 猪舍所需更大的通风量才能保证舍内的热量需求;W 系统猪舍舍内和粪沟内氨气浓度、排放量均高于 C 系统($P<0.001$),其中氨气在粪沟的排放量均占总排放量的近 50%,而粪沟处通风量约占最大通风量的 10%,配合空气净化设备可有效去除猪舍有害气体、温室气体等(图 7-27)。

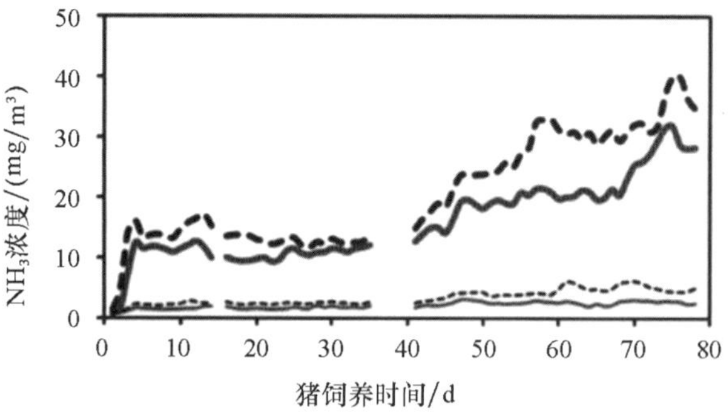

图 7-27 试验期间 PPV 猪舍不同排风口氨气日均浓度变化

渗透送风模式下粪坑排气口氨气浓度
侧墙进风模式下粪坑排气口氨气浓度
渗透送风模式下舍内屋顶排气口氨气浓度
侧墙进风模式下舍内屋顶排气口氨气浓度

7.5.3 生长育肥猪舍的空气质量控制

空气质量问题一直是阻碍规模化生猪养殖可持续发展的主要因素。当前，规模化生长育肥猪舍主要通过引入空气过滤系统、改变饲养管理工程工艺等方式改善舍内空气质量。我国某养猪龙头企业引入猪舍智能空气过滤系统（图 7-28），该系统分别对入舍空气和排出空气进行过滤处理，入舍空气通过 4 层过滤材料可有效阻隔外界蚊蝇、老鼠、柳絮、气溶胶等病菌载体进入猪舍，出气口过滤材料则主要对排出空气进行除尘、除臭和灭菌，配合其精准管道送风技术，不仅在应对非洲猪瘟等疫病防控上效果显著，而且育成猪成活率超过 90%，日增重达到 1.11 kg，110 kg 校正日龄为 149 d，生猪生产性能大幅度提高。

图 7-28　猪场空气过滤系统

同时，选择合适的清粪工艺对猪舍的空气质量控制具有积极影响。目前，猪舍中主要采用的清粪工艺有水冲粪、水泡粪以及干清粪，不同清粪工艺会因为粪污储存时间及储存工艺导致粪污发酵及挥发程度不同，从而对猪舍内空气质量的影响不同。表 7-16 比较了采用以上三种清粪工艺的育肥猪舍内 NH_3、H_2S 的浓度以及粪污排放量，采用干清粪工艺的猪舍有害气体浓度及排污量均最低。国家标准《规模猪场环境参数及环境管理》（GB/T 17824.3—2008）推荐猪场粪污处理采用干湿分离、人工清粪方式。干清粪工艺也因其可实现猪场资源节约和循环利用、改善舍内外环境、防止环境污染，得到了业内人士的普遍认可。

表 7-16　不同清粪工艺育肥猪舍有害气体浓度及粪污排放量比较

项目	季节	水冲粪	水泡粪	干清粪
NH_3 /(mg/m^3)	春季	19.64	20.18	18.89
	夏季	21.33	22.27	21.08
	秋季	19.31	20.75	18.71
	冬季	22.69	25.52	23.19
H_2S /(mg/m^3)	春季	6.72	8.40	6.66
	夏季	6.81	6.81	6.57
	秋季	7.74	7.98	7.36
	冬季	6.72	8.28	6.70
产生污水量/[kg/(头·d)]		31.55^{a}	23.43^{ab}	19.72^{b}

表中同行肩标不同者表示差异显著（$P<0.05$）。

不同猪舍地面类型以及地面与清粪工艺的配合也会对舍内空气质量产生影响。汪开英等比较了采用半缝隙地面、水泥实心地面和生物发酵床3种地面类型的育成育肥猪舍NH_3浓度，由图7-29可知水泥实心地面舍内NH_3浓度一直较高；半缝隙地面舍内NH_3浓度随时间逐渐上升；生物发酵床猪舍使用约2个月后，NH_3浓度明显下降。此外，河南省34个规模猪场地面类型与清粪工艺对生长育肥猪舍NH_3排放系数影响的调研结果表明缝隙地面刮板清粪和生物发酵床猪舍内NH_3排放系数显著低于水泥地面干清粪和缝隙地面水泡粪的猪舍（表7-17）。

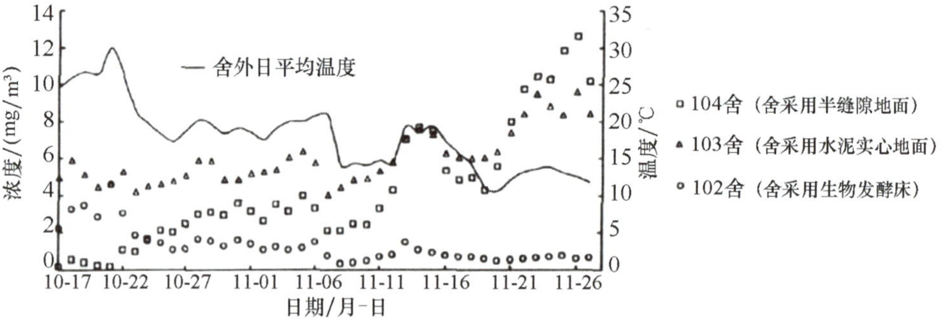

图7-29　不同类型地面猪舍NH_3日平均浓度

表7-17　机械通风条件下不同地面类型与清粪方式猪舍NH_3排放系数

参数	水泥地面干清粪	缝隙地面水泡粪	缝隙地面刮板清粪	生物发酵床
排放系数/[g/(d·头)]	8.50 ± 8.10^a	12.03 ± 3.45^b	5.60 ± 3.11^c	6.31 ± 2.93^c
排放系数/[g/(d·m²)]	1.57 ± 0.91^a	2.13 ± 0.74^b	0.92 ± 0.71^c	1.12 ± 0.83^c
排放系数/[g/(d·AU)]	58.12 ± 30.61^a	78.45 ± 20.14^b	34.41 ± 18.76^c	40.39 ± 14.18^c

表中同行肩标不同者表示差异显著（$P<0.05$）。AU为标准动物单位1 000 kg。

（王朝元、李浩）

第 8 章　规模猪场生物安全工程防控技术

本章提要

本章介绍规模猪场生物安全关键影响因素，关键因子的工程防控要求，生物因素隔离与非生物因素隔离要求，车辆与人员的消毒通道设计，相关案例介绍等。

8.1　规模猪场生物安全的影响因素

广义的生物安全是指生物的安全，包括畜禽和人的舒适、安宁和福利。狭义的生物安全是针对所有人、畜禽病原的，预防病原微生物侵入畜禽体内并产生危害。规模猪场生物安全影响因素众多，包括场区选址规划、环境控制、卫生防疫、营养饲料、病死猪、污水和粪便的处理。

8.1.1　场区选址规划

规模猪场选址时需充分考虑地形地势、风向和风力、周边交通情况、生猪饲养情况、污染源情况，以及场区与居民区、饮用水源地距离等因素。此外场区规划布局时有利于生物安全的规划布局应该满足分区管理、全进全出、净污分离、合理的人流物流和气流组织、有效的隔离等原则。

8.1.2　环境控制

猪只生存环境直接影响其健康状况，从而影响其对疾病的抵抗力，同时，环境也影响病原微生物的生长、繁殖和传播。因此，对猪场进行严格的环境控制（图 8-1），一方面可以为猪群创造适合其生产工艺和各生长阶段的需求的适宜环境，减少环境应激，提高其抵抗力；另一方面可以避免饮用水和空气中病原微生物的大量繁殖，有效阻断生物性和非生物性病原体的传播。

图 8-1　猪舍环境控制

8.1.3　卫生防疫

规模猪场需要制定合理的免疫程序对猪群进行免疫，以达到疾病预防的目的。免疫程序的制定一般需经过执业兽医师审核之后方可执行，需充分了解本地区的疫病流行情况，针对常发疫病及其危害严重程度，分主次、科学的制定免疫程序。若出现新发疫病，不可盲目接种疫苗,需了解具体疫病的病毒特性制定免疫计划。免疫程序应当适应季节流行疫病的变化,适当增减季节流行疫病的疫苗。

8.1.4 营养供给

病原体、传播途径和易感猪群是规模猪场暴发传染病的三个必要条件,提高猪群免疫力,避免出现易感猪群是保障场区生物安全的重要措施。营养供给是动物生命活动的基础,既影响猪的生产性能,又影响其机体健康状况。保证猪群优质的营养供给(图 8-2)可以通过调节机体功能和调控肠道生态环境提高猪只健康状况,从而降低特异性疾病的发生。例如,在猪群面临冷热应激时,保证优质的营养供给可以有效降低应激造成的危害,避免此时病原体造成的生物安全问题。

图 8-2　猪群营养供给

8.1.5 病死猪和粪便的处理、带病动物的管制

病死猪和粪便污水是病原微生物的重要载体,对其进行无害化处理和资源化利用,可有效降低病原微生物向其他猪群或养殖人员传播的风险。规模猪场需要合理进行粪污无害化处理,避免粪便产生的病原体污染场区环境和地下水,从而传播到健康猪群,引起疾病的发生。对于规模猪场存在的带病猪群,需及时隔离或扑杀处理,避免其向健康猪群传播病原体造成大规模的疫病。

8.2 规模猪场病原体的主要传播途径

规模猪场病原体的传播途径是指病原体从传染源排出后,侵入到易感动物体内的途径。了解规模猪场传染病传播途径才能采用有效方法将其切断,以防止疾病的传播。根据是否更换宿主,病原传播途径划为水平传播和垂直传播。水平传播是指病原体在动物群体之间或个体之间横向平行的传播方式。垂直传播是指病原体从亲本到子代的传播方式。根据病原体的传播媒介,又可以将病原体传播途径划分为生物传播、机械传播和气溶胶传播。

8.2.1 生物传播

生物传播(图 8-3)是指通过生物媒介传播病原体。

(1)母代到子代的传播　母猪感染的病原体可以通过卵巢和胎盘直接传播给仔猪,例如猪瘟病毒、伪狂犬病毒、细小病毒和猪繁殖与呼吸综合征病毒等。另外,母猪可在分娩过程中通过产道将大肠杆菌、链球菌等细菌传播给新生仔猪,哺乳母猪也可以直接向仔猪传播细菌。

(2)猪只之间传播　感染猪只和带病猪只的分泌物和排泄物中含有大量病原体,同一猪舍、同一圈栏内病原体可通过健康猪与带病猪或感染猪的接触进行传播。例如,猪流感病毒感染呼吸道后会通过鼻子排出病毒,猪与猪之间的鼻与鼻的接触会扩散病毒。

(3)精液传播　种猪交配时可通过精液传播病原微生物,猪瘟病毒、猪细小病毒、伪狂犬病毒和猪繁殖与呼吸综合征病毒等均可以通过精液传播。此外,部分病原体还可以通过在精液运输或对种猪接种时的污染进行传播。

(4)人员传播　规模猪场内外来人员和养殖人员流动过程中可通过皮肤、衣物、鞋底等携带病原体,将场外病原带入场内或造成舍间的病原体交叉传播。

(5)老鼠传播　啮齿类动物老鼠携带大量病原体,活动范围广。部分规模猪场选址、场区管理、建筑设计不合理,可能导致使用一段时间后,场区内鼠害严重。猪场内老鼠直接咬伤猪只,或者污染饲料和水源都可能导致病原体传播,可通过老鼠传播的病原体主要包括大肠杆菌、沙门氏菌、猪繁殖与呼吸综合征病毒等,以及各类寄生虫。

(6)鸟类传播　规模猪场内猪舍建筑类型多,其中开放猪舍和半开放猪舍中鸟类可能与猪群直接接触,鸟粪中可能含有的猪链球菌、沙门氏菌、流行性腹泻病毒和蓝耳病毒可导致猪群患病。

(7)节肢昆虫传播　规模猪场昆虫传播疾病具有明显的季节性,夏季蚊虫滋生,蚊虫叮咬可传播附红细胞体病、猪乙型肺炎、猪丹毒等疾病。苍蝇则因为活动于猪群与粪便、病死猪与饲料之间,可以携带和传播病原体。此外,蚊蝇在场区内飞翔活动,不受控制,易造成舍间交叉感染。

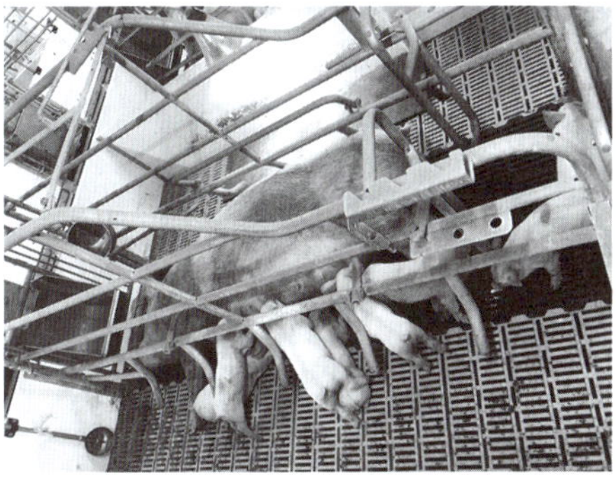

a.母代到子代的传播

b.猪只之间的传播

图 8-3　病原体常见生物传播方式

8.2.2　机械传播

机械传播(图 8-4)是指通过用具、车辆、饲料、水源等机械媒介传播病原体。

(1)用具传播　猪场传染源排出的病原体,可污染饲养设备、清洁用具和器械。例如在病猪中使用的注射针头、体温计等若消毒不严格,则会成为病原携带媒介危害健康猪群。

(2)车辆传播　规模猪场运输车向场内运入种猪、饲料,向场外运输出栏猪群、淘汰猪群、病死猪和粪污等。运输车在场外活动时轮胎、车体可能携带病原微生物,同时由于运输车内常有猪群排泄的粪便残留,也可能携带大量病原体,因此必须及时进行清洗和消毒。

(3)饲料、水源传播　猪群每天需要摄入足量的饲料和水,饲料霉变、受虫害鼠害影响都可能携带病原体,场区内受污染水源或者同舍内健康猪与带病猪同用一个饮水器也会造成病原体的交叉感染。

a.车辆传播

b.饲料传播

图 8-4 病原体常见机械传播方式

8.2.3 气溶胶传播

气溶胶传播指规模猪场内细菌、真菌、病毒通过依附在悬浮颗粒物上在空气中形成胶体状态的形式传播。带病猪呼吸道含大量病原体，当病猪咳嗽、喷嚏和呼吸时，病原体排出体外形成气溶胶，在舍内传播。同时，携带病原体的气溶胶还可以随气流排出舍外，随气流在场区传播，造成舍间交叉感染。空气环境较为干燥且环境中含紫外线等因素均不适宜病原体的存活，但是当病原体依附在颗粒物时，生存力会大大提高。

8.3 规模猪场外来病原的隔离与净化

通常情况下，猪群与其所处环境中的病原体之间会形成一种平衡状态，猪群已对场区内病原体产生较强的抵抗能力。因此，尽管场区内存在病原体，这些病原体只要在一定浓度范围内不会引起健康猪群的发病，但是场内健康猪群对于外来病原体没有抵抗力，外来病原体传入场内极易导致疾病的发生。外来病原体可通过引种、猪只流通、人员和物品流入、车辆进出等进入场内，对猪群造成损伤。猪群健康状态与受外来病原的损伤程度成反比，健康状态好，病原造成损伤程度小，反之损伤程度大。因此，预防场区外来病原体的侵入，对实现场区生物安全管理，做好规模化猪场疫病控制具有重要意义。

8.3.1 外来病原的隔离

外来病原的隔离是生物安全的首要因素，其基本理念是让未感染的动物远离疫病感染的或潜在携带病原体的动物和物料，这是阻止病原传播的有效途径。主要包括建立屏障和控制流通，并采取必要措施切断传染途径，以杜绝疫病的扩散，便于管理消毒，中断流行过程，将疫情控制在最小范围内就地消灭。

隔离的具体措施主要通过建立栅栏、围墙等物理障碍，建设货物产品装卸设施、物料和设备进入设施、饲料和兽药药品贮存设施、病死猪、废弃物、垃圾处理设施等，并严格控制进出人车物等。对规模猪场周围及各区域进行合理绿化，建立生物安全隔离屏障，可以有效阻止疫病的传入和扩散，同时提高环境的自然净化能力。规模猪场应谢绝非必要的参观，减少外来人员的进入。外来人员进入猪场，应沐浴更衣，并保证一定隔离期后才能进入生产区。

8.3.2 外来病原的净化

外来病原的净化一般指采用物理或化学方法对外界传播的病原微生物进行消杀防控。物理消毒法即采用物理方法杀灭或消除外来病原。例如，对场区进行清扫、洗刷；用干热（60～170 ℃）的空气对试管、用具和器皿物品进行 2 h 消毒；对垃圾、粪便、用具表面进行烧灼或焚化；采用紫外线对物料消毒等。化学消毒法一般指采用低浓度消毒剂抑菌和高浓度消毒剂杀菌，消毒方式包括浸泡、喷雾和熏蒸等。采用化学消毒法时，应当注意消毒时间和消毒剂浓度。

在场区规划设计时就需要在场区入口设置人员、物品和车辆清洗消毒通道。场区内值班室、各类猪舍、消毒池、出猪台、维修房及仓库应定期进行清洗消毒。

8.3.3 易感动物的自我强身与环境保护

易感动物是对某种疾病容易引起身体局部、器官、系统或全身的形态或功能性障碍的动物。猪的易感性是猪对某种传染病病原体的感受性的大小，与其抵抗力和免疫力相反。免疫力差的动物易感性高，低剂量病原体即可引起动物发病，免疫力好的动物易感性低，引起动物发病的病原体剂量较高，不易引起动物发病。

猪的易感性，直接影响某种传染病能否在猪群造成流行以及流行的严重程度。猪易感性的高低主要与猪体的特异免疫状态、遗传性、非特异性抵抗力、病原体的种类和毒力强弱以及猪只（猪群）所处的生存环境和饲养管理条件等因素有关。也有学者认为，动物的易感性取决于饲养管理条件和免疫程度。如果加强饲养管理，在提高家畜健康水平和一般抵抗力的基础上，正确使用疫苗，使猪群获得特异性免疫力，消除对疫病的易感性，可以有效防止传染病的发生。

1.易感动物的自我强身（提高动物免疫力）

猪体的免疫系统的防卫功能使机体形成三道防线：第一道，皮肤和黏膜，其功能是阻挡和杀灭病原体，清扫异物。第二道，体液中的杀菌物质（如溶菌酶）和吞噬细胞，其功能是溶解、吞噬和消灭病菌。红细胞表面具有溶菌酶，因而具备吞噬功能，此外，红细胞的免疫黏附可提升白细胞的吞噬能力（4～5 倍）。第三道，由免疫细胞及免疫因子参与的免疫反应，其功能是产生抗体，消灭病原体（即抗原）。第三道防线是在抗原的刺激下产生的一种针对性很强的免疫能力。

易感动物的自我强身是指通过各种手段提高动物自身免疫力，增强免疫系统的防卫功能，提高易感动物对外来病原体的抵抗能力，主要包括以下途径：

（1）保证优质营养供给　保证动物充足的营养供给是维持动物健康的重要因素。饲料营养支撑猪只生长、发育和繁殖，动物的生长、发育、繁殖、增强体质和抗御疾病以及一切生命活动无不依赖于饲料。如果饲料中的蛋白质含量不足，某些必需氨基酸缺乏或比例不当，则动物生长发育缓慢、抵抗力下降，甚至体重减轻，并出现贫血、低蛋白血症等，长期缺乏可导致水肿，并影响生殖。但是，长期给猪只喂食蛋白质含量过高的饲料，则会引起代谢紊乱，严重者甚至出现酸中毒。碳水化合物缺乏常会引起机体代谢紊乱，因此保证优质营养供给至关重要。

（2）增加动物活动量　无论是何种动物，增加运动量都是提高其免疫力的重要方法。而规模猪场内，猪只活动量常与生产工艺和饲养密度有关。妊娠母猪定位饲养活动量少，猪只抵抗力差，患病风险更高。采用新型福利化养殖工艺，妊娠母猪可以在圈栏内自由活动，增加其活动量，可有效提高猪只抵抗力，减少患病风险。

(3)免疫接种　免疫接种是用特异性抗原或抗体，经适宜途径接种于动物体内，使猪只产生主动或被动免疫力，以预防所针对的疫病的发生和流行。根据免疫接种进行的时机不同，可分为预防性免疫接种(又称预防接种)和应急性免疫接种(又称紧急接种)。预防性免疫接种是在经常发生某些疫病的地区，或有某些疫病潜在的地区，或受到邻近地区某些疫病经常威胁的地区，为了预防疫病的发生，在平时有计划地对健康易感动物所进行的免疫接种。应急性免疫接种是指在疫病发生后，为了迅速控制和扑灭疫病的流行，而对疫区和受威胁区尚未发病的动物所进行的免疫接种。应急性免疫接种时间是在疫病确诊之后，免疫接种的范围是在疫区和受威胁区，接种的对象是未发病的易感动物。这些未发病动物可能已遭受了感染，正处于潜伏期；或未遭受感染，属于正常的健康动物。

2.易感动物舍的环境控制

(1)温湿度　猪舍内温湿度环境需要满足动物的生存需求。猪对环境温度的要求因品种、年龄、生长发育阶段、生理状况等而有差别，例如，“大猪怕热，小猪怕冷”。舍内温湿度环境需要满足猪群各生长阶段需求，温湿度的不适可能造成应激反应，降低猪只免疫力。

猪舍内温湿环境还会影响粉尘和微生物的浓度。以发酵床养猪模式为例，发酵床垫料含有50%左右的水分，并且底层温度保持在40～50 ℃范围内，猪舍内的相对湿度偏高。猪舍湿度过高，猪易得皮肤病，并且空气中病菌数量增加。而垫料水分蒸发，垫料表面干燥，会产生粉尘进入猪呼吸道，易导致呼吸道疾病发生。因此，冬季保温时应适当增加猪舍的通风，降低猪舍的相对湿度，减少舍内空气中病菌数量。垫料表面干燥时，垫料表面喷洒水或稀释500倍的发酵床菌种溶液，可减少粉尘的产生。此外，温湿度不适宜会导致霉菌的产生，影响猪只健康。例如，曲霉菌属最适宜生长温度为30 ℃左右，霉菌属为25 ℃左右，镰刀菌属一般为20 ℃左右，其最适相对湿度为80%～90%。

(2)空气质量　猪舍空气中含有氨气、硫化氢和甲烷等有害气体，以及悬浮于空气中的粉尘和微生物。氨气易溶解在猪只呼吸道黏膜和眼结膜上，使黏膜充血、水肿，引起结膜炎、支气管炎等疾病。低浓度氨气长期作用于猪，会导致猪的抵抗力降低、发病率和死亡率升高、生产力下降。硫化氢气体会导致猪的体质变弱、抵抗力下降、增重缓慢，使猪变得怕光、丧失食欲、神经质。二氧化碳浓度过高会使猪只出现慢性缺氧、精神萎靡、食欲下降、增重缓慢，易感染慢性传染病。而空气中的粉尘和微生物累积到一定程度会引起猪病的发生。因此，需要及时进行通风换气保证猪舍内的空气质量，将舍内的有害气体、粉尘和致病微生物排出。

(3)清粪工艺　现代集约化猪场饲养密度高，粪尿产生量大，猪粪尿是生猪养殖过程中的主要废弃物，含有大量有机物和大量病原微生物，如不及时清除，会严重污染舍内环境，威胁猪只健康。因此，必须采用合适的方式对其进行及时收集和清理。

利用猪定点排粪的习性设计猪厕所，猪舍地面采用漏缝地板，和尿液一起直接落入或被踩入粪沟。该方式可以有效减少猪只与粪便的直接接触。粪便进入粪沟后主要采用刮板式清粪、水冲清粪和水泡粪等清理方法。刮板式清粪由刮粪板、牵引机、牵引绳、导向轮和张紧机构等组成，安装在猪舍漏缝地板下的粪沟中，牵引机带动刮粪板，在粪沟中移动将粪便带至集粪坑中并送出舍外。水冲清粪采用冲水方式，将猪舍内的粪尿污水混合进入漏缝地板下的粪沟，每天数次从粪沟一端放水冲洗。水泡粪则在猪舍内的粪沟中注入一定量的水，粪尿、冲洗和饲养管理用水一并排放至缝隙地板下的粪沟中，储存一定时间后，打开出口闸门，将粪沟中的粪水排出。选用合适的清粪工艺及时清理粪便，可以避免其产生有害气体和携带病原体的气溶胶，威胁猪只健康。

8.4 规模猪场生物安全防控的隔离要求

8.4.1 规模猪场周边缓冲区生物安全的隔离要求

猪场周围缓冲区是在猪场外围设置的能够缓解猪场与外界相互不利影响的区域。建设缓冲区可使整个猪场内外区域形成“外界环境—缓冲区—场内环境”的三级区域，对缓冲区进行适当隔离，可有效避免场区内外的病原体传播，一定程度上降低规模猪场疫病的发生。

1.缓冲区距离

缓冲区距离设置最小距离均要求大于 500 m。此外，规模养殖场内各个功能区也需要建设缓冲隔离区，一般生产区与生活区之间需要建立 3 m 高的实心围墙，在实心围墙外围使用围栅建立 50 m 宽缓冲区。

2.缓冲区隔离要求

发挥缓冲区的隔离作用，需要对进入缓冲区内的人员、车辆和饲料进行隔离管理，严格控制病原体的传播。养殖人员从场外返场后，首先在指定区域洗澡、更衣换鞋、消毒衣物并隔离 1 晚，其次在猪场隔离缓冲区洗澡、更衣换鞋、消毒衣物并隔离 1 晚，最后在猪场生活区隔离 1 晚，才能进入猪场场区。外来的拉猪车、拉料车、拉粪车禁止进入猪场缓冲区，同时在缓冲区外对外来的车辆进行清洗和消毒。禁止猪场内部的运猪车、装料车、拉粪车、私人车辆出场，并定期清洗和消毒。饲料运输至猪场缓冲区界，应直接导入猪场中转料塔。如果是袋装饲料运输，饲料企业在装车后应加篷布封严，运输到缓冲区界时要先消毒再拆除篷布，导入饲料中转库，饲料车驶离后对环境消毒，中转库中的饲料用熏蒸法消毒，封闭 24 h 以上。

8.4.2 规模猪场场区生物安全的隔离要求

现代规模猪场内划分多个功能分区，猪场布局是否科学合理，不仅直接关系到建设投资和生产运行成本，同时也关系到能否最大限度保证猪群持续稳定健康生产。总平面布置需要因地制宜，除了考虑地形、地势、朝向、风向、防火、生产工艺外，还需要从防疫卫生角度考虑设计，保证场区内污浊气体、粪便和污水能够及时排出或统一处理。

1.功能分区

规模猪场通常分为生活管理区、辅助生产区、生产区和隔离区。

(1)生活管理区　主要包括办公室、接待室、会议室、技术资料室、化验室、食堂餐厅、职工值班宿舍、厕所、传达室、警卫值班室以及围墙和大门，外来人员第 1 次更衣消毒室和车辆消毒设施等办公管理用房和生活用房。

(2)辅助生产区　包括饲料加工间和料库、办公室、车库等。

(3)生产区　主要布置不同类型的猪舍、采精室、装车台、选种展示厅等生产性建筑。

(4)隔离区　主要设置兽医室、隔离舍、尸体解剖室、病尸高压灭菌或焚烧处理设施、粪便和污水储存及处理设施。

2.分区布置

生活管理区和辅助生产区应位于场区常年主导风向的上风处和地势较高处，隔离区位于场区常年主导风向的下风处和地势较低处。若当地势与主导风向不一致，按防疫要求又不好处理时，则应以风向为主，而地势问题则可通过挖沟设障等工程设施，或利用偏角（与主导风向垂直的两个偏角）等加以解决。

生活管理区应靠近场区大门内侧集中布置。生产区与生活管理区、辅助生产区之间，可设置围墙或树篱加以分割。生产区入口处设置第2次更衣消毒室和车辆消毒设施。对于饲料仓库，则要求仓库的卸料口开在辅助生产区内，仓库的取料门开在生产区内，杜绝外来车辆进入生产区，保证生产区内外运料车不交叉使用。

生产区内与场外运输、物品交流较为频繁的有关设施，如人工授精室、装车台、销售展示厅等，需布置在靠近场外道路的地方。

隔离区应与生产区之间设置适当的卫生间距和绿化隔离带。隔离区内的粪便污水处理设施也应与其他设施保持适当的卫生间距。隔离区内的粪便污水处理设施与生产区有专用道路相连，与场外有专用大门和道路相通。

场区布置要结合风向水流，实施净污分道，防止交叉。猪舍尽可能单排布置，避免多排猪舍并排的布置方式。

3.舍间距设计

规模猪场生产区不同舍间距设计应该考虑土地资源利用、采光、通风等因素，其中在通风间距设计时也需考虑生物安全因素。猪舍不断排放有害气体和气溶胶，这些气体和气溶胶会随着通风气流影响相邻猪舍。一般通风防疫间距取3～5倍檐高，能够有效避免猪舍排出的有害气体和气溶胶对相邻猪舍的影响。猪舍风机的布置和通风方式设计不合理也能够导致舍间病原体的传播。对猪舍排出的空气进行处理，可以有效避免病原体的舍间空气传播。

8.4.3 规模猪场隔离猪舍要求与设计

隔离猪舍是对新购入的种猪进行检疫观察饲养或对本场疑患有传染病但还具有经济价值的猪只进行隔离治疗饲养的猪舍。对外购种猪进行检疫观察与收容本场病猪的隔离猪舍要分别设置，不能共用。其主要功能是防止外购种猪将传染病传入养猪场，并防止本场猪群的相互接触传染。饲养容量一般为全场母猪总头数的5%左右。要求卫生、护理条件好，易于实行各种消毒措施。规模猪场内病猪和可疑病猪要分别放入隔离猪舍中治疗及饲养，设专人饲养，用具严格分开，非有关人员不得随便进入。

1.场区布置

隔离猪舍要位于猪场的下风向、地势最低处，且与其他猪舍保持一定的距离（防疫间隔），靠近兽医室和化验室，隔离猪舍和兽医室一般距离生产区至少100 m以上较为合适。要求四周有围墙与外界隔绝，进出口处要设置消毒室，排污系统最好也与生产区分开。

2.建筑设计

除猪栏和通道外，还应设立饲料贮存间和消毒管理间。舍内猪栏为通用猪栏，各栏的食槽和粪尿沟彼此独立隔开，以防交叉感染，相邻猪栏间的隔板应使用实体栏板，以防猪只之间接触感染。入口及出口处要设立消毒池，工作人员进出隔离猪舍时都要严格消毒。要防止鸟雀进入，地面墙脚和墙体要严实，以防鼠害，粪尿沟出口处要设防鼠网，严防老鼠等小动物侵入猪舍而成为疾病的传染源。舍内作业要专人负责,工作人员应避免进入其他猪舍,无关人员严禁进入。

3.清洗消毒

由于隔离猪舍特殊的功能需求,猪舍内可能存在大量外来致病微生物,因此需要制定严格的清洗消毒制度。一般隔离猪舍经空场期间多次严格清洗和净化消毒后,进猪前 1 个月,每周消毒 1 次,进猪前 1 天再次消毒。隔离期间所需的所有物品需经严格消毒后提前转入隔离舍,应提前逐个检查自动饮水器,放出自动饮水器中的旧水,逐个清扫并消毒料槽。猪舍入口处设脚盆和洗手盆,进入猪舍必须脚踏脚盆并洗手消毒,各单元入口处设脚盆,消毒液应每天更换 1 次。人员进入隔离猪舍,应脱去所有衣物,淋浴后换舍内工作服才能进入猪舍工作。物品进入隔离舍需再次消毒,所有舍内物品不得带出隔离舍。舍内人员每天淋浴 1 次,工作服每 1～2 d 洗涤 1 次。检疫官员出入隔离舍也须按程序消毒、淋浴更衣、脚踩消毒盆。此外,在饲养期间,隔离舍第 1 周,每天带猪消毒 1 次,1 周后,每周带猪消毒 2 次,带猪消毒应该在每天气温较高时进行。

8.4.4 猪舍生物安全的隔离要求

1.猪舍进出口隔离净化

在猪舍入口处设置淋浴间,经淋浴、更衣后进入猪舍;如无条件也要在可能接触污染饲料造成传染病和寄生虫病的猪舍门口设消毒池,经消毒池进入猪舍。进入猪舍之前,所有员工必须对靴进行消毒或换靴进入猪舍,必须进行手部消毒。

2.猪舍饲料水源隔离净化

饲料使用前应提前在仓库内隔离净化,保证不会携带有害病原体。饲料消毒比较困难,建议在舍外使用料塔,避免饲料袋污染而引入病菌,猪舍饲料料库应当做到无鼠、无鸟类栖寄。应使用绞龙管线直接将饲料运输到舍内,减少饲料与外界空气的接触,避免外界空气病原菌的感染。有条件时可对饲料进行消毒,料库内设置密闭饲料间,经过密封熏蒸消毒 12 h 后使用。或是采用电离辐射灭菌法对饲料进行消毒。

猪舍内猪群饮水消毒可在舍内设置过滤系统和水箱。过滤系统可对水中杂质和有害物质进行过滤。水箱用于短暂存储饮用水,在水箱内暂存一段时间可避免水温过高或过低造成的猪只不适,同时可以在水箱内添加消毒剂,实现对饮水和水线的清洁消毒。

8.5 场区及各区之间的进出口通道的消毒系统设计

8.5.1 进出场区人员通道设计

1.人员洗浴与消毒目的

进出场人员洗浴消毒,是为了防止外源病原体通过人员携带传入场内,降低外源病原体传入引起的疫病发生风险,保障规模猪场生物安全。

2.人员消毒基本原理

采用物理风淋和化学消毒结合的工艺,对进场人员衣物表面和裸露体表进行消毒,如图 8-5 所示。

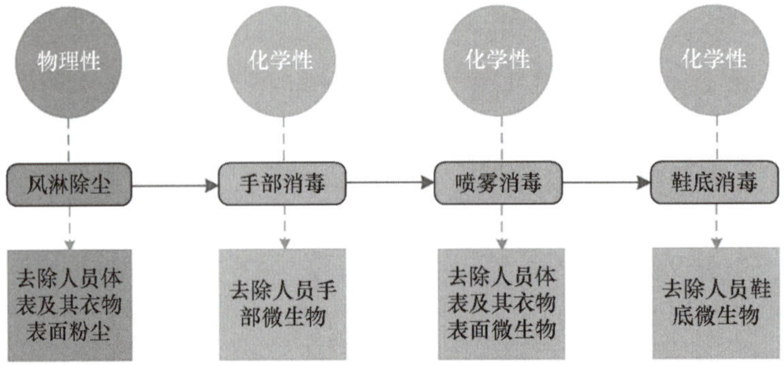

图 8-5　进场人员消毒流程图

(1)风淋除尘　粉尘是病原微生物的载体,采用高速洁净气流吹淋进场人员体表,去除体表粉尘,有效阻止病原体的传入。

(2)手部消毒　采用化学消毒剂冲洗进场人员手部,去除手部附着的微生物。

(3)喷雾消毒　采用雾化方式,将化学消毒剂雾化至消毒间,去除消毒间内进场人员体表和衣表附着的微生物。

(4)鞋底消毒　踩踏使用化学消毒剂湿润的脚垫或消毒池,去除鞋底附着的微生物。

人员消毒通道内,微酸性电解水对人的衣物表面和其他物品表面具有高效杀菌作用,且在使用过程中对人员呼吸系统的刺激性远远小于常见的化学消毒剂。因此微酸性电解水被建议作为新型消毒剂应用于人员消毒通道。

3.人员通道洗浴与消毒系统设计

人员通道洗浴设施包括浴前更衣间、淋浴间、浴后更衣间。浴前更衣间用于进场人员浴前更衣,配备储物柜,用于个人场外衣物等物品的储存。淋浴间用于进出场人员洗浴,采用淋浴方式。浴后更衣间用于进场人员浴后更衣,配备储物柜,用于个人场内衣物等物品的储存,保障场外衣物等物品不进场内,场内衣物等物品不出场外,整个洗浴通道可配备紫外灯,用于无人情况下的通道紫外消毒。整个通道在每日使用完毕后进行卫生清洁,并清理积水,同时保障通道通风换气,做好电路防水保护。同时,应配备吹风机、护手霜等个人身体健康防备物品,洗发水、香皂等个人身体清洁物品。

采用风淋和消毒剂雾化方式进行人员消毒,通过风淋去除体表和衣表的颗粒物及其附着的微生物。人员消毒采用消毒剂雾化方式,雾粒为小粒径,可通过高压雾化、超声波雾化和气液两相雾化等方式进行消毒剂的雾化。设置洗手池和自动感应水龙头,供进场人员手部冲洗消毒。地面铺设脚踏垫,且保持消毒剂浸湿状态,供进场人员鞋底消毒。具体设备选型和数量配置依据单次最大消毒人员数量确定。

8.5.2　进出场区车辆通道消毒系统设计

1.车辆消毒目的

进出场区车辆消毒是为了防止外源微生物通过车辆携带传入规模猪场内,降低外源病原微生物传入引起的疫病发生风险,保障规模猪场生物安全。

2.车辆消毒原理

出入场区的车辆消毒采用物理性自来水高压冲洗和化学性消毒剂喷雾消毒结合的方

式，对进场车辆轮胎、底部和侧面进行全面彻底的冲洗消毒，具体冲洗消毒流程如图 8-6 所示。

(1)车辆高压冲洗　采用自来水进行高压喷雾，对进场车辆轮胎、底部和侧面进行冲洗，去除车辆表面附着的粉尘和结块污物，进而去除附着的微生物。

(2)车辆喷雾消毒　采用化学消毒剂进行喷雾，对进场车辆轮胎、底部和侧面表面进行喷雾消毒，杀灭车辆表面的微生物。车辆清洗后消毒效果高于未清洗直接消毒效果。

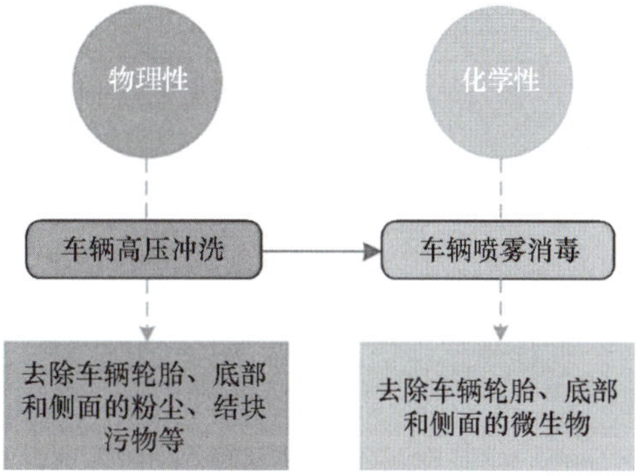

图 8-6　进场车辆消毒流程图

3.车辆消毒通道设计

车辆消毒通道可采用钢架结构或砖混结构，在会出现低于 0 ℃的气候条件下，需安装卷帘门等通道密封装置，配合车辆进出进行车辆消毒通道开闭控制，避免通道内自来水和消毒液管道出现结冰的情况。车辆消毒通道尺寸需依据车辆尺寸进行设计，保障车辆通过。车辆消毒通道还应包含污水处理、系统控制、液体贮存等空间。

4.车辆消毒通道设备选择

车辆消毒通道除了建筑结构设计外，还需依据规模猪场车辆消毒需求进行设备选择，具体设备种类包括：门、水冲洗装置、喷雾消毒装置、水处理装置、消毒剂制备和存储装置、控制系统。

8.5.3　规模猪场消毒技术规程

1.人员消毒技术规程

(1)消毒剂种类　针对人员的消毒剂需要严格筛选，严格按照消毒剂适用范围进行选择。

(2)消毒方式　手部采用冲洗方式消毒，衣表体表采用雾化消毒方式消毒，脚底采用踩踏方式消毒。

(3)技术要点　人员消毒需严格按照相关国家标准和使用指南进行，涉及消毒剂浓度、使用范围、使用方法和注意事项等需严格按照相关国家标准和使用指南执行。

2.车辆消毒技术规程

(1)消毒剂种类　针对车辆的消毒剂选择主要依据低腐蚀性、低成本、低残留(或无残留)和低污染(无污染)的原则进行筛选。

(2)消毒方式　喷雾消毒(大雾粒、大流量)。

(3)技术要点　车辆消毒技术要点主要涉及消毒剂浓度和消毒时间，且技术要点依据消毒剂种类不同而不同。车辆消毒前应通过水冲洗方式去除表面污物以提高消毒效果。具体使用方法和注意事项等可参考按照相关国家标准和使用指南执行。

3.可参照的相关国家标准和使用指南

《醇类消毒剂卫生要求》(GB/T 26373—2020)

《含氯消毒剂卫生要求》(GB/T 36758—2018)

《二氧化氯消毒剂卫生要求》(GB/T 26366—2021)

《过氧化物类消毒液卫生要求》(GB/T 26371—2020)

《含碘消毒剂卫生要求》(GB/T 26368—2020)
《含溴消毒剂卫生要求》(GB/T 26370—2020)
《酚类消毒剂卫生要求》(GB/T 27947—2020)
《季铵盐类消毒剂卫生要求》(GB/T 26369—2020)
《疫源地消毒剂通用要求》(GB/T 27953—2020)
《普通物体表面消毒剂通用要求》(GB/T 27952—2020)
《国家卫生健康委办公厅关于印发消毒剂使用指南的通知》(国卫办监督函[2020] 147 号)

8.6 规模猪场洗消中心建设案例

规模猪场洗消中心主要解决猪场车辆洗消问题，洗消中心按照开放程度划分可分为开放式和密闭式，按照工作强度可分为人工作业式、半人工作业式和全自动化机械工作式等。

8.6.1 清洗消毒二段式洗消中心

1.总体介绍

洗消中心(图 8-7)采用高压冲洗和喷雾消毒两段式消毒方式，使用微酸性电解水喷雾进行车辆消毒。针对车辆底部和轮胎等重点部位进行自动消杀。是一种适用于大、中、小型规模化生猪养殖场机械化车辆洗消防控设备。

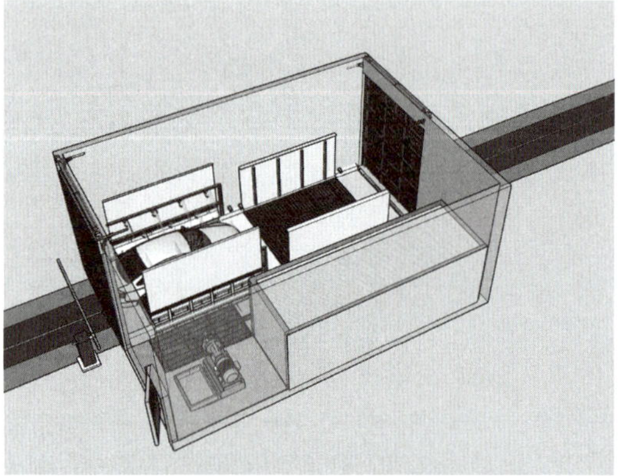

图 8-7　清洗消毒两级车辆洗消中心

2.工艺流程

(1)微酸性电解水制备设备　使用微酸性电解水发生器，提前制备有效氯浓度 100～150 mg/L 的微酸性电解水，存至储液桶中。例如目前市面上常见的疆河微酸性电解水发生器和睿安德微酸性电解水机等，可实现出水品质监控，全程实时检测氧化还原电位、电流、电压，保证产出的电解水指标稳定且合格，可以根据用户需求增加远程控制、视频监控、远程计费系统、消毒数据上传分析等智能化应用。

(2)车辆冲洗消毒　清洗消毒两级车辆洗消中心采用自动化控制系统，车辆到达洗消中心入口处，门外道闸及自动卷帘门感应到车辆后开启，洗消通道内部自动感应系统，打开高压冲洗喷头，车辆通过洗消通道时需缓慢低速，速度尽量控制在 0.2～0.3 m/s，以确保车辆轮胎、底部和侧面经过充分的冲洗；车辆通过中间过渡区域时，消毒系统喷雾自动开启，消毒区域采用实心雾化喷头使消毒水均匀地喷洒在车辆表面，多排交叉式喷头布置，确保消毒剂与车辆完全接触，做到充分消毒。待车辆缓慢驶出消毒通道后，系统自动关闭。洗消后的车辆经自然干燥后按指定路线驶入场区。

(3)污水处理　清洗车辆后的污水通过地面管道直接流入沉降池，污水中污泥颗粒物等经过两级沉降池后，沉淀在沉降池底部，沉淀后的清水通过沉淀池上端排水管自动排出。使用带有蛟龙泵的固液分离机对池底高浓度沉淀物进行固液分离，分离后液体直接排放，固体颗粒物定期运输清理。

3.配套设备及技术参数

两段式车辆洗消中心主要包含电解水制备与控制间、高压冲洗装置、喷雾消毒装置、冬季防冻装置、固液分离装置及自动控制系统。主要设备配置及技术参数见表 8-1。

(1)电解水制备和控制间　为微酸性电解水制备、采暖设备集分水器的放置以及人员车辆消毒通道控制系统提供安装空间。

(2)高压冲洗装置　通过喷头选型和角度设置,冲洗进场车辆底部、轮胎和侧面,去除表面污物。

(3)喷雾消毒装置　通过喷头选型和角度设置,雾化消毒剂,喷淋至进场车辆底部、轮胎和侧面,杀灭表面微生物。

(4)固液分离装置　将车辆冲洗和喷雾消毒后的水引入沉淀池,对污水进行初步沉淀后,使用带有污水泵的干湿分离机对池底沉淀物进行处理,实现固体和液体分级排放。

(5)冬季防冻装置　采用水地暖系统,水暖管以围绕冲洗管道方式进行排布,对管道直接进行加温,防止冬季因管道结冰影响系统运行。

(6)自动控制系统　包括门外道闸及卷帘门开关、高压冲洗及喷雾装置的自动开关调整。

表 8-1　清洗消毒两级车辆洗消中心主要设备配置及技术参数

设备配制	技术参数	单位	参数值
清洗消毒间	建筑类型	—	砌体结构或钢结构建筑
	净空间(长×宽×高)	m	11×7.8×5
控制间	建筑类型	—	活动板房
	净空间(长×宽×高)	m	3×2.4×3
清洗系统	额定功率	kW	22～30
	喷头选型	—	高压扇形喷雾
	工作流量	L/min	150
	水箱容量	L	500
	工作压力	bar	100
	配套水管	—	热轧无缝型钢管 62 m
消毒系统	额定功率	kW	7.5～11
	喷头选型	—	实心喷雾喷嘴
	工作流量	L/min	35
	水箱容量	L	200
	工作压力	bar	0.4～10
	配套水管	—	热轧无缝型钢管 51 m
	pH	—	5.0～6.0
	有效氯浓度	mg/L	100～150
加温设备	小型热锅炉功率	kW	6 kW(加温到 20 ℃)
	集分水器	—	4 接口
	水暖管	m	200
废水处理	沉淀池容量	m^3	3.5
	固液分离机	kW	7

4.系统特点

(1)高效环保　微酸性电解水是一种杀菌迅速、高效、广谱的新型畜禽养殖业消毒剂，制取方便、成本低廉，无污染、无残留，无废水排放。微酸性电解水的有效氯成分几乎完全以杀菌效果极强的次氯酸分子(HClO)形式存在，其杀菌能力是次氯酸根(ClO^-)的80倍左右，可以使为细菌提供生命能源的酵素群、细胞膜和细胞核酸化，使其失去活性。微酸性电解水对眼部、皮肤无刺激，与人体有高度的相容性，本身无毒，杀菌后还原成水，无残留，不会对环境造成二次污染；洗车后的污水采用沉降池设计，并配置带有高压蛟龙泵的固液分离机，做到固体颗粒物与清水的分级处理，减少环境压力。

(2)节约资源，降低成本　全机械化的洗消流程，无须人工操作，在保证清洗效果的同时，提高清洗效率；针对车辆轮胎、底部及侧边进行冲洗消毒，达到了预期工程防疫效果，又节省了水利电力资源；冬季针对水管进行局部加热，做到资源的合理利用，降低运行成本，保证冬季低温环境下系统仍可实现正常工作。

(3)推广简易　采用流量计费模式，极大降低养殖户进入门槛。前期可免费按照养殖企业需求设计消杀防控方案，免费按照方案为养殖户提供、安装微酸性电解水发生器及配套设施，按照养殖户的使用微酸性电解水的流量结算费用，与传统化学消毒剂相比，可为养殖企业降低消毒成本30%～50%。

8.6.2　清洗消毒烘干三级车辆洗消中心

1.总体介绍

该车辆洗消中心(图8-8)承担着对运输车辆及人员、物品进行清洗、消毒、烘干的功能。适用于规模化生猪养殖场，可消灭车辆携带的病原体，切断外界病原体通过运输车辆传播到牧场的传播途径，为养殖场建立生物安全屏障。

a.清洗消毒间

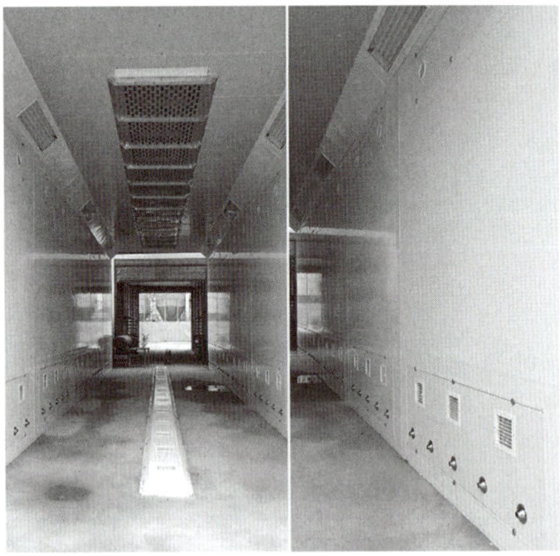

b.烘干房

图8-8　清洗消毒烘干三级车辆洗消中心

(广东南牧机械设备有限公司提供)

2.配套设备及技术参数

该车辆洗消中心主要含清洗消毒间和烘干房，清洗消毒间用于车辆的清洗和消毒，烘干房用于清洗消毒后车辆的消毒烘干。其主要设备配置及技术参数见表 8-2、表 8-3。

表 8-2　清洗消毒间主要设备配置及技术参数

设备配置	技术参数	单位	参数值
清洗消毒间建筑	建筑类型	—	砌体结构或钢结构
	屋面	—	彩钢板
	净空间(长×宽×高)	m	18×6×5
清洗系统	高压清洗机	—	进口冷热水高压清洗机
	额(标)定功率	kW	7.8
	工作压力	bar	30～200
	工作流量	L/h	500～1 000
	油箱容量	L	25
	最高出水温度	℃	155
	配套高压软管	—	长度≥20 m
消毒系统	额(标)定功率	kW	8
	喷雾压力	bar	30～50
	工作流量	L/min	120
	喷嘴	—	不锈钢＋陶瓷材质喷嘴,喷嘴喷雾角度呈 65°扇形,流量 1.5 L/min
	加药器	—	自动稀释配比消毒液
	水箱容量	L	500

3.清洗消毒流程

为确保车辆洗消中心运行顺畅,保证消毒效果,车辆清洗、消毒和烘干需按规定的流程进行。消洗流程主要分为:清洗前准备、清洗、消毒、清洗消毒效果检查确认和烘干等。

(1)清洗前准备　为减轻洗消中心污水处理压力,车辆进入洗消中心前可以在外面洗车场所进行粗清洗。车辆到达后第一时间检查车体干净程度,以无明显大块粪污为标准,卫生不符合要求的猪车可拒绝进入洗消中心。车辆到达洗消中心后检查驾驶室和车厢内的携带物品,并打包以备消毒。拆除可移动隔板或栏栅,以便对全车彻底清洗消毒,拆下来的部件可单独清洗消毒。

(2)高压冲洗　将车辆停放在清洗区域,按照由内向外、由上到下的顺序,用高压水枪充分清洗车体外表面、车厢内表面、底盘、车轮等部位,重点冲洗污染区和角落。用泡沫清洗车或发泡枪喷洒泡沫清洁剂,覆盖车体外表面、车厢内表面、底盘、车轮等部位,刷洗污染区域和角落,确保清洁剂与全车各表面完全、充分接触,保持泡沫湿润、不干燥。用高压水枪对车体外表面、车厢内表面、底盘、车轮等部位进行全面冲洗,直至无肉眼可见的泡沫。清洗合格的标准为在光线充足的条件下全车无肉眼可见的污染物。晾干:将车辆停放到晾干区域静止,排出清洗后残留的水,避免车内积水。

表 8-3 烘干房主要设备配置及技术参数

设备配置	技术参数	单位	参数值
烘干房建筑	建筑类型	—	砌体结构或钢结构
	屋面	—	彩钢板
	门	—	保温密闭工业提升门
	净空间(长×宽×高)	m	18×5×5
加热系统	燃烧机热功率	kW	320
	燃烧机工作温度	℃	60～80
	热交换器功率	kW/T	320
	配套数量	—	2 台燃烧机+2 台热交换器
热风送风机	功率	kW	7.5
	风量	m^3/h	24 000
	台数	台	2
排风机	功率	kW	1.5
	风量	m^3/h	7 500
	台数	台	2
两侧风道	房内左右侧风道	—	左右热风进风口,用于热风均匀快速地进入烘干房指定位置
	房内上下侧风道	—	底部进风对清洗后的车辆底盘进行烘干;上出风风道使烘干房内部循环通风,自动控制排出潮湿空气
控制系统	温度监测	—	精准监测烘干房内的温度,最高 100 ℃
	湿度监测	—	耐高温,精准监测烘干房内的湿度
	风量监测	—	监测烘干房的通风量
	烟雾监测	—	监测烘干房的烟雾,配报警装置,以防发生火灾
照明系统	照明灯	—	LED 照明,配防爆钢化玻璃,光照度≥600～800 lx

(3)消毒　在车辆内外表面无水渍、滴水后,对车辆进行消毒。消毒剂应选择使用对多种微生物都有效(细菌、病毒、真菌),无腐蚀性,对人、动物和环境危害小的消毒剂。拆除厢壁及随车携带的隔离板或隔离栅栏等单独进行消毒。随车配备和携带的物品可使用紫外线照射消毒。非洲猪瘟疫情防控期间,应选用非洲猪瘟病毒敏感的消毒剂替代常用消毒剂,如:微酸性电解水或次氯酸钠溶液等。

使用低压或喷雾水枪对车体外表面、车厢内表面、底盘、车轮等部位喷洒稀释过的消毒液,以肉眼可见液滴流下为标准。喷洒后保持消毒剂在喷洒部位静置不少于 15 min。随后,用高压水枪对车体外表面、车厢内表面、底盘、车轮等部位进行全面冲洗。车辆表面消毒需要 25～30 min,车辆表面无消毒剂残留视为合格。驾驶室的清洗消毒先使用吸尘机将驾驶室内粉尘清理干净,然后使用雾化消毒设备进行消毒。喷雾消毒后停留不少于 15 min。

(4)人员的清洁卫生　司机和随车人员将车辆开到清洗消毒间之后,按指定路线进入洗澡更衣间淋浴更衣,换下的自身衣物打包存放,待车辆返程时更换离开。换下的衣物放到指定区域进行清洗消毒,可配备带烘干功能的工业洗衣机,衣物清洗消毒后直接烘干存放以备下次使用。

(5)清洗消毒效果检查确认　车辆清洗消毒完成后,应对清洗消毒效果进行观察和评估,符合以下标准的,方为合格。要求车体外表面、车厢内表面、底盘、车轮等部位无明显污垢,包括粪便、饲料、垫料和毛发等污染物;驾驶室等内部无明显污垢,包括粪便、饲料、垫料和毛发等污染物。

(6)烘干　车辆清洗消毒完,待无明显水渍后,按指定路线进入烘干间进行高温烘干消毒。检查确认车辆停放无误后,关闭烘干房密闭门,开启烘干设备自动进行烘干作业。烘干时间最少 30 min,烘干温度 60～65 ℃。烘干后的车辆需按指定的路线离开,并停放在指定区域备用。

4.系统特点

高压冷热水冲洗系统可满足在冬季寒冷条件下正常使用,可保持稳定的高压热水输出,具有高效、节水、清洗更彻底的优势。自动喷雾消毒系统能实现对车辆进行 360°无死角自动喷雾消毒,消毒效果更有保障,节省人工,提高洗消中心运行效率。烘干房设置了底盘出风系统,对车辆底盘、轮胎高温烘干,实现车辆整体烘干消毒。进口燃烧系统、气阀等保证了系统运行的可靠性和安全性。热风气体内循环,实现了能源循环利用,降低运行成本。

8.7 防鼠和防蚊蝇设计

8.7.1 防鼠道设计

1.防鼠的必要性

老鼠除了会破坏猪场设施、偷盗饲料外,还会携带多种病原体与寄生虫,如伪狂犬病病毒、弓形虫、乙脑病毒等。携带病原体的老鼠在盗食饲料时会污染饲料,进而感染猪只消化道,造成疾病的流行;老鼠还能传播鼠疫、流行性出血热和钩端螺旋体病等多种疾病。对于鼠害的防控尽管可使用器械灭鼠或化学灭鼠法,但是效果不佳或是容易引起人畜中毒。因此,防鼠道作为一种对鼠害的工程防控手段被推广应用。

2.防鼠道设计要点

防鼠道(图 8-9)是指在猪场建筑物外围铺设一圈石子路,以防止老鼠等动物进入。规模猪场各类猪舍外均需设计防鼠道,除生产性建筑外,料库等辅助生产建筑外也需设计防鼠道,防止老鼠进入料库盗取饲料时传播疾病。

图 8-9　猪舍外防鼠道

防鼠道通常选用小滑石或碎石子作为铺设的主要材料，一般要求防鼠道宽 25～30 cm，厚 15～20 cm。铺设的防鼠道可以防止裸漏的土壤被老鼠打洞营巢，同时有利于检查鼠情。可根据实际情况在防鼠道上布置捕鼠夹和毒饵。此外因为防鼠道上的小碎石小而不规则，老鼠在爬行过程中会刮痛肚皮，所以老鼠爬行会避开这块区域。

8.7.2 防蚊蝇设计

1.蚊蝇的危害

规模猪场粪便容易滋生蚊蝇，尽管蚊子和苍蝇不属寄生虫病范围，但属于病原体的重要载体。蚊子是猪乙型脑炎和猪附红细胞体病的重要传播媒介，而苍蝇则是消化道疾病的主要传播媒介之一。规模猪场蚊蝇造成的危害主要体现在影响猪只生产性能、威胁人员身体健康和传播猪群疫病等方面。猪场蚊蝇多孳生于夏季，夏季气温高、雨水多，受高温高湿气候影响，猪只抵抗力降低。此时舍内蚊蝇刺叮吸血、骚扰猪只，引起猪只皮肤红肿瘙痒，甚至发炎脓肿。这些都会造成猪群烦躁不安，不能正常休息，进而影响猪群正常采食，降低生产性能和饲料转化率，降低猪群抵抗力。据报道，蚊蝇的影响会使育肥猪生长速度下降约 10%，出栏体重低于正常值 2.3～3.5 kg。蚊蝇是重要的病原体载体，能够携带传播 50 多种疫病病原体，包括猪的流行热、口蹄疫、多杀性巴氏杆菌病、布氏杆菌病等多种疫病。因此，疫病发生时，猪场内蚊蝇可加快疫病的传播、扩散和蔓延，增加疾病防控的难度。此外，蚊蝇是多种人畜共患病的传播媒介，蚊蝇的活动影响养殖人员工作休息，同时具有传播痢疾、伤寒、登革热、裂谷热、寨卡、肝炎、结核病、乙脑、附红细胞体病等 130 多种疫病的风险。

2.蚊蝇的防控

规模猪场内蚊蝇防控包括物理防控、化学防控和生物防控。

(1)物理防控　使用电灭蝇灯杀灭苍蝇蚊子等有害昆虫。这种灭蝇灯是利用昆虫的趋光性，发出荧光引诱苍蝇等昆虫落在围绕在灯管周围的高压电网上，用电击杀灭蚊蝇。

在猪舍内安装橘红色灯泡(每 20 m^2 猪栏内安装 1 只 20～40 W 灯泡)，或用透光的橘红色玻璃纸套在灯泡上，蚊子会因惧怕橘红色光线而驱避逃离。

进风窗上装铁纱或细密的纱布以阻止蚊子飞进，但纱窗防蚊蝇存在影响通风等不足。此外，使用防蚊产品可以有效灭蚊，如紫外线灭蚊灯、仿生灭蚊器、光触媒灭蚊器、电子捕蚊器等产品，产生的光、电、声可捕杀、诱杀或驱逐蚊蝇。

(2)化学防控　化学防控是指使用天然或合成的毒物，以不同的剂型，如粉剂、乳剂、油剂、水悬剂、颗粒剂、缓释剂等，通过胃毒、触杀、熏杀、内吸等方式毒杀或驱逐蚊蝇等害虫的过程。杀虫时应优先选用低毒高效的杀虫剂，避免或尽量减少杀虫剂对人畜健康和生态环境的不良影响。常用的杀虫剂有：

菊酯类杀虫剂：神经毒药剂，可使蚊蝇等迅速呈现神经麻痹而死亡。菊酯类杀虫剂杀虫力强，对蝇类不产生抗药性，对人畜毒性小，可长期使用；

昆虫激素：采用人工合成的昆虫激素杀虫剂防治有害昆虫。将昆虫激素混合于家畜饲料中，此类激素对畜禽无害且不能为畜禽利用，可杀死粪中的蛆虫；

马拉硫磷：有机磷杀虫剂，是世界卫生组织推荐用的室内滞留喷洒杀虫剂，杀虫作用强而快，可作熏杀。杀虫范围广，可杀灭蚊、蝇、蛆、虱等，对人和畜的毒害小，适于畜舍内使用；

敌敌畏：有机磷杀虫剂。具有胃毒、触毒和熏杀作用，杀虫范围广，可杀灭蚊、蝇等多种病虫，杀虫效果好，但对人畜毒害大，易被皮肤吸收而中毒，在畜舍内使用时，应特别注意安全。

由于某一类化学药物使用一段时间后，蚊蝇容易对其产生耐药性，从而降低防治效果，应定期轮换使用灭蚊蝇药物。

(3)生物防控　生物防控是指利用有害昆虫的天敌灭虫。可以结合畜禽场污水处理，利用池塘养鱼，鱼类能吞食水中的孑孓和幼虫，具有防治蚊子滋生的作用。此外，应用细菌制剂可以杀灭血吸虫的幼虫，效果良好。

蜘蛛、壁虎等是蚊蝇的天敌，夏季有选择的培养蚊蝇的天敌，可以在自然状态下防控猪场蚊蝇。在猪场内种植薄荷、夜来香、除虫菊、艾草、天竺葵等有特殊气味的花草，也能驱逐蚊蝇，还能达到美化环境、吸附猪场异味的目的。此外，苦参、鱼藤、黄荆、辣蓼、曼陀罗、橘皮等多种中草药的根茎热水浸泡或者直接点燃烟熏也具有很好的驱杀蚊蝇作用。

除了以上防控方法外，还应去除养殖场周围杂草，填埋积水坑洼，保持排水、排污系统通畅，做好粪污和病死猪的无害化处理。从源头上减少蚊蝇繁衍滋生场所，保持养殖场范围的环境清洁卫生。

3.案例介绍

广西容县奇昌生物科技有限公司养殖场综合化蚊蝇防控模式从多个层面防控舍内蚊蝇，能极大提高灭杀蚊蝇工作的效率和效果，减少畜禽应激，确保生物安全，提高养殖场经济效益。

(1)猪场综合化蚊蝇防控模式　该模式主要从四个方面对舍内蚊蝇进行防控。第一是采用全封闭猪舍，防止舍外蚊蝇进入舍内。第二是通过喂食益生菌饲料，让猪粪提前发酵，保证舍内干燥无臭味，大大减少了蚊虫的滋生。第三是对蚊蝇病害的源头进行防控，采用干清粪模式清除舍内粪污，每天定时开启步进式刮粪机，将粪污清理到舍外，减少粪尿在舍内的存留时间。地板采用碳钢网床，保证漏粪效果，减少地板上的粪便残留。第四是定期对舍内进行杀菌消毒。采用有机酸气雾喷雾代替一般消毒剂对舍内杀菌消毒，对一些死角采用杀虫剂灭杀蚊蝇。有机酸对蚊蝇病菌杀灭效果良好，且能有效减少舍内臭味异味。同时，采用有机酸杀菌消毒，可减少用水量，且对环境友好，几乎没有药残，不会对猪只健康造成影响。

(2)喷雾消杀操作流程及注意事项　该场在实际的生产中，选用了以下消毒产品：戊二醛癸甲溴铵溶液，可杀灭细菌的繁殖体和芽孢、真菌、病毒；敌敌畏，可灭虱、灭蚊蝇；自制有机酸溶液。

按照计算好的药剂比例进行稀释(戊二醛癸甲溴铵 1：(500～1 000)，敌敌畏 1：100)，制成戊二醛癸甲溴铵、敌敌畏的混合溶液，关闭风机和门窗，利用高压水枪进行喷雾作业，喷药完成后静待 5 min，打开风机，清洗药箱，完成消杀工作。将有机酸倒入烟雾水雾两用喷雾机中，关闭风机和门窗，利用喷雾机进行消杀作业，喷药完成后静待 5 min，打开风机，清洗喷雾机，完成消杀工作。

喷雾消毒会增加猪舍内的湿度，水分蒸发能带走大量的热量，容易在短时间内降低猪舍内的温度造成冷应激。因此，喷雾时间尽可能选择温度较高的中午，同时降低灯光亮度，防止猪群过度惊吓导致应激。消毒剂应选择高效、安全、刺激性小的消毒剂，其稀释比例参考厂家建议，稀释用水最好选择自来水或者井水，水中杂质较少，对消毒剂的影响较小。喷雾消毒时雾滴颗粒大小控制在 80～120 μm 之间，最小不能低于 50 μm，防止由于雾滴太小诱发呼吸道伤害，雾滴太大则会造成消毒不均匀以及消毒后猪舍过于潮湿的问题。免疫尤其是细菌疫苗免疫前后 3 d 不能做喷雾消毒，以免影响免疫效果，同时也避免了由免疫和喷雾消毒带来的双重应激。

(郑炜超、倪莉)

第9章 规模猪场工程防疫的安全消毒技术

本章提要

本章介绍规模猪场安全消毒的关键环节，消毒剂特性与选择问题，以及新型安全高效广谱的微酸性电解水消毒剂的生产原理、消毒机理、设备参数、环境净化与消毒技术应用等。

9.1 消毒剂及其耐药性问题

9.1.1 常用消毒剂的分类与特点

1.酚类消毒剂

酚类消毒剂是一种表面活性物质，能损害菌体细胞膜，较高浓度时也是蛋白变性剂，所以有杀菌作用；此外酚类通过抑制细菌脱氢酶和氧化酶等活性，产生抑菌作用。酚类消毒剂化学性质稳定，储存或遇热等不会改变药效。在适当浓度下，对大多数不产生芽孢的繁殖型细菌和真菌均有杀灭作用，但对芽孢和病毒作用不强。酚类的抗菌活性不易受环境中有机物和细菌数目的影响，目前销售的酚类消毒剂大多含两种或两种以上具有协同作用的化合物，扩大其抗菌作用范围，一般酚类化合物用于环境和用具消毒，常用酚类消毒剂有苯酚、甲酚等。

2.醛类消毒剂

醛类消毒剂化学活性很强，在常温常压下易挥发，又称挥发性烷化剂。主要通过烷基化反应，使菌体蛋白变性，酶和核酸等的功能发生改变而呈现强大的杀菌作用。常用醛类消毒剂有甲醛、聚甲醛、戊二醛等。

3.碱类消毒剂

碱类消毒剂杀菌作用的强度取决于其解离的 OH^- 浓度，解离度越大，杀菌作用越强。高浓度的 OH^- 能水解菌体蛋白和核酸，使酶系和细胞结构受损，并能抑制代谢机能，分解菌体中的糖类，使细菌死亡。碱对病毒和细菌的杀灭作用均较强，高浓度溶液可杀灭芽孢。遇有机物可使碱类消毒剂的杀菌力稍微降低。常用碱类消毒剂有氢氧化钠、氧化钙等。

4.酸类消毒剂

酸类消毒剂能抑制细菌细胞膜的通透性，影响细菌的物质代谢，如硼酸、盐酸等。此外乳酸可使菌体蛋白变性和水解。

5.卤素类消毒剂

卤素和易放出卤素的化合物，具有强大的杀菌作用，其中氯的杀菌力最强。卤素对菌体细胞原浆有高度亲和力，易渗入细胞，使原浆蛋白的氨基或其他基团卤化，或氧化活性基团而呈杀菌作用。氯和含氯化合物的强大杀菌作用，是由于氯化作用破坏菌体或改变细胞膜的通透性，或者由于氧化作用抑制各种巯基酶或其他对氧化作用敏感的酶类，引起细菌死亡。

含氯消毒剂是指溶于水中能产生次氯酸的消毒剂，分有机氯消毒剂和无机氯消毒剂。有机氯消毒剂包括二氯异氰尿酸钠、三氯异氰尿酸钠和甲基海因类，作用较快，但不稳定。无机氯消毒剂如漂白粉、复合亚氯酸钠、二氧化氯等，性质稳定，但作用较慢。含氯消毒剂杀菌谱广，能有效杀死细菌、真菌、病毒、阿米巴包囊和藻类。作用迅速，合成工艺简单，且能大量生产和供应，价格低廉，便于推广使用。但易受有机物及酸碱度影响，能漂白、腐蚀物品，有难闻的氯味，有的种类不够稳定，有效氯易丧失等。

6.过氧化物类消毒剂

过氧化物类消毒剂多依靠强大的氧化能力杀灭微生物，又称为氧化剂。通过氧化反应，可直接与菌体或酶蛋白中的氨基、羧基、巯基发生反应而损伤细胞结构或抑制代谢机能，导致细菌死亡；或通过氧化还原反应，加速细菌的代谢，损害生产过程而致死。过氧化物类消毒剂杀菌能力强，可分解为无毒成分，不引起残留毒性。缺点是易分解、不稳定；具有漂白和腐蚀作用。常用过氧化物类消毒剂有过氧乙酸等。

7.表面活性剂

表面活性剂是一类能降低水溶液表面张力的物质。由于促进水的扩展，使表面润湿，又可浸透进入微细孔道，使两种不相混合的液体如油和水发生乳化，湿润和乳化均有利于油污的去除。表面活性剂主要通过改变界面的能量分布，改变细菌细胞膜通透性，影响细菌新陈代谢；可使蛋白变性，灭活菌体内多种酶系统，具有抗菌活性。季铵盐类为最常用的阳离子表面活性剂，可杀灭大多数种类的繁殖型细菌、真菌及部分病毒，不能杀死芽孢、分枝杆菌和铜绿假单胞菌。季铵盐类处于溶液状态时，解离出季铵盐阳离子，可与细菌的膜磷脂中带负电荷的磷酸基结合，低浓度呈抑菌作用，高浓度呈杀菌作用。杀菌作用迅速、刺激性很弱、毒性低，不腐蚀金属和橡胶，但杀菌效果受有机物影响较大。常用的表面活性剂有新洁尔灭、洗必泰等。

8.染料类

染料分为碱性染料和酸性染料，碱性染料抗菌作用强于酸性染料。碱性染料和酸性染料仅抑制细菌繁殖，抗菌谱不广，作用缓慢，对革兰氏阳性菌有选择作用，在碱性环境中有杀菌作用，碱度越高，杀菌力越强。碱性染料的阳离子可与细菌蛋白的羟基结合，造成不正常的离子交换机能，抑制巯基酶反应和破坏细胞膜的机能等。常用的染料类有乳酸依沙吖啶、甲紫等。

9.1.2 常用化学消毒剂的使用方法

（1）氢氧化钠　又称苛性钠、烧碱，对细菌和病毒均有强大的杀灭力，常配成1%～2%热水溶液消毒被污染的圈舍、地面和用具等。若其中加入5%～10%食盐，增强其对炭疽杆菌的杀菌力。本品对金属物品有腐蚀性，消毒完毕要冲洗干净；对皮肤和黏膜有刺激性，消毒圈舍时，应驱出动物。

（2）碳酸钠　常配成4%热水溶液洗刷或浸泡衣物、用具、车船和场地等。

（3）石灰乳　取生石灰（氧化钙）1份加水1份制成熟石灰（氢氧化钙），用水配成10%～20%混悬液用于消毒。石灰乳有相当强的消毒作用，但不能杀灭细菌的芽孢，适合粉刷墙壁、圈栏、消毒地面、沟渠和粪尿等。

(4)漂白粉　主要成分为次氯酸钙,消毒作用与有效氯含量有关,一般为25%～30%,低于16%不用于消毒。常用剂型有粉剂、乳剂和澄清液。5%溶液可杀死一般性病原体,10%～20%溶液可杀死芽孢。一般用于圈舍、地面、水沟、粪便、运输车船、水井等消毒。对金属及衣服、纺织品有破坏力,使用时应注意。

(5)氯胺(氯亚明)　消毒作用缓慢而持久,用于饮水消毒(0.004%)、污染器具和圈舍的消毒(0.5%～5%)等。

(6)次氯酸钠　广谱消毒剂,因易于分解,不易保存,未能广泛应用。对细菌、真菌、病毒均有较强杀灭作用。

(7)二氯海因、溴氯海因、二溴海因　广谱高效的卤素类消毒剂,广泛用于动物养殖场和水的消毒。对细菌、真菌、病毒具有强的杀灭作用,尤其对病毒消毒效果好。

(8)过氧乙酸　产品为无色透明液体,易溶于水。市售成品有40%水溶液,性质不稳定,需密闭避光在低温处储存。低浓度水溶液易分解,现用现配。本品为强氧化剂,消毒效果较好,能杀死细菌、真菌、芽孢和病毒。除金属制品和橡胶外,可用于消毒各种物品。0.2%～0.3%溶液可在圈舍中喷雾消毒。

(9)二氧化氯(ClO_2)　新型广谱高效消毒剂,加酸活化后,产生原子氧和氯,氯与病原体分子中某些物质发生氧化,杀灭病原微生物。本品具有强消毒作用,还可清洁用水及圈舍、地面等养殖环境。

(10)来苏儿　为钾皂制成的甲酚液,含有不少于47%甲酚。来苏儿易溶于水,对一般病原菌有良好的杀菌作用,但对芽孢和结核杆菌作用较小。常用3%～5%溶液消毒圈舍、用具、日常器械、洗手等。

(11)克辽林　油状黑褐色液体,是皂化的煤焦油产物,杀菌作用不强,常用5%～10%水溶液消毒圈舍、用具和排泄物等。

(12)新洁尔灭、洗必泰、消毒净、度米芬　均为季铵盐类阳离子表面活性消毒剂。新洁尔灭为胶状液体,其余为粉剂。均易溶于水,溶解后能降低液体的表面张力,毒性低、无腐蚀性、性质稳定、能长期保存、消毒对象范围广、效力强、速度快,对一般病原菌有强大杀灭效能。0.1%水溶液浸泡器械(加0.5%亚硝酸钠防锈)、玻璃、搪瓷、衣物、敷料、橡胶制品,用新洁尔灭需30 min,其余消毒剂需10 min即达消毒目的。皮肤消毒可用0.1%新洁尔灭或消毒净溶液,或0.02%～0.05%洗必泰、消毒净或度米芬的醇溶液。

(13)双链季铵盐　如百毒杀等。本类消毒剂分子中有两个侧链,其性质和特点与单链相似,但消毒效果优于前者,对细菌有强杀灭作用,对病毒的杀灭作用较弱。

(14)环氧乙烷　低温下为无色透明液体,沸点10.8 ℃。贮于钢瓶、耐压铝瓶或玻瓶内。其气体穿透力强,有较强的杀菌能力,对细菌芽孢有很好的杀灭作用;对大多数物品不造成破坏,用于皮毛、皮革、丝毛织品、器械及包装物的熏蒸消毒。使用方法是用热水(80 ℃)将环氧乙烷容器加热,使之汽化,在室温15 ℃时,每立方米密闭空间使用环氧乙烷0.4～0.8 kg,维持12～48 h,相对湿度保持在30%以上。

(15)福尔马林　甲醛的水溶液(含36%甲醛 m/V),用于圈舍、孵化器及种蛋的熏蒸消毒。福尔马林对皮肤、黏膜刺激强烈,引起湿疹样皮炎、支气管炎,甚至窒息,使用时注意安全。

(16)戊二醛　商品是25%(m/V)水溶液,常用其2%溶液,溶液呈酸性反应,以0.3%碳酸氢钠作缓冲,使pH为7.5～8.5,杀菌作用显著增强。戊二醛溶液的杀菌作用比甲醛强,且对物品无损伤作用。

9.1.3 影响消毒剂作用的因素

消毒剂的作用不仅取决于本身的化学性质，且受许多因素的影响。

(1)病原微生物类型　不同类型病原微生物对同一种消毒剂的敏感性不同，如革兰氏阳性菌对消毒剂一般比革兰氏阴性菌敏感，分枝杆菌和细菌芽孢需高效力的消毒剂才能被杀灭，病毒对碱类消毒剂敏感，对酚类消毒剂抵抗力较强，酚类化合物对所有不产生芽孢的细菌几乎均有杀灭作用，但对芽孢作用不强。

(2)消毒剂的浓度和作用时间　当其他条件一致时，消毒剂的杀菌效力一般随浓度的增加而增强，或呈现相同杀菌效力所需时间一般随消毒剂浓度增加而缩短。

(3)温度　消毒剂的消毒效果与环境温度呈正相关，温度越高，杀菌力越强，一般温度每增高 10 ℃，重金属盐类的杀菌作用增加 2～5 倍，石碳酸的杀菌作用增加 5～8 倍。

(4)酸碱度　消毒剂的杀菌作用受 pH 影响，pH 改变其溶解度、离解程度和分子结构。例如戊二醛在酸性环境中较稳定，但杀菌能力较弱，当加入碳酸氢钠使其溶液 pH 为 7.5～8.5，杀菌活性显著增强。含氯消毒剂作用最佳 pH 为 5～6。以分子形式起作用的酚、苯甲酸等，当环境 pH 升高时，其分子的解离程度增加，杀菌效力随之减弱或消失。

(5)有机物　消毒环境中有机物如粪、尿等，能在微生物表面形成一层保护层，妨碍消毒剂与微生物接触，或与消毒剂发生中和、吸附作用，或发生化学反应形成杀菌能力弱的化合物。有机物越多，对消毒剂的杀菌效果影响越大。

(6)水质硬度　硬水中 Ca^{2+} 和 Mg^{2+} 能与季铵盐类、氯乙定等结合形成不溶性盐类，降低其抗菌效力。

(7)联合应用　两种消毒剂合用时，出现增强或减弱效果。消毒剂由于理化性质不同，两种消毒剂合用时，可能产生相互拮抗，使消毒效果降低，如阴离子清洁剂肥皂与阳离子清洁剂苯扎溴铵合用时，发生化学反应使消毒效果减弱，甚至完全消失。合理的联合用药能增强消毒效果，如戊二醛加入阳离子表面活性剂，增强其消毒作用。

9.1.4 常规化学消毒剂的耐药性问题

猪场常用的化学消毒剂主要有季铵盐类消毒剂、过氧化物类消毒剂、酚类消毒剂、卤素类消毒剂、醛类消毒剂、氧化剂类消毒剂等。随着常规化学消毒剂在畜牧养殖业中的广泛应用，细菌耐药率逐年升高，细菌耐药性的问题变得日益严重。林秋敏等从猪场水和粪便样本分离出的大肠杆菌、肠球菌、沙门氏菌和葡萄球菌对碘酸混合液、聚维酮碘、过氧乙酸产生耐药性，耐药率为 9.5%～18.1%。凌丁等从仔猪分离的沙门氏菌对消毒剂百毒杀的耐药率为 23.1%。猪场在消毒过程中存活的耐药病原菌引起猪场环境持续污染，耐药病原菌给养猪业和消费者带来威胁，食源性病原菌在消毒剂和抗生素之间的交叉耐药将引起人类严重的公共健康问题。此外，化学消毒剂在使用过程中存在毒性较高、刺激性较大、对环境污染较严重等缺点，如次氯酸钠具有腐蚀性，含氯消毒剂易被有机质灭活，且能形成潜在的致癌致畸物质三卤甲烷、卤乙酸、卤化酮、三氯硝基甲烷等，聚维酮碘能引起过敏、皮肤变色和细菌耐药的问题，影响畜产品质量和安全、危害公共健康和经济发展。因此，迫切需要开发可替代的新型消毒剂。

9.2 微酸性电解水消毒技术

9.2.1 微酸性电解水的特点与生产原理

1.微酸性电解水的生产原理

电解水根据 pH 值通常分为酸性电解水(pH 2.2～2.7),微酸性电解水(pH 5.0～6.5)和中性电解水(pH 6.5～7.5)。酸性电解水是在有隔膜电解槽内电解低浓度氯化钠溶液(0.1%),在阳极产生 pH≤2.7、ORP≥1 100 mV、有效氯浓度(ACC)为 10～80 mg/L 的酸性电解水(AEW),在阴极产生 pH 为 10～13、ORP 为 −795 mV 的碱性电解水(AlEW)。微酸性电解水(SAEW)是在无隔膜电解槽内电解稀盐酸(HCl)和/或 NaCl 溶液,产生 pH 为 5.0～6.5、含不同有效氯浓度的电解水。

微酸性电解水的生产原理如图 9-1 所示:将低浓度的 NaCl 和稀 HCl 混合溶液加入无隔膜的阴、阳电极的电解槽中,在外加直流电作用下,阴极和阳极发生电化学反应生成微酸性电解水。以 NaCl 和稀 HCl 混合溶液为电解质,其电化学反应为:

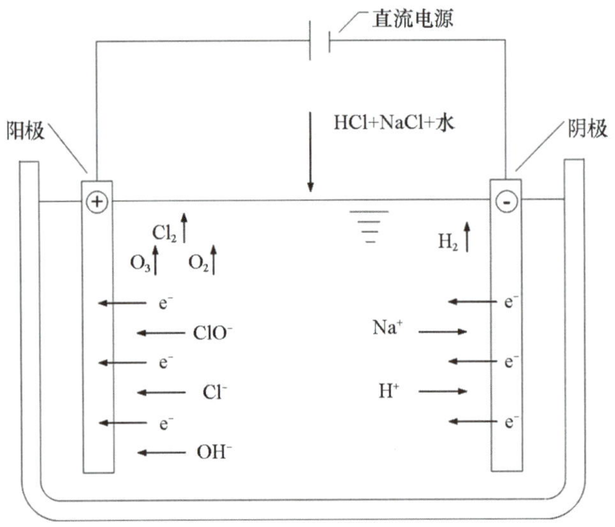

阳极:$2H_2O \rightarrow O_2\uparrow + 4H^+ + 4e^-$;$2Cl^- \rightarrow Cl_2 + 2e^-$;$Cl_2 + H_2O \rightarrow HCl + HClO$

阴极:$2H^+ + 2e^- \rightarrow H_2\uparrow$;$2H_2O + 2e^- \rightarrow H_2\uparrow + 2OH^-$;$Na^+ + OH^- \rightarrow NaOH$

图 9-1 微酸性电解水生成原理图

2.微酸性电解水的特点

在 pH 为 5.0～6.5 下,微酸性电解水的有效氯成分主要是 HClO(约 95%),具有很强的杀菌活性,微酸性电解水具有广谱、高效的杀菌活性,对细菌、病毒、真菌等都有杀菌效果,如对沙门氏菌、大肠杆菌、金黄色葡萄球菌、猪繁殖与呼吸综合征病毒、猪狂犬病毒等都有很强的杀菌效果;微酸性电解水杀菌后氧化还原电位迅速下降,分解并还原为普通水,对环境无污染,相比于传统化学消毒剂,具有安全、无污染、无残留的特点,是安全、环保、绿色的消毒剂;微酸性电解采用无隔膜电解方式,使用低浓度的 NaCl 和/或 HCl 溶液,成本低廉、操作方便,根据需要可用间歇式或连续式生产方式，生产能力可设计成小型家庭式或大型工业式；微酸性电解水贮藏稳定，密闭贮藏 6 个月以上仍具有较好的杀菌效果，光照对微酸性电解水的理化性质没有显著影响。相比于酸性电解水，微酸性电解水腐蚀性小，应用范围广，在食品、医疗、农业、畜禽养殖等领域具有广泛的应用前景。

9.2.2 微酸性电解水的制备

微酸性电解水可通过四种不同方法生成(图 9-2)：

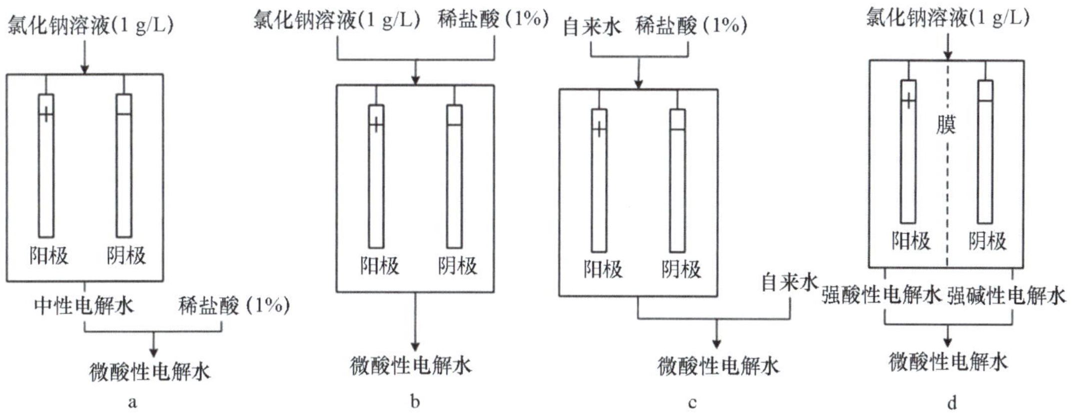

图 9-2 微酸性电解水制备生成方法

a.带有阳极和阴极的无隔膜电解室电解 1 g/L NaCl 溶液，然后添加稀释的 1% HCl 溶液调节 pH 为 6.08 制备；

b.带有阳极和阴极的无隔膜电解室电解 1 g/L NaCl 溶液和 1% HCl 溶液的混合物制备；

c.带有阳极和阴极的无隔膜电解室电解 9% HCl 溶液后用自来水稀释制备；

d.带有阳极和阴极的有隔膜电解室电解 1 g/L NaCl 溶液后将阳极侧的酸性电解水和阴极侧的碱性电解水按 10 : 8 (*V*/*V*)比例混合制备。

9.2.3 微酸性电解水的性质与消毒机理

微酸性电解水 pH 为 5.0～6.5，有效氯成分主要为 HClO，对细菌、病毒和真菌都有杀菌效果，研究表明有机质、电流、水流量、电解液、盐浓度、电极材料、储藏条件、水硬度、水温度等影响电解水的理化性质和杀菌活性。电解水的消毒机理存在不同的观点，一些研究者认为有效氯是电解水杀菌活性的主要因子，一些学者认为酸性电解水杀菌的主要因素是有效氯，pH、ORP 起协同作用。电解水的杀菌活性受有效氯形式(Cl_2、ClO^-、HClO)，ORP 和 pH 影响，电解水 pH 对有效氯形式起着重要作用，当 pH 在 5.0～6.5 时，电解水主要以 HClO 形式存在，HClO 的杀菌活性是 ClO^- 的 80 倍；但是在高 pH 下，HClO 分解成 ClO^-，在低 pH 下，HClO 形成 Cl_2。研究表明 HClO 侵入细胞膜，产生羟基自由基，在细胞主要代谢途径中通过氧化发挥抗菌作用。一些学者构建模型解释电解水杀菌作用取决于 HClO 和 ClO^- 侵入细菌细胞膜的能力。由于细胞膜上的磷脂双分子层是疏水性的，ClO^- 不能侵入细胞膜，此外，细菌细胞壁阻碍 ClO^- 侵入细胞，因此 ClO^- 只在细胞外发挥氧化作用。HClO 通过被动扩散侵入细胞膜的磷脂双分子层，因此 HClO 不仅在细胞外而且在细胞内破坏细菌，加快微生物灭活率和提高杀菌作用。HClO 或 ClO^- 的杀菌作用可能是其抑制对微生物生长重要的酶活性，损害细胞膜和 DNA，阻碍细胞膜运输能力。

电解水的 ORP 和有效氯浓度随着 pH(2.5～9.0)增加而下降，当 pH 为 9 时，电解水杀灭微生物能力大幅度下降。一些研究者认为高 ORP 是酸性电解水抗菌作用的主要因子，由于酸性电解水的高 ORP，使微生物的细胞膜电位发生改变，损害细胞层，引起细胞表面巯基的氧化，破坏细胞代谢途径，导致细胞通透性增强、细菌肿胀和细胞代谢酶的破坏，细胞内物质溢出，溶解，促进微生物的灭活；ORP 损害 *E. coli* 的 GSSG/GSH 的氧化还原状态，破坏细胞内膜和外膜，从而杀灭细菌。此外，电解水电解过程中产生的活性氧(如臭氧和过氧化氢)有助于其杀菌效果。电解水消毒机制包括破坏细菌的保护屏障，增加细胞膜通透性，渗出细胞内容物如 DNA、K^+、蛋白质等，以及降低某些关键酶活性。微酸性电解水使大肠杆菌细胞膜渗透性增加，释放活性氧自由基；且从细胞坏死和细胞凋亡角度解释微酸性电解水对大肠杆菌的杀菌机制。此外研究表明微酸性电解水对金黄色葡萄球菌和大肠杆菌的杀菌效果受有效氯浓度、作用时间和水温影响，微酸性电解水能使细菌细胞壁溶解、活性物质溢出造成细菌死亡。

9.3 微酸性电解水在规模猪场的应用

9.3.1 人员通道消毒

人员由场外进入场内或由生产区外进入生产区内的通道，应设置有喷雾消毒系统、紫外灯、感应水龙头和水池、硬质防滑地面、消毒脚垫，用于进场人员衣表消毒、手部消毒和鞋底消毒。人员专用消毒通道安装超声波雾化消毒系统(图 9-3)，超声波雾化消毒系统距地面 2.0～2.5 m，每个超声波喷雾头喷雾量为 1.2 L/h，雾粒直径<10 μm，额定功率为 850 W，额定电流为 3.4 A。用微酸性电解水机制备 100 mg/L 微酸性电解水，将微酸性电解水接入超声波雾化消毒系统，超声波雾化消毒 4 min，人员消毒杀菌率达 100%。手部消毒用有效氯浓度为 40～60 mg/L 的微酸性电解水冲洗或浸泡 30～60 s。鞋底消毒用脚踏盛有有效氯浓度为 100～200 mg/L 微酸性电解水的消毒池或消毒脚垫，停留 30 s 以上，消毒池和消毒脚垫中的微酸性电解水更换频率应不低于 2 次/d，消毒池水深应大于 15 cm，消毒脚垫厚度应大于 2 cm。

图 9-3 微酸性电解水应用于人员通道消毒

9.3.2 车辆通道消毒

为了减少车辆携带病原传播的隐患，车辆进入猪场需要消毒，车辆消毒可在消毒通道(图 9-4)进行，车辆消毒通道长 7 m、宽 5 m、高 5 m，两侧和底部都安装消毒喷头，运输车辆驶进消毒通道内，自动启动喷雾消毒系统，对整个车体进行喷雾消毒，消毒达到规定时间才允许车辆离开。

图 9-4 微酸性电解水应用于车辆通道消毒

车辆消毒前需要使用高压冲洗设备先清洗，清洗车辆表面粪便和泥土等污物，从而提高消毒效果，研究表明 30～90 mg/L 微酸性电解水对不锈钢表面鼠伤寒沙门氏菌、大肠杆菌、金黄色葡萄球菌的杀菌效果高于或等同于 1 367 mg/L 化学消毒剂复合酚。50 mg/L 微酸性电解水喷雾消毒 2 min，90 mg/L 微酸性电解水喷雾消毒 0.5 min，能全部杀灭不锈钢表面鼠伤寒沙门氏菌和大肠杆菌；80 mg/L 微酸性电解水对车辆表面自然菌的杀菌效果与 1 367 mg/L 复合酚差异不显著，且车辆清洗后消毒效果高于车辆未清洗直接消毒的效果。另外，微酸性电解水对不锈钢表面病原菌、混合菌及车辆表面自然菌的杀菌效果随着有效氯浓度和喷雾时间的增加而增加。

9.3.3 设备及物体表面消毒

猪舍消毒前，饲养员穿工作服和鞋帽，经消毒池进入猪舍，清除舍内的粪尿，用高压水冲洗地面、墙壁、猪栏、门窗、料槽、饮水器等，待舍内干燥后，关闭门窗消毒，可用喷雾或喷洒方式，每周消毒 2～3 次，有疫情时每日消毒 1 次。研究表明，有效氯浓度为 300 mg/L 的微酸性电解水显著减少猪舍内墙面、栏杆和地面的表面微生物，与化学消毒剂强力消毒灵粉相比，微酸性电解水对猪舍内墙面、栏杆和地面的消毒效果与强力消毒灵粉差异不显著。微酸性电解水喷洒消毒可以减少猪舍内墙面、栏杆和地面 91%～100%的表面微生物，而喷雾消毒减少 36%～85%的表面微生物，微酸性电解水喷洒消毒效果高于其喷雾消毒效果，建议夏天可用微酸性电解水代替自来水在猪舍应用，既能减少猪舍内病原微生物含量，又能降低猪舍内温度，缓解热应激，从而降低死亡率。喷雾消毒设施：用于适宜喷雾消毒的物资消毒场所，要求场所可密闭，地面应为硬化地面，有一定坡度，并铺设防滑垫，配备喷雾消毒系统。

9.3.4 猪舍进排风空气净化与消毒

猪舍空气中的尘埃可能携带病原微生物，为了减少猪呼吸道疾病的发生，对猪舍内空气进行消毒，研究表明猪舍应用微酸性电解水、强力消毒灵粉和聚维酮碘喷雾消毒后，有效氯浓度为 300 mg/L 的微酸性电解水减少 59%的空气微生物，强力消毒灵粉减少 49%的空气微生物，聚维酮碘溶液减少 26%的空气微生物，微酸性电解水对空气消毒效果高于强力消毒灵粉和聚维酮碘。

9.3.5 场区环境消毒

场区道路、畜禽舍周围环境应经常清扫，保持场区清洁卫生。用有效氯浓度不低于 150 mg/L 的微酸性电解水进行喷雾消毒，应每周消毒至少 1 次。排粪沟、下水道出口应定期清理，用有效氯浓度不低于 150 mg/L 微酸性电解水进行高压冲洗，应每周 1～2 次。

9.3.6 猪饮用水及管线系统的消毒

添加微酸性电解水使水线中保持 0.3～0.5 mg/L 余氯浓度(图 9-5)。研究证明能够降低饮水中细菌浓度、改善肠道 pH 和菌群，从而提高畜禽免疫功能和生产性能，改善畜禽舍内环境。添加余氯 0.3 mg/L 微酸性电解水 24 h 后，饮水管线中细菌浓度降低 34.7%，48 h 后水线中细菌浓度的对数值维持为 1.83±0.05 log(CFU/mL)，添加余氯 0.3 mg/L 微酸性电解水使水线内细菌浓度总数显著降低，达到中国饮水卫生标准，且规模化猪场饮水系统添加微酸性电解水作为杀菌消毒剂可减少废水产生排放。饮用余氯 0.3 mg/L 微酸性电解水使畜禽正常粪便率提高 10%，肠道 pH 降低，减少大肠杆菌和沙门氏菌数量，增加乳酸菌数量。微酸性电解水相较于一般的酸化剂能够提高肠道乳酸菌数量，对于畜禽体健康有积极影响。断奶仔猪饮用微酸性电解水对肠道菌丰度和多样性没有显著影响，但对于肠道微生物群落组成有明显的改变。从门水平上看，所有样品中拟杆菌门(Bacteroidetes)与厚壁菌门(Firmicutes)所占比例最高，达到 75%以上，并且拟杆菌门相对丰度均高于厚壁菌门，电解水组拟杆菌门相对丰度(56.27%～66.08%)均高于对照组(53.36%)；饮用微酸性电解水会降低断奶仔猪肠道微生物中放线菌门与互养菌门相对丰度，且随着微酸性电解水浓度的增加效果越明显。从属水平上看，不同处理与对照组之间在 19 个属呈现出差异显著水平。其中，与肠道健康相关的劳特氏菌属(*Blautia*)、梭菌属(*Clostridium*)、罗斯氏菌属(*Roseburia*)、琥珀酸弧菌属(*Succinivibrio*)、毛螺菌属(*Lachnospira*)、普氏菌属(*Prevotella*)、链球菌属(*Streptococcus*)、栖粪杆菌属(*Faecalibacterium*)等菌属得到显著的升高。

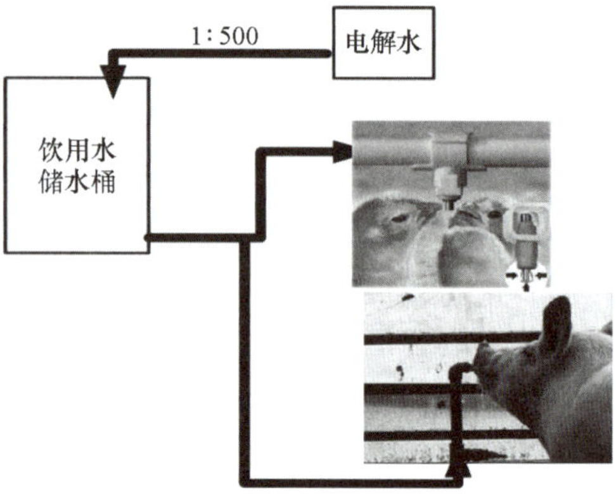

图 9-5 微酸性电解水应用于饮水消毒

(郑炜超、李保明)

第 10 章 福利化养猪工艺的数字化技术

本章提要

本章针对现代养殖模式下福利化饲养的工艺要求，分析了群养条件下如何快速确定空怀母猪个体最佳受孕时间暨提高人工授精效率、解决育肥猪出栏整齐度不均等问题的技术解决途径，在福利化饲养工艺应用及饲养设备配套方案中提出了仿生公猪试情、生猪体尺及体重免应激预估、育肥猪出栏体重控制与自动分群饲喂等数字化工程应用案例。

10.1 空怀母猪最佳受孕时间预判

10.1.1 母猪生理

配种阶段母猪的发情状况及配种时间对 PSY 有较大影响。据统计，约 10%经产母猪配种后会出现返情，在后备母猪中返情比例则更高。造成母猪返情的重要原因之一是配种过早或过晚。因此，采用科学正确的发情检测技术，寻求最佳的配种时间，是提高母猪受胎率急需解决的关键。

母猪的发情周期约为 21 d，其中发情期持续 2～3 d。正常母猪一个发情周期包括发情前期、发情期、发情后期和间情期 4 个时期。不同时期对公猪的吸引力呈周期变化，如图 10-1 所示。

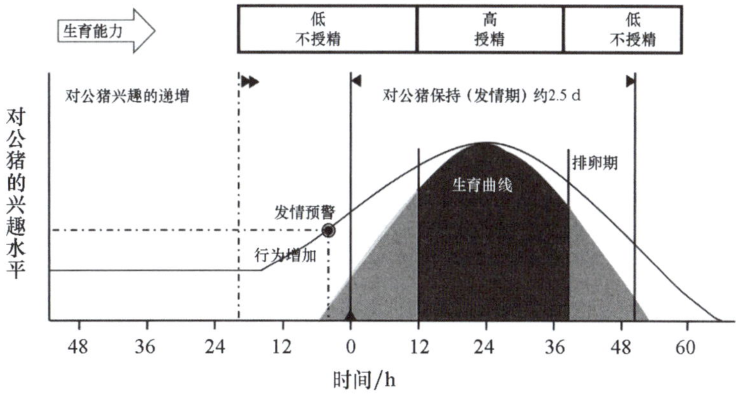

图 10-1 发情周期对公猪兴趣水平曲线

10.1.2 母猪发情感知

准确掌握母猪的发情状态对母猪配种相当重要。在最佳的配种时间进行配种，可有效地减少母猪非生产天数。国内外研究学者针对发情研究，历经人工观察、电子传感器记录以及图像技术识别分析等。Bressers 通过加速度计记录母猪对公猪的访问，结果显示母猪的身体活动在发情前有所增加。Cornou 和 Heiskanen 利用加速度计，分析母猪每小时平均加速度量，使用单变量动态线性模型结合卡尔曼滤波器建模，可以检测出 3 头发情母猪中 2 头处于发情期。Korthals 基于 RFID 无线射频技术自动记录母猪访问公猪的时间，发情检测的灵敏度可达到 76.4%。秦永孝等基于无线射频识别(RFID)与红外测温技术，对发情状态下的体温和直肠温度进行了分析，表明母猪在发情、配种时体表温度和直肠温度最高。Ostersen 基于 RFID-tag 对母猪对公猪的访问，访问时间和频率分别建模，然后合并。特异性 99.4%，准确率 87.4%。Cornou 基于 Skiold Echberg A/S (Ikast，Denmark)电子母猪饲喂器(ESF)的电子耳标，统计分析日采食量以及身体动作，发情检测最高灵敏度 75%。Syke 基于数字红外热成像对母猪的外阴表面温度，结果显示温度在发情与非发情存在显著性($P<0.05$)。Geers 和 Freson 基于笼养母猪，检测母猪发情行为，正确率为 86%，发情检测的灵敏度为 79%，特异性为 68%。汪开英基于红外行为传感器，对母猪外阴红肿、静立行为等识别，查情的准确率为 84.2%。孙刚通过微处理器监控红外传感，识别母猪发情行为的准确率达到 80% 以上。Scolari 基于红外热成像技术对外阴部体表温度和臀部温度变化判断发情。Simes 基于红外热成像技术观察发情与外阴温度的关系，发情前外阴部温度开始升高，达到峰值后逐渐降低，发情后 6～12 h 达到最低，而发情前后臀部温度差异不显著。Bressers 利用视频分析，检测母猪到公猪监测区域的频率和时间数据，准确率达到 95%。王凯等基于机器视觉对母猪立姿、卧姿和爬跨行为进行识别，错误率为 13.43%，召回率为 90.63%，特效性 81.63%。余炅桦基于机器视觉对母猪站立行为进行识别，准确率为 98.50%。

10.1.3 母猪发情行为

后备猪受到公猪刺激初情期或第一次发情通常发生在 170～210 日龄。经产母猪通常在断奶后 3～5 d 发情，排卵普遍发生在开始发情后 30～40 h，但个体差异比较大。后备猪的发情持续时间较经产母猪少 10～15 h。

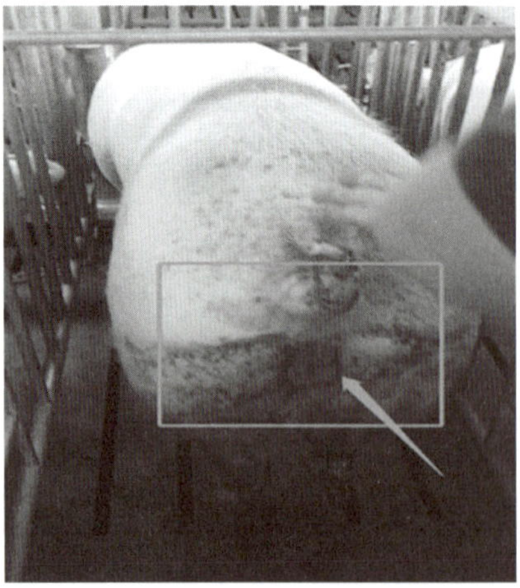
图 10-2　母猪发情外阴和阴蒂红肿

定义母猪处于发情期的基本表现是当母猪接触公猪进行压背测试时，母猪表现出站立不动，双耳竖直。在发情开始前几小时或者几天能观察到许多发情行为和生理信息，但有些猪只的发情迹象并不十分明显。发情开始前 2～3 d，由于卵巢中卵泡的发育，雌激素水平升高刺激血流增加且体液滞留在生殖道，导致外阴和阴蒂膨胀并变为红色(图 10-2)。这在后备母猪很常见，但在经产母猪通常只有分开外阴检查内部才能看到。雌激素也作用于大脑某部位诱导与发情相关的行为。当母猪即将发情时，叫声可能增大或者改变，行为可能变得活跃，采食量可能下降。随着激素水平的不断提高，生殖道分泌黏稠液体，并外阴溢出形成拉丝。取少量黏液于两手指间反复挤压，即可形成拉丝，能感觉出黏度。这就是'拇指检查'，其理论是，当母猪接近发情时，黏液变得越来越黏，检查母猪外阴时，未发情的母猪通常夹住尾巴，而发情母猪有时尾上翘并晃动。

当几头母猪关在一起时，尚未发情的后备母猪和经产母猪即将开始或结束发情时常爬跨围栏或者其他母猪。多数母猪不会忍受被其他母猪爬跨，并发出尖叫声、移动身体逃离。发情母猪被爬跨会表现出"站立反应"，反复骑跨母猪其背部可能形成粗糙的体毛和擦痕。对于限位栏母猪不能爬跨相邻母猪，但看到公猪时会表现出兴奋状态，会出现啃咬邻近的母猪或爬跨限位栏。

不管是否发情，大多数母猪会朝向路过中间过道的公猪。但是，母猪接近发情和处于发情时期时会尽可能靠近或嗅闻公猪（图 10-3）。当公猪经过母猪身边，一些发情母猪在没有任何直接身体刺激的条件下会表现出站立反应。有些品种的猪双耳可能竖直，背部微微拱起，通过等长肌肉收缩后腿颤抖，就像准备好被爬跨。

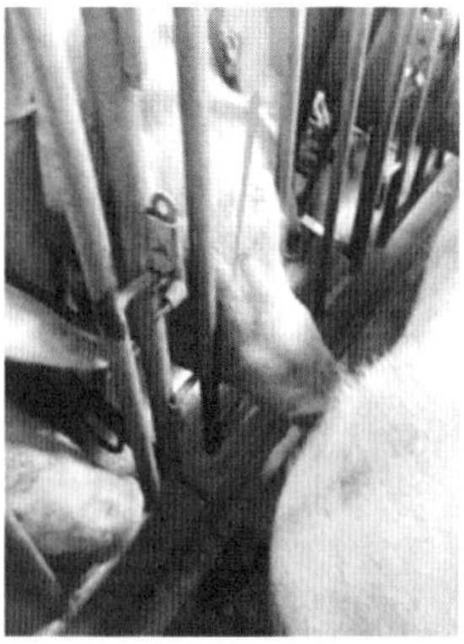

图 10-3　母猪发情时寻找或嗅闻公猪

一些发情母猪在没有公猪的情况下进行压背测试也会出现站立反应（图 10-4）。但是，有些发情的后备猪和经产猪在没有公猪的情况下压背测试不表现出站立反应。大型养猪场检查母猪发情状况时，公猪直接接触母猪身体并爬跨是不现实的。母猪鼻子露出围栏线与公猪接触很起作用，但是母猪要尽可能地面对面接触公猪，这样母猪能听到、看到或闻到公猪身上的气味。当允许身体接触时，在爬跨母猪前公猪常轻轻地剐蹭母猪身体侧面以确定母猪是否接受。在用手按压或者骑在母猪背上进行压背测试之前，用手抚摸母猪身体侧面的刺激有助于站立反应的表现。

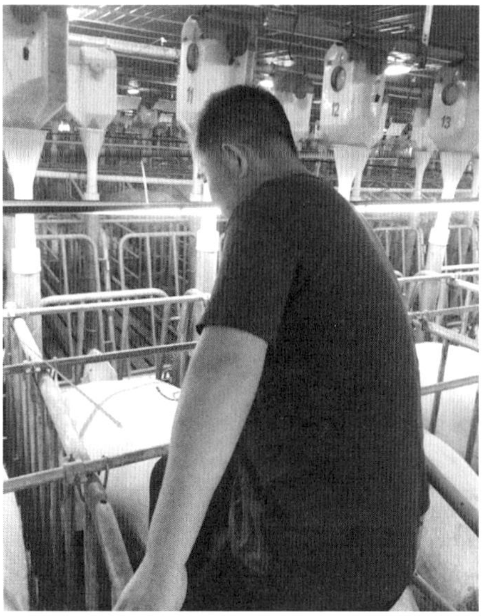

图 10-4　母猪发情时进行人工压背

一旦母猪出现站立反应，常维持 10～15 min，之后一段时间内则不愿接受爬跨，即使是发情期也是如此。这个状态在几个小时后缓解，母猪将再次接受公猪爬跨。这种情况可能与肌肉疲劳有关。值得注意的是，如果不断地与母猪接触，母猪受到连续刺激可引起发情行为表现的减少，如站立反应。换而言之，如果公猪一直在场，母猪的兴奋性表现则逐渐消失。

10.1.4 母猪发情表现

母猪发情前期：躁动不安，阴门潮红肿胀，后备猪肿胀程度明显，经产母猪肿胀程度不明显。阴道逐渐流出稀薄、白色的黏液，经产母猪明显。母猪发情中期：分泌物增加，外阴部肿胀到高峰，充血发红。母猪站立发呆，愿意接受公猪爬跨并允许交配。母猪发情后期：母猪性欲减退，有时仍走动不安，爬跨其他母猪，但拒绝公猪爬跨和交配。阴道黏膜颜色由浅红变深红再变浅红，生殖器官出现皱纹逐渐恢复到正常状态。

出现站立反应：配种员用手按压母猪背腰部，发情母猪经常两后腿叉开，呆立不动，尾巴上翘，双耳竖直。

通过发情检测，进而推断出母猪的最佳配种时间，从而提高产仔数与受胎率。有研究表明，在目前生产中最常用的发情检测方法是公猪试情法。公猪试情法主要是通过公猪与母猪的口鼻接触、鼻鼻接触后，观察母猪是否会出现静立反应，进而判定其是否发情。目前在实际生产中，每天进行两次发情鉴定，上下午各一次（返情猪可一天一次）。大多选择具有强烈唾液分泌能力且性情温顺的中老年公猪，诱情公猪要交换使用，以避免母猪对同一头公猪失去兴趣。查情的顺序为：断奶母猪、后备母猪、妊娠检查为阴性、空怀母猪、流产母猪、配种后 18～24 d 及 36～45 d 的母猪（返情检查），最后是妊娠检查疑似阴性的母猪。提前规划好公猪行走的线路，安排工作人员驱赶公猪，设置用于阻拦公猪的栏门。查情方法：给母猪背部施加压力，观察母猪是否有静立反应；用手推或膝盖顶母猪的乳房、腹部及肷部，观察母猪是否贴靠和静立反应；观察母猪外阴形状和颜色变化，以及分泌物的排出量和黏度；注意观察母猪是否频繁排尿、烦躁不安、拱栏、耳朵竖立、身体震颤、不食等反应；根据母猪发情鉴定标准，综合判断母猪是否发情和所处发情阶段，并做相应标记。此过程虽准确率高但耗时耗力，且存在一定的危险性。

国内常见的母猪栏有三种形式：母猪的整个空怀期、妊娠期采用单栏限位饲养。其特点是每头猪的占地面积小，喂料、观察、管理都较方便，母猪不会因碰撞而导致流产，但母猪活动受限制，运动量较少，对母猪分娩有一定影响；母猪的整个空怀期、妊娠期采用群栏饲养，一般每栏 3～5 头，它克服了单栏饲养母猪活动量不足的缺点，但容易发生因母猪间相互斗争或碰撞而引起流产；在空怀期和母猪妊娠前期采用群栏饲养，妊娠后期母猪则单栏饲养。

母猪专业场与自繁自养专业场为规模化的养猪场。其中发情检测工作在这些猪场内起了重要的作用。母猪专业场：母猪专业场以饲养种猪为主，主要通过繁育得到优良种猪，并出售仔猪与后备种猪实现盈利。该类型场需定期进行母猪的配种，保证产仔数的稳定。由此可知，母猪专业场相比较于其他规模化的养猪场，PSY 值较高，因此其对发情检测的要求较高。目前母猪专业场多采用公猪试情法并结合外部观察法进行查情。若错过最佳配种时间，导致母猪的产仔数下降，甚至出现返情现象，不仅会降低猪场的经济效益，同时也会浪费优质的种猪资源。由此可知，发情检测在母猪专业场中是至关重要的。自繁自养专业场：自繁自养专业场同时饲养肉猪与母猪，可通过自繁自养的方式提供本场所需的仔猪。该类型的猪场所具有的母猪头数与该场年出栏的肉猪数有关，年出栏的肉猪数越高，则饲养的母猪数越多。自繁自养专业场对发情检测的要求也较高。目前，该类型的专业场大多采用公猪试情法并结合外部观察法进行查情。若未寻得最佳的配种时间对母猪进行配种工作，不仅会造成猪场的非生产天数增加，还将直接打乱场内的生产计划，影响育肥场的仔猪培育。在自繁自养专业场内做好发情检测工作，具有十分重要的意义。

在没有公猪的小型猪场，采用外部观察法能较为简便直观地鉴别母猪是否发情，且节省了饲养公猪的开销，但外部观察法的查情效果差于公猪试情法，且耗时耗力，易引起猪只应激。而规模化养猪场，如母猪专业场与自繁自养专业场，多采用公猪试情法与外部观察法相结合的方法进行查情，查情效果较好，但仍耗时耗力，对工作人员的要求较高。目前，推行集约化与规模化养殖已成为养殖业的重要主题。发情检测自动化可以提高生产效率，也是未来的养殖发展趋势。

母猪发情行为较为明显。目前，发情检测大多采用人工观察法和公猪试情法。母猪在发情期，采食量会有所下降，对环境变化的敏感程度增加以及在猪圈内活动量的增加。目前通用的查情观察手段为观察压背反应以及阴户变化，压背反应（BPT）是指发情母猪被人工按压背部或被公猪爬跨时，表现出静立不动，双耳静立，弓背等。与此同时，母猪的阴户表现红肿，有较多的黏液从其中排出。公猪试情法，通过公猪与母猪直接或者隔栏接触，观察母猪是否出现“静立反应”，这方法需要操作公猪，存在一定的危险性。

造成返情现象的一个重要原因是：配种时间的提前或滞后。不同的配种时间对母猪受胎率影响很大，一般情况下在排卵前 48 h 进行配种，母猪的受胎率仅为 35%；在排卵前 40～48 h 进行配种，母猪的受胎率为 51%；在排卵前 32～40 h 进行配种，母猪的受胎率为 54%；在排卵前 24～32 h 进行配种，母猪的受胎率为 79%；在排卵前 16～24 h 进行配种，母猪的受胎率为 94%；在排卵前 8～16 h 进行配种，母猪的受胎率为 92%；在排卵前 0～8 h 进行配种，母猪的受胎率为 95%；在排卵后 0～8 h 进行配种，母猪的受胎率为 75%；在排卵后 8～16 h 进行配种，母猪的受胎率为 51%。因此在生产中准确的寻得较佳的受孕时间，对提高母猪的怀胎率非常重要。

10.1.5 基于声音和气味的仿生公猪查情技术

发情检测对猪场的实际生产具有重要意义，传统的发情检测法包括外部观察法、公猪试情法等，这些查情方法耗时耗力，且具有一定的危险性。采用公猪的声音和气味对母猪进行查情，具有省时省力、成本较低等优点，且便于实现查情自动化。本小结介绍一套试情平台，通过采集公猪的体液与声音模拟公猪进行查情。目前生产中最常用的发情检测方法是公猪试情法。

公猪试情法主要是通过公猪与母猪的口鼻接触、鼻鼻接触后，观察母猪是否会出现静立反应，进而判定其是否发情。目前在实际生产中，大多选择具有强烈唾液分泌能力且性情温顺的中老年公猪，且需根据查情的顺序，提前规划好公猪行走的线路，安排工作人员驱赶公猪，设置用于阻拦公猪的栏门，还需人工记录每头母猪的发情状况，耗时耗力，且存在一定的危险性。

1.基于气味和声音的试情原理

猪的视力较弱，但听觉较发达，同时嗅觉也较灵敏，因此猪对声音、气味的敏感程度较高。当公猪与母猪进行接触时，会发出一系列有规律的哼声，同时，公猪自身会散发一种外激素，其主要成分是雄烯酮与雄烯醇，是目前已知在母猪引起交配行为的重要激素之一，该激素由公猪传递至母猪后，促使母猪分泌释放激素与后叶催产素，之后产生促性腺激素，从而使母猪表现出静立反应。

2.试情平台硬件搭建

图 10-5 为一个用于试验的试情平台。平台共包含两个部分，即硬件组成部分与软件组成部分。硬件部分通过模拟公猪的叫声、散发公猪的气味，对发情的母猪产生嗅觉与听觉上的刺激，进而促使其表现出发情行为，主要包含高保真扬声器、摄像头、笔记本电脑等，并根据试验确定最佳的公猪气味散发方式。软件部分包括图像的自动采集程序及判定程序，主要通过采集母猪的耳部图像，自动识别母猪是否出现双耳竖立的发情行为，进而对其发情状况进行鉴定。

图 10-5　基于气味和声音的试情平台

3.试情效果分析

基于声音和气味设计了一套试情平台，采用公猪的声音与唾液模拟试情公猪。有省时省力、成本较低等优点。通过基于卷积神经网络的母猪发情行为识别算法，自动识别母猪在遇见公猪时，双耳竖立的时间是否超过设定的阈值，以鉴定其是否发情。基于卷积神经网络，采用迁移学习、全新学习、简化网络结构等方法建立 3 个卷积神经网络模型 Fine_AlexNet_Sow、AlexNet_Sow 与 AlexNet_Sow_Simplified，用于识别母猪双耳竖立的发情行为，并与其他图像分类方法训练所得的模型进行比较，发现卷积神经网络训练所得的模型在测试集上的精确率、召回率与准确率均高于其他模型，其中 AlexNet_Sow_Simplified 在这 3 个模型中的综合性能最优，在测试集上的精确率为 98%，召回率为 99%，准确率为 98.5%，单张图片的检测时间为 26.28 ms。结果表明，在现有的硬件与软件条件下，试情平台在实际查情中具有一定的查情效果。可以在一定程度代替真实公猪查情。

10.2　猪的体尺、体重免应激预估技术

健康养殖和动物福利理念都强调饲养过程中动物的舒适度和健康。动物的健康状况很大程度上能够通过体尺、体重以及采食量、饮水量等信息来体现。生产过程中，对猪的体尺、体重等形状参数进行实时监测，可以有效地反映猪只的生长状态，是反映养殖过程猪只健康与否的重要手段；也是保证动物福利的有力工具；通过结合猪的采食量、饮水量和生长状况研发符合动物福利原则的生长检测系统，实现猪每日的收益监测，对提高生产效率具有重要意义。

此外，猪体尺、体重等也是肉类品质的重要评价指标。如根据猪活体体尺可来估测其瘦肉率及背膘厚、眼肌面积等。活体猪外形（体长、体宽、体高、胸深、腿长、腹长）信息和用作屠宰

后等级评定的各项指标相关，可以用无接触检测猪体尺的方法来实现屠宰前评级。猪的体尺与宰杀后肌肉营养组分之间还存在着显著的相关关系，可利用体尺预估宰杀后肌肉蛋白质、瘦肉、脂肪等营养成分构成和含量。

10.2.1 生猪生长常规监测方法

动物生长信息化关键技术主要包括畜禽生理、生态、生产过程等三类指标的实时感知、海量数据存储及归纳分析与决策。生理类指标如血液中的抗体检测，通常情况下，需要抽血送至专业检测机构进行化验，检测时间周期长，成本居高不下。生产中具有重要作用的生理信息主要包括发情、分娩、行为、体重和健康等信息。准确高效地监测动物个体信息有利于分析动物的生理、营养和福利状况，实现信息化健康养殖和肉品溯源的基础。例如：猪只背膘厚度能够较好地反映屠宰后胴体瘦肉量，背膘厚度与母猪繁殖性能有较高的相关性。但测量猪只背膘时，需要固定猪只，测量时间长、人工投入大，步骤繁琐，且设备价格高昂，无法连续监测，多数用于种猪选育，在固定日龄测量背膘。动物体温信息可用于诊断疾病，判断环境舒适度，使用温度计测量体温的传统方式也无法实时快速连续检测，基于中波红外成像的群体测温方式能够快速检测发病猪只，甚至确定发病部位，但红外成像设备成本较高，目前多用于科学研究。对猪只个体来说，能够快捷获取且具有普遍意义的参数首推体尺和体重，是所有猪只必须检测的参数，对在生产管理方面具有重要意义。

猪体尺和体重的测量，分接触式和无接触式两种方式。传统的体尺测量为接触式，如体宽、体高采用卷尺或测杖测量，体长、胸围、腹围、臀围等使用软尺沿背中线紧贴体表测量，臀长、臀宽、腿围、胸深等用规尺量取。人工测量费时费力，且部分参数无法直接测量获取，如猪背部、前后腿部及臀部等的比例、形状均是猪只性能的考察指标，但是不易客观获得，现有条件下只有通过人为判断，进行外貌评分，具有一定的主观不定性。

传统的体重测量方法既有接触式的，也有无接触式的。接触式测量工具包括磅秤、体重箱、电子秤等，测量时驱赶猪至秤台上，整个过程费时费力，单头猪称重需要 3 个工人 5 min 左右的时间，且对猪只应激特别大，尤其是处于育肥期和发情期的猪只，称量之后采食量和采食次数都会降低，生产性能受到损害。另外多数猪舍用水清粪，环境恶劣，电子类称重设备容易受到腐蚀，极大降低其实用性和使用寿命。

由于接触式体重测量方法十分复杂，人们开始研究通过其他方式测量猪体重，最直观的办法为测量猪只体积，乘以猪只密度即可。但猪只体积也无法直接获取，研究者发现多数猪体尺和体重具有相关性，开始研究体尺估测体重的方法。养猪生产中，常用的一个猪体重预估经验公式为：

$$y=\frac{x_1\times x_2}{142\text{ 或 }156\text{ 或 }162}$$

式中，y 为猪体重，x_1、x_2 为胸围和体长。不同营养状况的猪，选取不同的除数，营养良好的为 142，营养中等的为 156，营养不良的为 162。黄家圣等验证该公式实际应用估测误差很大，之后他们直接测量二元杂种肥猪的体长、胸围及体重数据，建立较理想的体重估算公式。为了使用简便，建议采用如下公式：

$$y=\frac{x_1\times x_2}{93\text{ 或 }111\text{ 或 }129}$$

根据猪只的营养情况不同，采用相应的常数，其中二等猪的相关系数 R^2 为 0.944 7。在畜牧养殖实践中，人们研究了不同的猪体重估测方法，如 Johnson 1944 年发表的公式：

$$y=\frac{x_1^2\times x_2}{14\ 400}$$

该公式算出体重后还需校正：68 kg 以下者加 3.25 kg，68～132 kg 不变。后人还发表过类似公式，经孙宗德验证，上述公式较适用苏白猪、苏杂猪、巴克夏猪，而对杜洛克及其杂交猪则误差较大，孙宗德利用 97 头杜洛克杂交猪的体尺、胸围和体重数据建立如下公式：

$$y=0.627\ 2\times x_1+1.151\ 4\times x_2-107.957\ 9$$

随着研究不断深入，人们开始采用更多的体尺来进行体重预估。李胜仁等利用 112 头 6 月龄后备母猪的体重与体长、胸围、体高、臀围之间建立关系模型，发现不同世代的杂交猪体尺和体重的关系不一致，差异较大。李剑秋对 93 组 6 月龄大约克猪测定的体重（y）和体长（x_1）、体高（x_2）、胸围（x_3）、腿围（x_4）、腹围（x_5）数据，利用逐步回归分析法建立多元回归数学模型，回归方程为：

$$y=-155.29+0.223\ 6x_1+1.145\ 8x_2+0.947\ 2x_3+0.700\ 7x_4$$

F 检验和 t 检验均表明预测值与实际体重测定值无显著差异，相关系数 R^2 达到 0.956 1。Luis Enrique 评估了单个体尺测量预估育肥猪体重的精确度，胸围、腹围与体重的拟合度分别为 0.95、0.94，结果证明基于单个测量体尺的回归方程可以准确预估育肥猪体重。

随着计算机和视频技术的发展，为猪体尺、体重的测量提供了精确、便捷的方法，利用计算机视觉技术，通过实时拍摄、计算机获取和分析处理视频图像来评估生猪的体尺、估算体重，从而可以监测生猪的生长，也有助于研究猪的行为。与传统方法相比，生猪不会受到惊扰，减少了应激和物理伤害，这对仔猪和妊娠母猪尤为重要。两者的区别如表 10-1 所示。

表 10-1　传统测量方法和计算机视觉方法的区别

传统测量方法	计算机视觉方法
体重箱，电子秤人工测量	间接估算体重
只能靠经验人士肉眼识别	识别猪的形态
不方便，耗时，误差	方便，快捷，精确
造成应激	避免物理伤害
接触式测量	无接触式测量
需要大量人力	大量节省人力

10.2.2　现有生猪体重模型综述

动物营养领域中，以动物年龄（月龄或日龄）为预测因子模拟和预测动物体重、体尺等的生长发育状况的模型多达 10 余种，较著名的机理模型有 Von Bertalanffy 模型、Gompertz 模型和 Logistic 曲线模型。这三种模型变化规律为初期变化平缓，随后增长加速，达到一定程度，增长率逐渐降低，终至平坦。这三种模型为理想模型，在所有生产条件均处于理想状态下可以很好地拟合猪只的体重增长（$R^2=0.998$），但实际生产中动物增重受到环境、饲料、工艺、疾病等因素影响，生长曲线千差万别，因此对于不同猪场的不同品种，基于日龄的猪只体重估测模型无法完全适用。基于图像处理和机器视觉的猪体重估测技术具有无接触、快速、自动化程度高等特点，通过图像处理获取猪的关键体尺或面积，结合体尺和体重的关系模型，可以快速估测出猪的活体重。

近年来，已有研究提出了许多利用机器视觉技术无接触地估测育肥猪体重的方法，从而避免直接测量的弊端。具体过程是：①从猪体 2D 图像中提取猪只体尺、背部面积大小等参数，并通过猪只体尺体重与这些参数间的关系模型来实现体重的估测，其估测的平均误差在 3.38％～5.3％；②获取猪体三维(3-Dimensional，3D)图像后，从 3D 图像中提取猪只背部高度、面积大小等参数，并通过这些参数估测猪只体尺体重，该方法较使用 2D 图像精度有所提高；③采用椭圆拟合的方法拟合猪只图像中的背部区域，并根据体重与拟合椭圆的质心、长轴短轴的长度、面积、区域偏心率等参数间关系模型估测猪只体重，采用该方法估测时的平均相对误差为 3％～3.8％；④采用带栅格的幻灯片向猪体背部投影，根据立体投影的原理计算猪体高度与面积大小后估测猪只体重，但该方法难以实现自动化。

可以看出，随着技术手段的进步，猪只生长状况监测的精度也越来越高。近年来，一些学者提出的猪只体重估计技术的精度也已经可以满足生产的要求。但是以上的研究一般需要将猪体图像做如下处理：移除背景；图像增强；图像二值化；滤波去噪；移除头尾；提取体尺、体积、背部面积等参数。整个图像处理过程比较繁琐，所需处理时间较长，难以适用于育肥猪分群饲喂系统、母猪饲喂站等对猪只体重获取速度和实时性要求比较高的设备中。有些双目立体视觉系统还需要校准，校准是一个操作非常繁杂的过程，易受到光线、距离等的影响，且存在校准后随着猪只生长误差变大、一旦不小心误碰了系统需要重新校准的问题。这些操作的技术要求较高，一般饲养员很难做到。要想实现让养殖户接受并在养殖场实现落地应用，应寻求更加简单、快速、自动化的猪只体重估测方法。

10.2.3 基于机器视觉的免应激生猪体重预估技术

猪的多数体尺和质量具有较高的相关性，采用猪体尺估测质量的方法既获取了猪体重，也能够快速获取猪的体尺信息，且猪体尺可用作评价瘦肉和肥肉的指标。中国农业大学滕光辉研究团队采用双目视觉系统测量猪体尺，不需要参照物，且系统仅需标定一次，充分利用多个猪体尺和质量的相关性，也解决体尺间的共线性问题，估测误差较小。前两种估测模型使用一维和二维猪体尺信息，与第三种使用多个三维体尺建模方法相比，对于猪体外形的描述缺乏第三维信息或信息不够完善。建立估测模型选用的体尺满足两个原则：一是方便手工测量，二是能够通过机器视觉技术快速检测。因此，选择体长、体宽、体高、臀宽、臀高 5 个体尺参数建立模型。

结合小圈群养工艺和猪的生活习性，在饮水器处架设双目视觉检测系统(图 10-6 至图 10-8)，综合检测精度和视场范围选择相机和镜头，以 RFID 读卡器作为系统图像采集触发源，测试自由状态下采集饮水猪只俯视左右图像数据。使用统计分析软件 SPSS 提供的建模方法，建立多个猪体尺估测体重模型，并使用实测数据分析模型精度。

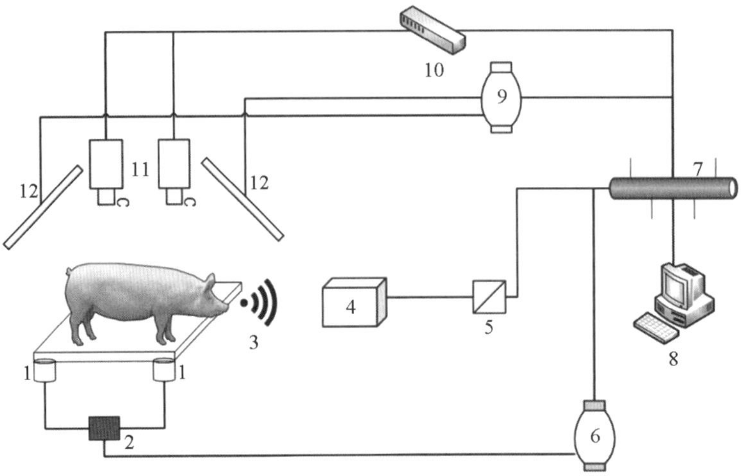

图 10-6　猪体重自动检测实验平台

1.压力传感器　2.压力变送器　3.RFID 标签　4.RFID 读卡器　5.串口转网络服务器　6.以太网采集模块　7.局域网　8.服务器　9.以太网输出模块　10.交换机　11.GigE Vision 相机　12.条型荧光灯

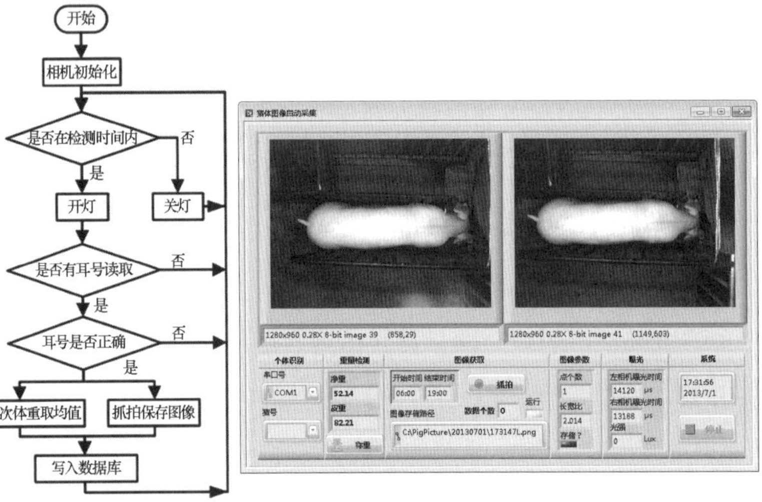

图 10-7　图像采集程序流程图与界面

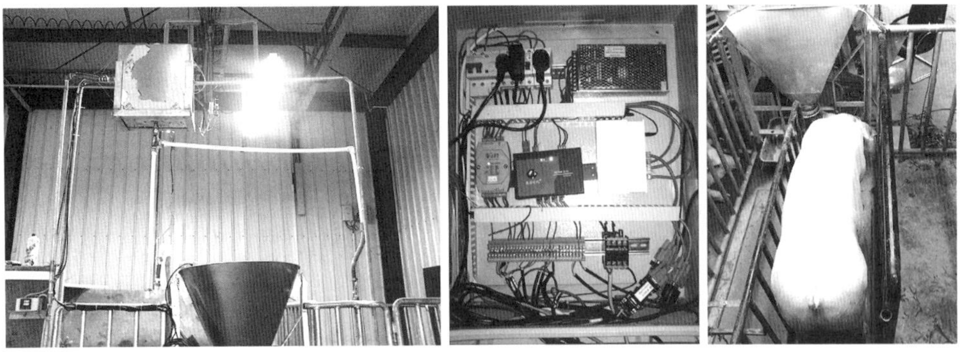

a.补光灯和相机　　b.控制柜　　c.限位栏

图 10-8　猪体重实验现场设备

采用上述系统在实际猪场进行了一系列试验，解决了提取猪体尺图像处理算法的精度和稳定性问题，在实际猪场验证了相关算法的检测精度。通过实际猪场架设的双目视觉系统，采集了大量猪体背部图像，并在猪只自由状态下测量其体尺，避免猪只应激造成体尺测量误差；使用基于深度图像的轮廓提取算法和改进的体尺测点提取算法，获取 32 组猪的体尺，与人工测量体尺对比，结果显示猪体尺检测平均相对误差在 2% 左右，所有体尺平均误差小于 2 cm，体尺检测的精度较高。

在双目视觉系统获得深度图像的基础上，计算猪体背部点的空间三维坐标，结合色彩信息，重构三维虚拟猪只。为检测双目视觉获得的猪只三维信息的精度，与激光扫描设备进行对比，扫描物体为猪只模型，使用 CloudCompare 点云处理软件，配准双目视觉检测点云与激光扫描的猪三维网格数据，计算点云到网格的距离，比较猪背部重构精度，25 万个点的平均误差为(−3.29±4.51)mm，达到较高的三维点云检测精度。

基于图像处理和机器视觉技术，使用 LabVIEW 视觉开发模块构建双目视觉检测软件，分析自由状态下抓拍的猪只图像，通过提取猪只各个体尺数据，并与人工实测猪只体尺数据进行对比，估算相应系统及测量误差，利用猪体重估测模型，给出猪只体重估算值，评估算法精度。在获得准确的猪体重估测模型和较准确的猪只体尺基础上，开发了基于虚拟仪器的猪体尺体重自动估测系统(图 10-9)。

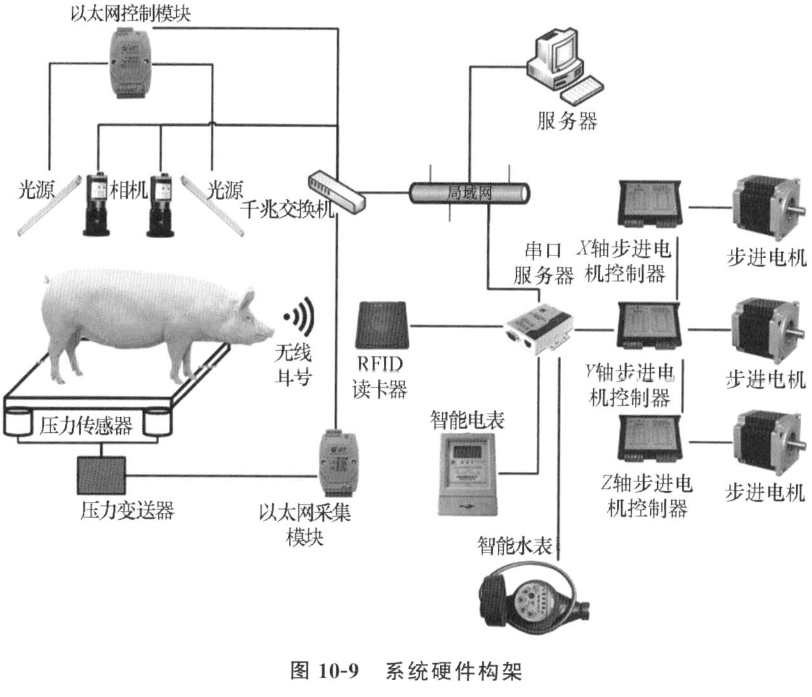

图 10-9　系统硬件构架

设计实验猪圈共分三个区：躺卧区、活动区和排泄区，实验猪圈的结构和躺卧区设置如图 10-10、图 10-11 所示，栏内设有保温木板、红外加温灯及保温帘；活动区设有铁链和饲料袋供猪玩耍和撕咬，料槽可容纳 4 头猪同时采食；排泄区地面安装漏缝地板，并安装鸭嘴式饮水器和地秤，地秤上方安装本研究开发的双目视觉检测系统，饮水器右侧安装 RFID 读卡器。多头猪只的轮廓分割较复杂,且猪只的接触会影响体尺测量的准确性,因此尽量避免多只猪出现在视野内,只研究单个猪只图像。为拍摄单猪的图像,在排泄区上方设有一个 U 形通道,用于抓拍单只猪体图像,宽度设为 50 cm,只能容纳一头猪出入,入口为气动门,出口为单向弹簧门。平时入口门处于开启状态,当猪只进入通道饮水时,通过光电开关检测到猪只,系统关闭入口气动门,防止其他猪只进入通道,保证画面中仅有一只猪。当猪饮水结束,通过 U 形通道,拱开出口门,出口处的光电开关检测到猪只离开通道,系统即开启入口门,让下一头猪进入饮水区。共饲养长白猪 4 头,编号为 1、2、5、6,日龄为 105～202 d,体重为 38～130 kg,饲料为农大利 553 型育肥猪颗粒饲料。

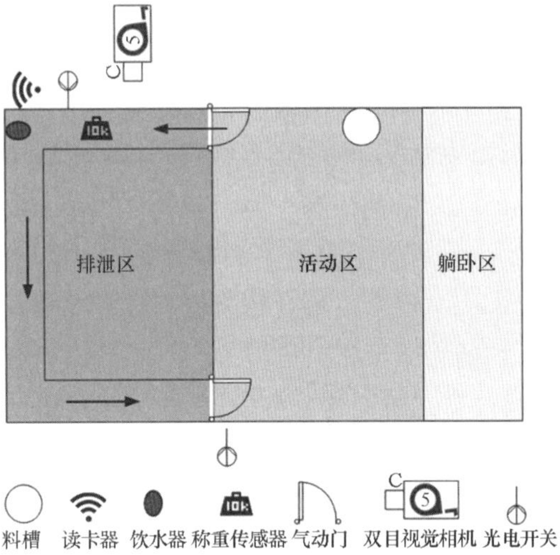

图 10-10　试验猪圈结构

为实现系统对多个猪圈猪只的检测,研发了双目视觉检测三维运动平台,相机移动控制程序界面如图 10-12 所示。主要功能有:状态查询、系统归零、手动移动指定位置,自动移动至多个抓拍位置,还包括实时视频功能,通过网络摄像头控制监控平台运动。通过步进电机和光电编码器结合的闭环控制,实现较高的运动控制精度,系统移动范围为 X 轴 8.5 m,Y 轴 1.2 m,Z 轴 0.5 m,往复运动误差在 3 步以内,空间定位精度小于 2 mm。平台硬件控制原理如图 10-13 所示。

a.躺卧区　b.排泄区　c.活动区　d.饮水区

图 10-11　试验猪圈现场

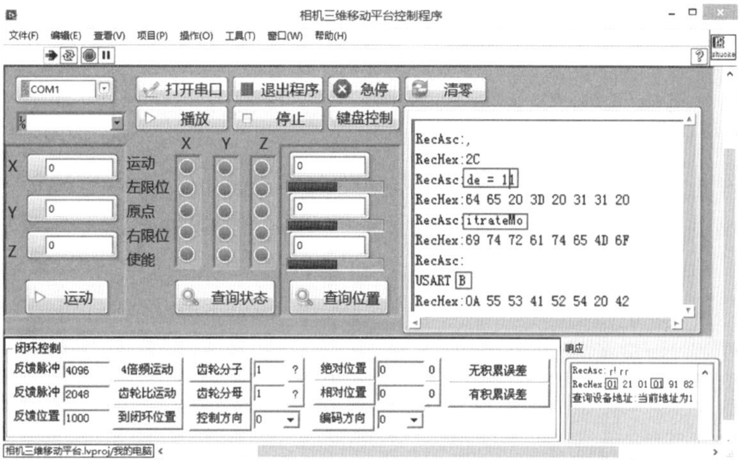

图 10-12 三轴运动平台软件

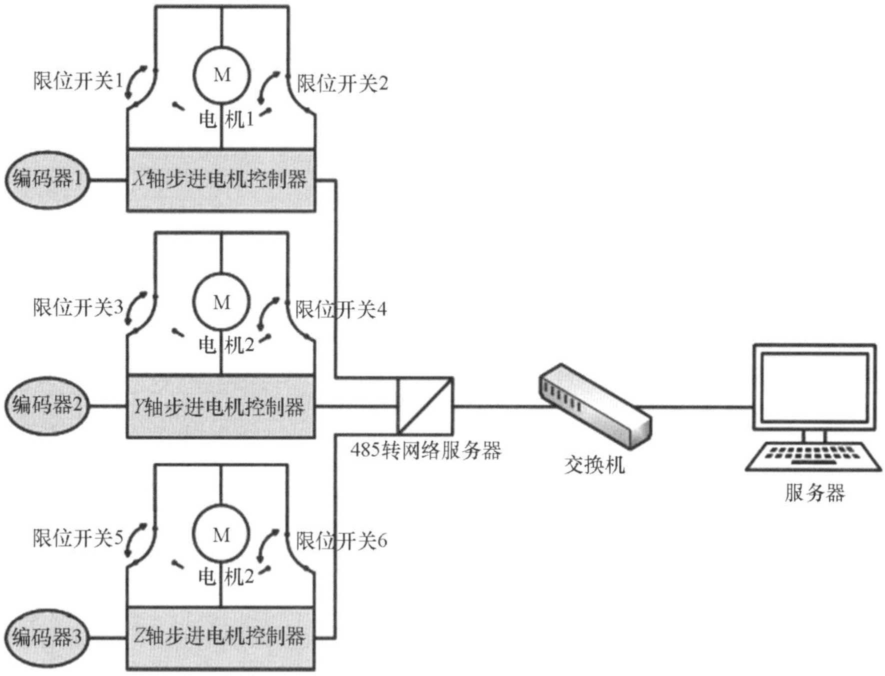

图 10-13 三轴运动平台硬件结构

当猪只饮水时，一般耳号信息会先被读卡器读取，系统直接采用读卡器作为图像触发装置，对读卡器的串口进行监测，当读取到正确的猪耳号信息时，抓拍两张猪体图像，避免在饮水管线安装流量开关，降低系统复杂性，增强抓拍数据的稳定性。为保证抓拍图像的质量，将读卡器远离饮水器，当猪只饮水时，耳号随耳朵不断晃动，多次进出读卡器的感应区域，即可在一次猪饮水期间触发程序多次采集猪只照片，如图 10-14 所示。

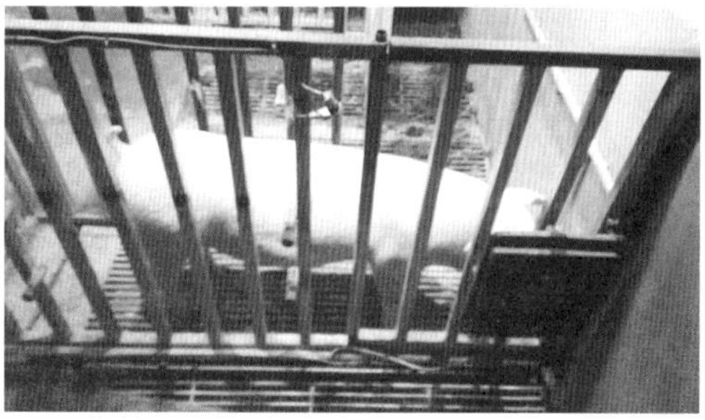

图 10-14 猪只饮水触发采集照片

上述生猪体重预估系统利用对称度(4～5)和延长系数(0～0.15)结合的筛选条件，开发猪只正常姿态图像过滤算法，对异常图像的正确筛选率为79.31%，对正常图像的筛选率为74.06%。结合猪体尺比例等筛选条件，对自由状态下抓拍的猪只图像，系统估测体尺和体重成功率为24.93%。系统对5个体尺的平均检测误差分别为1.44%、5.81%、4.94%、2.00%和1.64%，体高和体宽由于人工测量和拍照时猪体姿势有差异，造成相对误差略大；而体长和臀宽、臀高保持较高的检测精度。

对造成体重估测误差的因素进行分析，发现是气温导致估测模型存在差异，使用修正系数对估测体重进行修正后，估测体重具有较高的相关系数(0.975 3～0.995 6)，系统对4头猪共计268组体重估测数据的平均误差为(1.58±1.22)kg，平均相对误差为(2.52±2.14)%，具备在猪场实现自动无接触估测猪体重的能力。

10.3 育肥猪出栏均匀体重自动分群饲喂技术

10.3.1 育肥猪出栏体重差异大的原因分析

猪是分社会等级的动物，会在群体中通过争斗的方式获得在交配、采食和领地等方面的优先权。在生长育肥猪饲养过程中，由于受到猪群等级关系、遗传和管理等诸多因素的影响，猪群体重会逐渐呈现出差异，进而造成不同猪只社会等级的不同。研究表明，社会等级高的猪只(强猪)生长发育快，生产性能好，进而体重增长也快。每次采食时，均由社会等级高的猪只先行采食，采食结束后等级低的猪只(弱猪)才敢去采食，否则会受到强猪的攻击(图10-15)，久而久之会使强猪越来越强，弱猪越来越弱，甚至饿死。在育肥猪“全进全出”的生产工艺下，育肥猪出栏时体重达标率仅为75%。对于不能达标的猪只，要么低价售出，要么继续饲养1～2周出栏，势必对猪场生产节律产生影响。

图 10-15 育肥猪抢食过程

为解决上述问题，实际生产中会通过饲养员每1～2周进行人工调栏，即将每栏猪中长势较慢的猪只挑出后重新归为一栏进行饲养，这样可以为弱猪创造一个相对适宜的采食环境，减少采食过程中强猪对弱猪的攻击，加快弱猪的生长速度，从而减小猪群出栏时的体重差异。但是由于人工调栏的过程需要饲养员进入到猪栏抓猪，对猪只造成的应激大，饲养员劳动强度高，且猪群重组后也会通过打架的方式重新确立猪群的等级关系，这个过程要持续2～3 d，猪群等级确立后，猪只身上往往伤痕累累，遍体鳞伤，过程较为残酷。也有研究表明，猪只打斗的行为将增加饲料消耗，降低肉料比和日增重，同时容易产生创伤，影响免疫系统，增加感染风险。

10.3.2 分群设备研究进展

对育肥猪按照长势快慢的不同进行分群饲喂的最终目的是实现精准化饲喂。针对猪只在传统饲养模式下动物福利水平低、关注整体而少关注个体、猪群生长差异大和饲料严重浪费等问题，同时为了在减小生长育肥猪出栏时的体重差异的同时缩短育肥周期，目前荷兰睿保乐(Nadaq)、德国 Hölscher＋Leuschner、德国大荷兰人(Big Dutchman)等公司在生长育肥猪生产方面开发了生长育肥猪分群设备，这些设备采用 RFID 技术对猪只身份进行识别，使用地磅获取猪只体重以作为强弱分群的依据。

现有生长育肥猪分群设备已实现了分群的基本功能，但还存在以下问题和不足：①通过 RFID 电子耳号识别猪只身份，识别的同时不可避免地带来了猪只应激等问题；②通过地磅测量体重，这样的测量方式地磅容易被粪污腐蚀，当有粪污落在秤面时，测量精度也会受到影响，此外，在测量过程中若猪只处于运动状态也会带来一定的测量误差；③这些设备大多由外国公司研发，其高昂的价格使得大多数国内生产者望而却步。

10.3.3 基于育肥猪体型系数的分群研究

利用机器视觉技术感知群养猪只育肥阶段每天的体长、体宽、体高、臀宽和臀高等相关数据信息，分析猪只在不同生长阶段的不同生长特征与性状的关联性，分析其体型变化情况，提出了体型系数的概念用于自动判别群养猪只中个体的强弱。在不限制饲喂条件下，针对商品猪生产过程中挑选出每日生长速率慢的弱猪进行单独饲喂建立理论研究基础。相关试验表明，通过分析育肥猪在不同生长阶段的不同生长特征与性状，提出的基于猪只体尺体型判别方法(体型系数)可快速识别群养猪中的个体，进而为构建无接触式育肥猪自动分群系统打下基础。利用 LabVIEW 和 NI 公司开发的视觉开发模块组成的图像采集系统(图 10-16)，获取并分析了大量试验猪只的背部图像，证明猪只个体的体尺(体长、体宽、体高、臀宽及臀高)数据之间的比例系数随时间的变化趋势基本上是相同的。

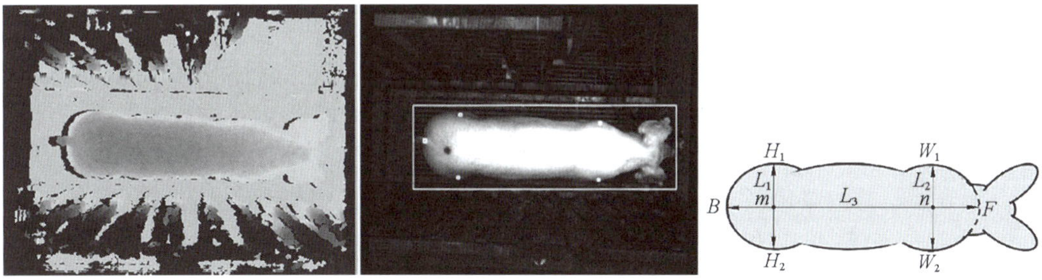

图 10-16　图像处理与体尺计算

不同猪只体长与臀宽数据之间的比例关系也显示出相同的变化趋势，说明体尺之间的比例系数能够反映出猪只生长过程的变化规律。在试验周期的 40 d 之前，猪只长宽比的数值呈现下降的趋势，说明在这段时期内猪只臀宽的生长速率高于体长的生长速率，然后在试验周期的 60 d 之后直到试验结束，猪只长宽比的数值则几乎没有明显的变化与波动，呈现出比较平稳的趋势，这也说明了猪只在这个阶段内的体长与臀宽的生长速率基本相同。不同猪只的臀高与臀宽数据之间的比例关系随着试验天数的增加而减小。从试验开始阶段，猪只高宽比的数值就一直呈现下降的趋势，直到试验周期的 60 d 开始趋于平稳不变的状态，一直持续到试验结束。这种变化趋势说明猪只臀高的生长速度从试验开始至试验周期的 60 d 之间要慢于臀宽，之后则与臀高的生长速度接近相同，因此所有猪只的高宽比数值曲线在试验周期的 60 d 以后近似于平直。不同猪只的体长与臀高数据之间的比例关系并没有明显地反映出个体变化的差异。猪只长高比的数值在整个试验周期内均呈现出不断增长的趋势。这种趋势表明在整个试验周期内，猪只的体长生长速度一直高于臀高的生长速度。由此可见，在猪只育肥过程中主要的生长变化因子是长度因子与宽度因子。整个试验过程中，猪只长高比与高宽比数值呈现出相反的变化趋势，表明在生长过程中，猪只体长与臀宽的增长速率要远大于臀高的增长速率。这一结论与侯建君等人的研究结果一致。他们的研究表明，长白猪在 70～150 日龄阶段的体型生长特征主成分是宽度和长度。

从试验开始至试验中期，猪只高宽比数值急剧下降，而长高比数值则迅速上升。这一结果表明，在这个生长阶段内，猪只的臀宽和体长的增长速度大于臀高的生长速度。猪只长宽比数值的变化相对较慢，并且根据不同猪只个体的差异性，变化的幅度也不同。与试验初期（1～30 d）相比，试验中期到结束时（30～90 d）所有猪只的归一化体尺比例系数之间波动变小且趋于稳定。个体猪只不同体尺比例系数的动态变化规律可以说明处在不同生长阶段的猪只在长宽高不同方向上的生长速率存在着一定的差异。所有归一化处理后的体尺比例系数均值在试验的 30～80 d，70～110 kg 的平均体重之间没有明显的上升或下降，达到了一个稳定的状态。以上数据说明猪只在这个期间内，以骨骼生长为主的生长阶段基本上已经结束，即将进入以肌肉增长与脂肪沉积为主的生长阶段，也就是育成阶段进入了育肥阶段。采用归一化处理后的体尺比例系数均值划分不同生长阶段的结果与按照体重数据或者日龄数据方法的划分结果是基本一致的。然而，一些其他的研究中将猪只的整个生长周期按不同日龄分为不同的生长阶段。在美国的一些研究中发现，整个猪只的生长周期可以被分为三个阶段，分别为出生至 44 日龄的保育阶段，45～107 日龄的育成阶段，从 108 日龄至出栏的育肥阶段，猪只的饲料成分根据不同阶段不断地调整与更换。

猪只体尺之间的比例系数（体型系数）在反映猪只生长性能的规律和特征方面具有很好的参考价值。体型系数中的长高比和高宽比数值的变化过程说明了猪只在 70～110 日龄之间的生长发育主成分是体长和体宽，为生猪体型的评判确定了参数。育成与育肥生长阶段被三组经过归一化处理后的体型系数进行划分的结果，与经验丰富的评估者进行划分后的结果对比，分别得到了 80％和 85％（高宽比），75％和 80％（长高比）与 45％和 40％（长宽比）的结果一致率。该方法与普遍应用的 60 kg 体重划分方法之间的平均相对误差分别为 7.72％（高宽比），9.35％（长高比）和 13.62％（长宽比）。同时，组内划分时的体重数据均方根误差分别为 2.75 kg（高宽比），2.98 kg（长高比）和 2.97 kg（长宽比）。

结合机器视觉检测技术与自动化控制技术，在日常猪只进食阶段，将群养育肥猪按体型系数的不同自动将猪群中的强猪与弱猪分开饲喂，依据猪只个体生产信息实时调整饲养配方，提高猪群生长整齐度。育肥猪分群原理如图 10-17 所示，将传统小圈饲养模式改为大群饲喂，通过育肥猪分群系统将猪舍划分为活动区、强猪（FP）采食区以及弱猪（SP）采食区，3 个区域通过分群系统和单向门相连。单向门的设置可以保证猪只每次采食时必须先通过分群系统，由分群系统对其体型系数进行判定后进入相应的采食区域。这样就可以给长势较慢的猪只创造一个适宜的采食环境，减少采食过程中长势较快的猪只对长势较慢的猪只的攻击，同时可以给长势较慢的猪只增强营养，从而提高育肥猪出栏时的整齐度，减小其体重差异。活动区域配备有玩具球供猪只玩耍，用以避免大群饲养中猪只的打斗，同时提高动物福利。采食结束后，猪只经过单向门进入活动区域饮水、躺卧或玩耍，不改变原有群体，避免了传统人工分栏混群重新建立等级关系时的猪只打斗。

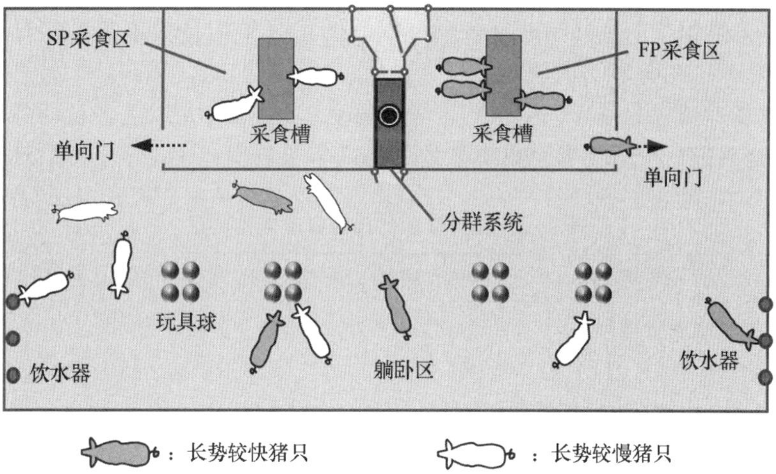

图 10-17　育肥猪分群原理

基于体型系数判别方法的快速分群系统如图 10-18 所示，在山东某实验猪场进行了实际应用验证。系统的中间通道是生猪评判区域，当猪只进入该通道时，气动门将自动关闭。通道的上方是双目立体视觉检测系统，下方装有精度为 0.01 kg 的称重传感器，用于试验中的验证工作。通道的另一个方向也是由气动装置控制的能够根据猪只的生长状况进行合理分群的引导装置。

图 10-18　育肥猪分群饲喂系统

试验测量结果如表 10-2 所示，分别计算 40 头试验猪只从 85 日龄开始每间隔 15 d 的平均体重、体长与臀宽数据。由于猪只在育肥前期骨骼生长阶段是处在不限制饲喂管理方式下，因此只针对体重达到 60 kg 以后的猪只进行快速体型系数判别方法分群。结果表明，基于体型的判别方法比基于体重的判别方法在分群的速度与成功率上有着明显的优势，分群准确率为 81.3%，其中影响准确率的主要因素是猪只在进行判别时的背部姿态，弯曲的背部或过低的头部都会导致估测体长时出现误将生长较快的猪只划分至生长较慢的群内的情况。因此，根据臀宽数据对群养育肥猪分群比体长数据的准确率更高，为 88.6%。试验结果与传统养殖经验数据比较，经过分群饲喂的育肥猪只在 60 kg 以后的猪只平均日增重与平均日增长均得到了明显的提高，如表 10-3 所示。试验猪只在 115～145 日龄期间，平均日增重均达到 0.9 kg 以上，平均日增体长达到 0.5 cm 以上，平均日增长臀宽达到 0.2 cm 以上。说明在育肥中期和育肥后期对群体猪只进行分群饲喂可以有效地的提高生长效率。

表 10-2　猪只体重体尺随日龄变化过程

日龄/d	平均体重/kg	平均日增重/(kg/d)	平均体长/cm	平均臀宽/cm
85	42.89	0.64	83.75	24.22
100	55.54	0.84	90.05	26.43
115	69.91	0.96	97.22	28.62
130	84.39	0.96	104.8	31.14
145	97.93	0.90	112.4	33.54
160	110.53	0.84	117.98	34.62

表 10-3　传统育肥过程经验数据

项目	仔猪后期	育肥前期	育肥后期
生长阶段/kg	15～30	30～60	60～110
日增重/g	640	820	890
日增长/cm	0.29	0.36	0.48
饮水量/kg	1.5～3.0	3.0～6.0	6.0～10.0
采食量/kg	0.7～1.5	1.5～2.5	2.5～4.0

基于育肥猪体重自动分群管理技术开发的育肥猪智能分群饲喂系统，可自动获取和记录育肥猪只在育成与育肥阶段的生长体尺与体重数据。采用猪只体型系数在反映猪只个体生长性能的规律及在生长过程中用于实时评估个体在群体中的地位等级及强弱具有很好的参考价值，以猪只体长和臀宽数据为主要因子的体型系数分群方法能够替代体重划分方法，实现快速高效的分群工作，其中划分准确率分别为体长数据的 81.3%，臀宽数据的 88.6%。分群饲喂结果表明相比传统育肥过程经验数据，生产效率得到了提高。

通过计算猪只不同体尺数据之间的比例系数，提出了反映猪只生长性能规律和特征的方法。利用 LabVIEW 开发的育肥猪智能分群系统，自动获取猪只不同生长阶段的体尺和体重数据。采用体型系数法将猪只个体不同体尺参数经过归一化处理，可快速识别群养猪个体的等级及强弱，能够识别出个体猪只进入以肌肉生长和脂肪沉积为主的育肥阶段，从而实现将处在不同生长阶段的猪只进行分群饲喂。该方法与传统经验方法的结果一致率为 80%和 85%

(高宽比),75%和 80%(长高比)与 45%和 40%(长宽比);与以 60 kg 体重为标准的划分方法之间的平均相对误差分别为 7.72%(高宽比),9.35%(长高比)和 13.62%(长宽比)。

为更好地提高分群系统的稳定性、可靠性以及通行效率,对系统结构进行了改进。将原来的 T 形通道改为 Y 形,以消除猪只进入采食区域前的恐惧。在进猪门处安装了防夹滚,以防止猪只被夹受伤。改进后的分群系统如图 10-19 所示。

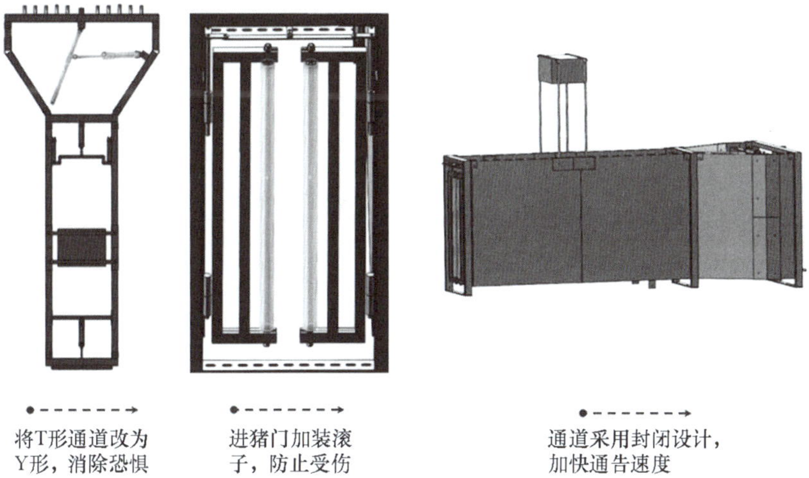

图 10-19　分群系统改进示意图

10.3.4　基于育肥猪体重的分群系统构建

在育肥猪饲养过程中,由于社会等级高的猪只(强猪)生长发育快,生产性能好,进而体重增长也快,因此也可以将猪只体重作为分群依据。在之前分群系统的基础上开发了基于育肥猪体重的分群系统,使用多输出回归卷积神经网络估测育肥猪体重作为分群依据,同时采用猪脸识别技术识别育肥猪身份,系统实物图和人机界面分别如图 10-20 所示。在人机界面中,左侧用于显示猪体背部深度图像;右侧依次显示系统工作状态、猪只身份识别结果、各气动门的动作情况、猪只体尺和体重估测结果、分群基准体重和猪只长势快慢的判断结果,同时可以手动控制气动门和分选门的动作。

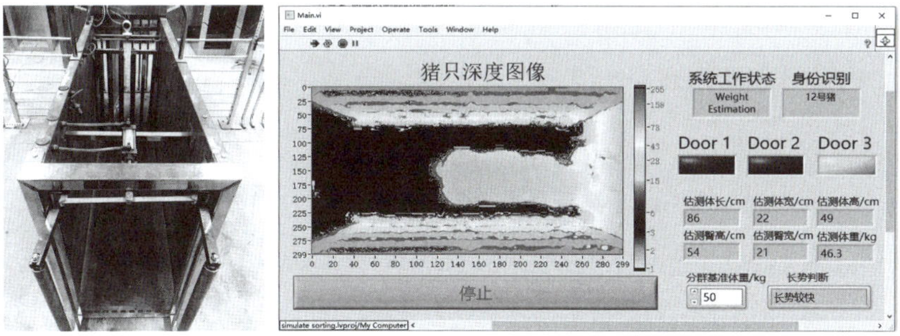

a.改进后的分群系统　　b.系统人机界面

图 10-20　基于育肥猪体重的分群系统(a)及人机界面(b)

基于育肥猪体重的分群系统和基于育肥猪体型系数的分群系统结构大体相似(图 10-21)。系统窄的一端为入口,宽的一端为出口,出口处有 2 个通道。该系统采用多个光电传感器检测猪只在系统中的位置,使用 3D 相机获取猪只背部深度图像,通过高清相机获取猪只脸部图像并识别猪只身份,通过分选门和气动门 a、b 配合引导猪只按照长势快慢分别进入 FP、SP 两个不同的采食区域,控制系统布置于猪舍外以防止舍内粉尘、高湿环境及有害气体的腐蚀。

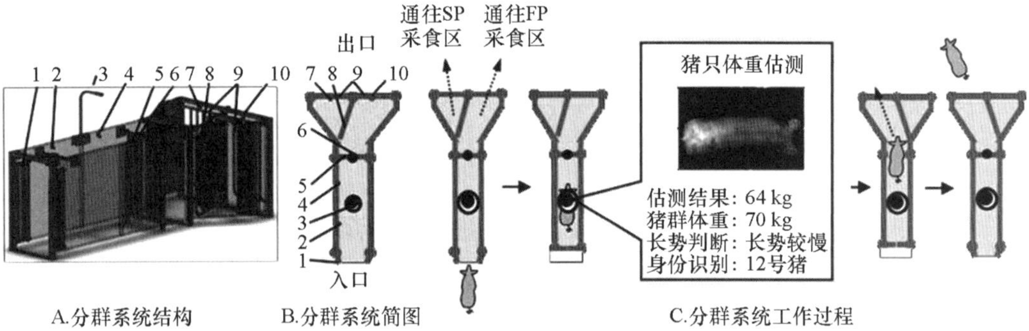

图 10-21　分群系统结构及运行原理

1.气动门 a　2.光电传感器 a　3.相机　4.光电传感器 b　5.气动门 b　6.高清摄像头
7.光电传感器 c　8.分选门　9.单向门　10.光电传感器 d

(滕光辉、张建龙、雷凯栋)

第11章 福利化养猪与工程防疫的实践

本章提要

本章介绍几种典型的中国福利化养猪生产案例和工程防疫的主要实践，包括猪场概况、饲养模式、核心技术与关键设备、应用效果等。

11.1 奇昌种猪养殖有限公司生物安全防控技术

11.1.1 猪场概况

广西玉林市容县奇昌种猪养殖有限公司成立于2003年，位于容县石寨镇大华村，占地面积52 hm^2，是一家集种猪繁育、生物技术开发、生态养殖与技术服务、生物饲料生产以及粪污综合循环利用示范推广于一体的综合性科技养猪企业。下设广西奇昌生物科技有限公司、容县明智有机肥厂、广西容县奇昌环保设备厂、容县大华大维养殖场、容县华维养殖专业合作社，现有员工115人，管理人员18人，专业技术人员11人，其中高级畜牧师和硕士学位科技人员3人。公司成立以来，着重开展了有益微生物菌群选育与养殖生产设施设备改造升级的研究，创建了“高低架网床＋微生物＋粪尿全量收集堆积发酵”的奇昌生态养猪模式。有效降低了饲养成本，解决了养殖生产中粪污大量产生对环境的污染和抗生素滥用问题，并在当地及河南、江西、重庆等地得到了很好的推广应用。

公司种猪场存栏生猪11 200头，其中核心群原种猪1 115头(母猪1 035头，公猪80头)；总建筑面积25 000 m^2，其中，猪舍建筑面积15 000 m^2，生物饲料厂2 000 m^2，有机肥厂5 000 m^2。有12栋高架网床环保猪舍，场区基础设施建设趋于完善。

11.1.2 福利化养猪与生物安全工程防控技术方案

1.福利化养猪工艺

给猪创造健康舒适的饲养环境，重点在猪舍的湿度控制上。舍内高湿是病原微生物繁殖和影响生物安全防控的关键。研发了猪舍全程不冲洗、防止猪饮水漏进猪舍、取消水泥漏缝地板改用碳钢漏缝地板、每天及时粪尿全量清粪堆肥的控湿保洁养猪新工艺。

2.“设施+微生物”生物安全防控技术路线

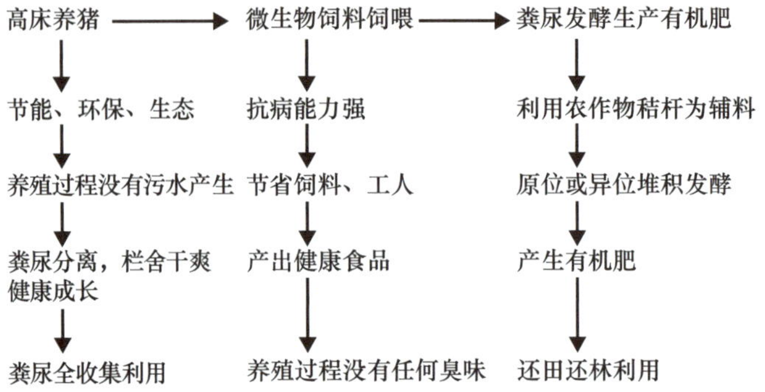

图 11-1 奇昌现代生态养殖循环利用模式技术路线图

11.1.3 核心技术与关键设备

奇昌生态养猪模式的核心是通过选育有益微生物菌群，创建饲料、圈舍和堆肥的微生态环境，即饲料中加入中草药成分并通过微生物发酵替代抗生素，用微生态制剂代替消毒剂进行圈舍环境的消毒和净化，在收集的粪便+尿液中添加有益微生物菌群进行简易堆肥，防止养分分解挥发和臭气产生，从而为实现无臭、无蝇、无抗猪场提供了技术支持。同时，对传统养猪设施进行升级改造，采用有窗式密闭猪舍，确保环境可控；采用墙体嵌入式饮水器、双向防渗漏饮水器，既可防止猪只玩水，也可避免饮水器漏水或残留水进入粪污系统中，做到了饮污分离；采用高架网床系统，粪尿及时落入漏缝地板下粪沟中，采用机械干清粪方式，做到日清日洁，为全程圈舍不冲洗提供了条件。

1.高架网床环保猪舍设计

该模式中的猪舍由养猪层和集粪层构成。养猪层位于距集粪层底部 0.6 m 以上的架空层，铺设的网床占猪舍面积 2/3。网床主材采用碳素钢条，按粪槽纵向安装。集粪层位于养猪层下方用于承接粪尿，与猪舍等长，与网床等宽，并配置粪槽及自动刮粪设施。高架网床密闭式猪舍可采用全夹芯板围护钢架结构、部分夹芯板围护钢架结构和砖混结构等形式，应具有良好的保温隔热性能。舍内配置包括环境控制、自动饲喂饮水、自动清粪和生物安全等设备。

(1)凹墙式饮水器 猪每天喝水 13～15 次，传统饮水器因漏水和猪玩水产生的平均废水量冬春季为 6.55 L/(d·头)，夏季为 9.95 L/(d·头)(表 11-1)，这些水都直接进入粪沟中。本模式中，利用特别设计的饮水器后，可从源头上控制污水排放，也可提高有机肥的质量。

(2)漏缝地板 采用全碳素钢条，粪尿可直接自动坠漏，地面无粪尿滞留，平时不用冲洗。既不破坏微生物生存环境，也不增加污水量。

(3)环境控制措施 采用湿帘-风机纵向通风降温系统，数量、尺寸大小根据当地气候环境而定，风机选型还应考虑夏季通风和冬季换气需要。猪舍用双层保温材料吊顶，具有隔气、隔热和保暖作用；安装环境控制器，自动恒温，确保室内温度保持在 28～30 ℃。

猪舍主要设施设备所用材料和技术要求见表 11-2。

表 11-1 奇昌高架网床猪舍饮水与节水效果测试统计

冬春季(2017 年 12 月 24 日至 2018 年 4 月 24 日)				
体重	25～50 kg	50～75 kg	75～100 kg	平均用水量/[L/(d·头)]
饮水量/[L/(d·头)]	2.861	3.241	4.355	3.48
漏失水量/[L/(d·头)]	4.702	6.767	8.157	6.55
合计/[L/(d·头)]	7.563	10.008	12.512	10.03
夏季(2018 年 6 月 8 日至 2018 年 10 月 8 日)				
体重	25～50 kg	50～75 kg	75～100 kg	平均用水量/(L/(d·头))
饮水量/[L/(d·头)]	3.324	5.563	8.652	5.85
漏失水量/[L/(d·头)]	5.982	9.651	14.236	9.95
合计/[L/(d·头)]	9.306	15.214	22.888	15.8

表 11-2 猪舍主要零部件材料与技术要求

零件名称	材质	材料规格	技术要求及参数
碳素钢条网	碳素结构钢	Φ12 mm,规格 0.8 m×2.4 m 或 1.0 m×2.4 m。每条钢筋上凹陷螺旋槽的螺旋方向相同。	耐腐蚀,符合《碳素结构钢》(GB/T 700—2006)要求。钢网缝隙间距:保育猪 8 mm,种猪、育肥猪 10 mm。
凹墙式猪咬饮水器	PVC-U 排水管材管件	饮水收集管 Φ200～250 mm,供水管 Φ25 mm,漏水收集支管 Φ30～50 mm,总管 Φ80～100 mm。	产品应符合《建筑排水用硬聚氯乙烯(PVC-U)管材》(GB/T 5836.1—2018)和《硬聚氯乙烯(PVC-U)管件》(GB/T 5836.2—2018)要求。饮水嘴高度:保育猪 300～350 mm,育肥猪 450～500 mm;与地面成 45°～75°倾角安装;保育栏舍安装 1 只、育肥栏舍1 只/20 头。
槽钢	热轧槽钢	高度 120 mm,腿宽 50 mm。	耐腐蚀,符合《热轧型钢》(GB/T 706—2016)要求。横向安装在粪槽上,间隔为 1.2 m,支撑碳素钢网。
钢架	直缝电焊钢管	钢架高度≥1.0 m,钢架上下弦单根截面积≥2 400 mm^2、壁厚≥2.5 mm、腹杆采用不小于 Φ16 mm 圆形钢管、25 mm×25 mm 矩形钢管或∠3 角钢,钢架加工好后做防锈处理。	符合《直缝电焊钢管》(GB/T 13793—2016)、《建筑结构荷载规范》(GB/T 50009—2012)、《钢结构设计标准》(GB/T 50017—2017)、《钢结构工程施工规范》(GB/T 50755—2012)、《建筑钢结构防腐蚀技术规程》(JGJ/T 251—2011)、《钢结构工程施工质量验收标准》(GB/T 50205—2020)要求。
钢构围护墙	轻钢结构	双层压型钢板夹聚氨酯或 PVC 钢板夹聚氨酯,厚度 100 mm。	材质耐酸碱,符合《不锈钢热轧钢板和钢带》(GB/T 4237—2015)要求。
吊顶	聚碳酸酯(PC)	采用聚碳酸酯(PC)中空板,厚度≥10 mm。	材质符合《聚碳酸酯(PC)中空板》(JG/T 116—2012)等要求。
基础	混凝土	按照建设规模,根据地质情况进行强度设计,满足整体稳定性、安全性要求。	符合《建筑地基基础设计规范》(GB 50007—2011)、《混凝土结构设计规范(2015 年版)》(GB 50010—2010)等要求。

续表11-2

零件名称	材质	材料规格	技术要求及参数
门窗	铝合金型材	采用中空铝合金门，满足养殖机具进出猪舍高度、宽度及保温要求。窗采用中空玻璃，以达到保温效果。	符合《铝合金门窗》(GB 8478—2020)要求。
风机	铝合金、钢材、镀锌板	1 400 mm×1 400 mm，风量≥3×10^4 m^3/h；1 000 mm×1 000 mm，风量≥2×10^4 m^3/h。	符合《民用建筑供暖通风与空气调节设计规范》(GB 50736—2012)等要求。
水帘	蜂窝纸、铝合金	采用蜂窝纸，上下框架采用铝合金。水帘厚度为 150 mm±2 mm。	符合《温室湿帘-风机降温系统设计规范》(NY/T 2133—2012)、《湿帘降温装置》(JB/T 10294—2013)等要求。
自动刮粪机	铸铁、热轧槽钢等	导轨：8＃槽钢；刮粪板高160 mm，宽 2～5 m；功率 2.2～3 kW。	符合《清粪机》(DG/T 055—2021)行业标准等要求。
生物安全系统	砖混结构	≥20 m^2	配置消毒清洗机(功率≥3 kW)、喷雾器(功率≥1 kW、功率≥5 L)等设施。

2.生物菌的使用

通过“微生物＋草本植物＋生物发酵饲料”“微生物＋环境”“微生物＋粪污”，实现“微生物—动物—植物”循环共生互补，在一定养殖空间和区域内保持生态平衡。研发了“一种猪饲料用益生菌的草本植物培养基及其制备方法与应用”专利产品，筛选出了酿酒酵母、枯草芽孢杆菌、乳酸肠球菌等适合猪养殖特点的益生菌群，用于生物发酵饲料生产，可大幅提高猪饲料添加剂中活性益生菌的菌株活性和在肠道中的定植性能，同时使中药中起药理作用的活性成分得以更好地发挥。实际应用效果证明，该技术在防控非瘟期间，能调理机体亚健康不良状况，提高种猪、中小猪、育肥猪健康度，可有效抵御病菌入侵，对仔猪下痢、中大猪呼吸道病等具有预防与保健作用；每头猪节约抗生素成本 40～60 元，节省饲料 10%以上。经与广西某食品公司养殖的瘦肉型生猪检测数据比较，蛋白含量提高 10.6%，16 种氨基酸总量提高 12.4%。

3.猪粪尿异位发酵制作有机肥

(1)异位发酵床容积配置　按生物有机肥 2 个月生产腐熟周期计算，平均每头存栏猪(大小猪平均计)每天产生粪尿 3.5 kg，需异位发酵床容积 0.21 m^3，考虑到异位发酵床实际有效使用容积仅为 80%，还需添加 50%容重较小的辅料(如粉碎茭白叶等)，加之后期发酵过程中水分蒸发等，实际配置的容积为 0.37 m^3/头。

(2)异位发酵床建设要求和配套设备　异位发酵床采用钢筋混凝土结构，可建在养殖区双层高架栏舍一侧。需要配置翻堆机、铲车、泵及相关管网等。

(3)堆肥发酵制作过程

第一步，初次堆肥发酵法。在储液池(粪池)里面接种微生物，每 10 t 粪尿添加红砂糖 3 kg，用泥浆泵匀浆 1 h 后，再抽至堆肥发酵床与秸秆按 1∶1 混合发酵。每天进料，堆高可做到 5 m 左右，每周翻堆 1 次。在第 3 周翻堆时用高压水枪喷雾接种补充菌源，维持堆体中菌群数量。堆积发酵 10 d 后含水率降至 40%左右，此时的物料称之为老粪。

第二步，后续发酵法。利用发酵成熟的老粪与新鲜猪粪混合发酵，以老粪吸新粪，即把每天收集的新粪按 30%比例混合到老粪当中，再添加 10%秸秆二次混合发酵，新粪中较高水分转移到老粪中，达到理想发酵水量，开始新一轮堆肥发酵。利用老粪中的菌群带动新粪中的菌群相互合群进行二次扩培发酵传代。凡能生存下来的菌群即为优质菌种，以此作为传代，节省菌种成本 90%。若发酵过程中没有异味、臭味，则表明菌群活力良好，否则表示堆肥发酵失败，需要重新开始接种、混合进行发酵。利用该堆肥工艺 20 d 后形成成熟的有机肥。

11.1.4 应用效果

自 2015 年以来，公司围绕如何破解生猪养殖的生物安全和环保双重压力技术难题，从环境福利角度，通过粪污源头减量配套漏缝地板和饮水器设备、节水型环境控制、干清粪等技术应用，减少用水量、排污量和水分蒸发，力求保持室内空气干燥，有效解决了高湿对猪带来的危害。在此基础上，配合改善肠道微环境的微生物发酵饲料、猪粪尿全量干发酵资源化利用、场区定期喷洒微生态酸性制剂等技术成果，创建了无臭无蝇无抗健康高效养猪新模式，成功抵御了非洲猪瘟等重大疫情影响，降低了用药量，减轻了饲养、清粪等劳动强度，提高了饲料转化率、仔猪成活率和粪污资源化利用率，平均每头育肥猪比传统饲喂增加效益 300 多元，养殖经济效益得到提升(表 11-3)。经检测，猪肉产品达到无公害肉食品要求，蛋白含量、16 种氨基酸总量显著提高，肌苷酸含量高于各品种瘦肉型猪。

表 11-3 奇昌模式与传统模式各项技术经济指标比较

序号	指标或模式	传统养殖模式	高床＋微生物生态模式
1	养殖模式	地面平养	高架网床环保猪舍
2	饲养密度	1.0 m^2/头	0.65 m^2/头
3	年出栏生猪数量	10 000 头/年	15 000 头/年
4	用水量	4 t/(头·d)	0.5 t/(头·d)
5	示范基地固定人工	15 人	13 人
6	药品及治疗	35 元/头	15 元/头
7	料重比	3.00∶1	2.60∶1
8	110 kg 肉猪出栏日龄	170	159
9	死亡率	6%	3.5%
10	菌种需求	0	2 000 kg
11	有机肥生产	0	1 200 t
12	肉质提升产品溢价	0	1 元/kg
13	粪污处理	沼气池、氧化塘	生产有机肥，提高经济效益
14	环境污染情况	臭气、废水难处理	无臭气、无废水

2019 年重庆市万州区政府全面引进该项技术在三峡库区大力推广清洁环保养猪“奇昌模式”，作为核心技术支撑在万州推广 100 万头猪和 100 万亩果园的双百万循环农业产业重点扶

贫工程。2020 年 3 月 18 日 CCTV-17 农业农村频道《致富经》栏目专题报道了"陈忠洪和他的 38 万头猪"，详细介绍了该成果应用的奇特成效。成果目前已经在广西、广东、江西、河南、重庆等全国 11 个省(市、自治区)养殖场进行示范推广应用，年均现场培训指导养殖场(户)20 000 多人次，带动生态养殖企业 200 家，推广生态养殖技术覆盖生猪 200 多万头。特别是在广西容县、重庆万州等地大面积推广应用；均获得了显著的社会经济生态效益，具有广阔的应用前景。

主要应用猪舍内景见图 11-2 至图 11-4，猪用防漏水饮水器及饮水尾水收集管线布置见图 11-5 至图 11-7 所示；图 11-8 为奇昌猪场模式效果图；图 11-9、图 11-10 分别为粪尿全量收集与无臭堆肥系统。

图 11-2　妊娠母猪舍

图 11-3　分娩哺乳猪舍

图 11-4　育肥猪舍

图 11-5　饮水器

图 11-6　妊娠母猪饮水器及收集管线

图 11-7　尾水收集进鱼塘

图 11-8　奇昌模式猪场效果图

图 11-9　粪尿全量清粪系统

图 11-10　粪尿全量堆肥

11.2 连云港灌云县北欧农庄猪场

11.2.1 猪场概况

连云港地处中国东部沿海地区、江苏省东北部，常年平均气温 14 ℃，1 月平均温度 −0.4 ℃，极端低温 −19.5 ℃；7 月平均温度 26.5 ℃，极端高温 39.9 ℃。历年平均降水量 920 mm，无霜期为 220 d，主导风向为东南风。为湿润季风气候，略有海洋性气候特征。

连云港丹育种猪技术有限公司父母代场（北欧农庄）坐落于连云港灌云县五图河农场五灌河北十二分场Ⅴ区东端，占地面积 27 hm^2。场区地势平坦，交通便利，方圆2 km 没有居民区，无污染，符合猪场防疫要求。该猪场为北欧农庄三期工程，项目规模为存栏基础母猪 7 700 头，年出栏育肥猪 25 万头，分两点式饲养。图 11-11 展示的是母猪饲养场，主要用于母猪和保育仔猪的生产，仔猪断奶后饲养至 30 kg 转至沭阳分场进行育肥。

图 11-11　北欧农庄猪场全貌

11.2.2 饲养模式

该猪场采用大跨度集中化饲养模式，将各阶段猪群分单元集中布置。猪舍猪体为二连栋，栋之间为纵向独立转猪通廊；中部区域放置配种舍、后备舍、公猪舍以及饲料配送中心，方便配种和物流运输管理；两侧为对称设计，按照工艺流程排布妊娠、分娩和保育舍，紧靠保育舍设置专门的弱仔饲养区。外屋面为双坡结构，内屋面设计吊顶。这种建筑形式解决了单坡形式猪舍截面积大、钟楼设计高通风难组织、冬夏季环控难控制、配套环控设备投资大、成本高等问题。猪舍设计长度为 744 m，跨度 65 m，管理/转猪通廊 4 m，其中包括公猪舍 1 个单元，后备猪舍 1 个单元，配种舍 1 个单元，妊娠舍 32 个单元，分娩舍 10 个单元，保育舍 16 个单元，人工代养舍 10 个单元，饲料加工车间 1 个单元。

按照常年均衡批次化生产流程设计，各阶段饲养均充分考虑了空间福利要求。

（1）后备母猪舍　留作种用的后备母猪体重达到 90 kg 后进入后备舍，饲养 63 d 后参加配种。后备猪第 1 周采用大栏饲养，每栏 8 头，自由采食。1 周后进入电子饲喂系统训练站训练，每栏 40 头。

（2）配种舍　采用可自由进出的单体栏，每 9 套单体栏设计一个挡住栏门，拥有公猪诱情配种，如图 11-12 所示。

（3）妊娠母猪舍　妊娠舍采用大群饲养，初产母猪和后备母猪 100 头/群，配 2 台电子饲喂站；经产母猪 200 头/群，配 4 台电子饲喂站。采用局部漏缝地板，母猪躺卧区为实体地板，漏缝地板区为排泄区、采食区和饮水区，如图 11-13 所示。

图 11-12　可自由进出的配种栏

图 11-13　妊娠母猪大群饲养十电子饲喂站

（4）分娩舍　分娩舍产床尺寸较传统限位栏大，采用局部漏缝地板地面，实体地面长度为 1.3 m。考虑了母仔对温度的不同要求，设计冷热管道两个系统，热管道为仔猪采暖区，冷管道为母猪降温区。母猪头部不设计走道，母猪从后栏门出入产床。

（5）保育舍　大群饲养，每栏 30 头。栏内配置一个干湿料槽，采用局部漏缝地板地面，其中躺卧区为实体地面，铺设供暖管道用于寒冷季节供暖。中部为水泥漏缝地板，作为仔猪的活动区。靠近走道侧为铸铁漏缝地板，作为仔猪的排泄和采食区。

（6）人工代养单元　考虑到丹系母猪产仔数一般在 13～15 头甚至更多，加之可能出现的母猪难产等问题，特别设计了 10 个人工代养单元（图 11-14），设计量为全场母猪平均产活仔的 20%，专门用于弱仔饲养。

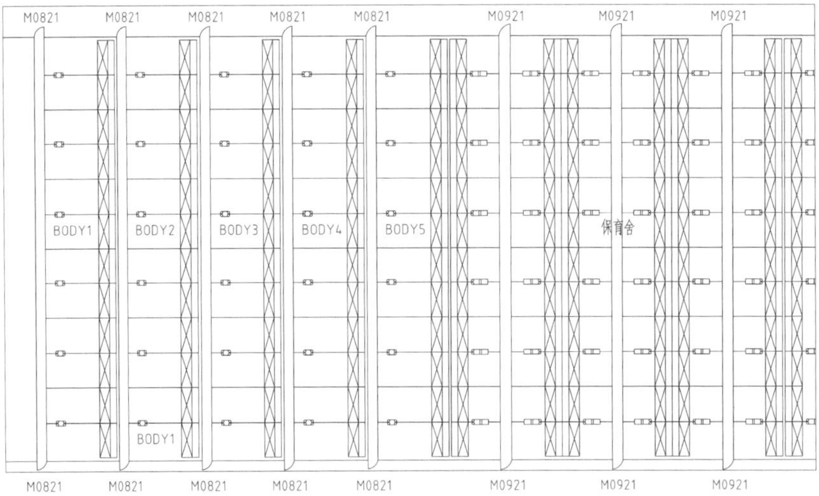

图 11-14　人工代养单元

11.2.3 环境设计

1.通风设备

采用垂直通风设计，确保猪体周围空气质量良好和各单元独立通风，相互没有干扰。猪场采用全自动环境控制系统(图 11-15)。

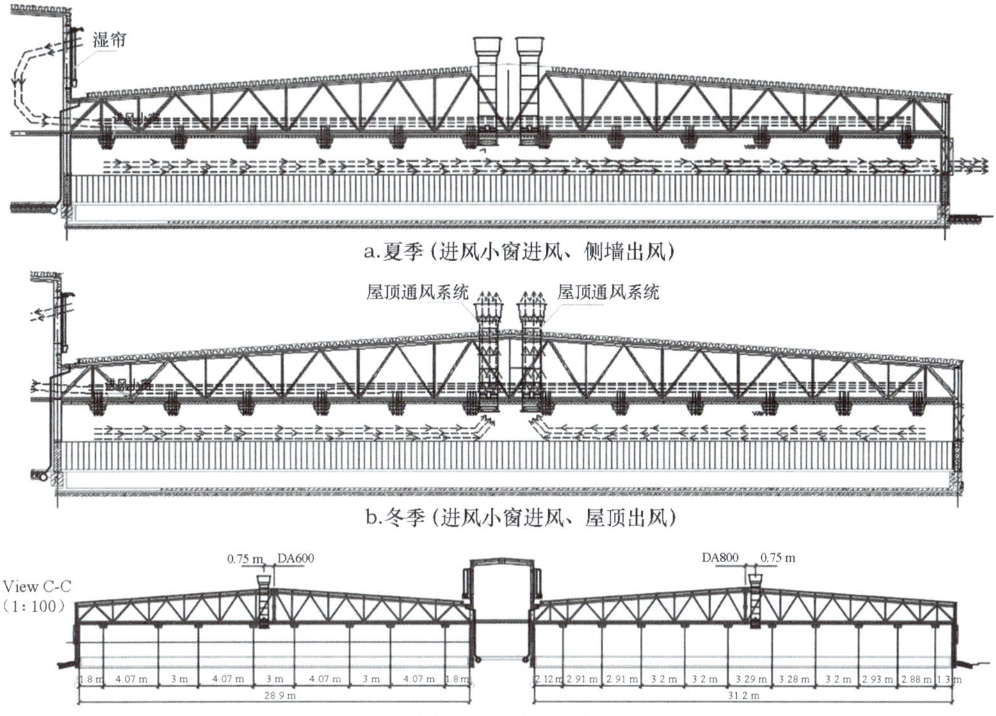

a.夏季(进风小窗进风、侧墙出风)

b.冬季(进风小窗进风、屋顶出风)

c.猪舍间设置进风缓冲间

图 11-15 猪舍全自动环境控制系统

2.供暖系统工程

猪场采用的供暖系统原理见图 11-16。其中，热泵将为以下几个舍提供保温：产房舍、断奶保育舍、行政楼、宿舍和警卫室、行政楼自来水、产房地面烘干；降温：产房舍(降温和烘干地面)、冷室、公猪舍；热能采取于以下几栋舍：妊娠舍、10 栋断奶保育舍、后备母猪和公猪舍。

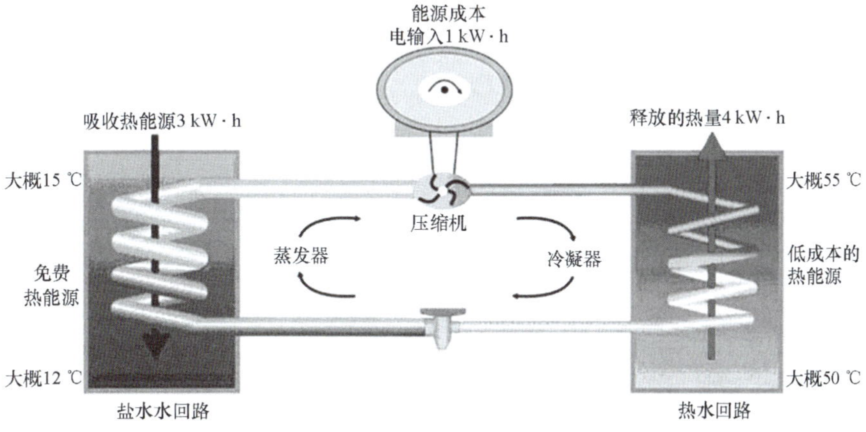

图 11-16 供暖系统工程

3.清粪系统和粪污处理

全场采用水泡粪清粪工艺，基于自动虹吸原理（图 11-17）定期将粪污排入专门的集污池，然后经过固液分离，固体部分制作有机肥，液体部分采用生物储存塘储存，设计 2 个 12 000 m^3 生物储存塘，储存时间为 6 个月。

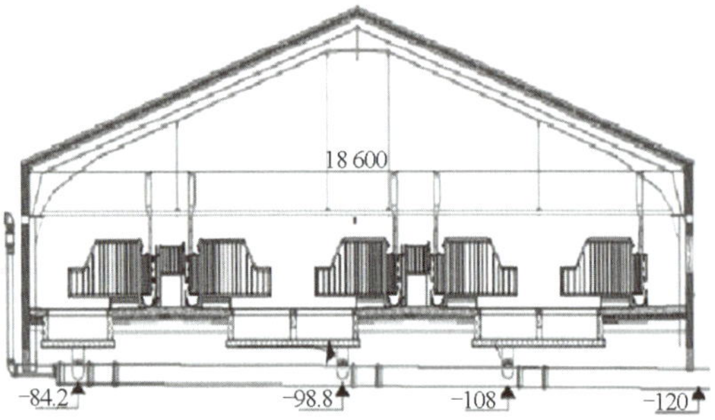

图 11-17　自动虹吸排污方式（单位：mm）

11.2.4　生物安全工程防疫体系建设

1.猪场布局

猪场周围远离居民区，场区设有专门的围栏，围栏外设有防疫沟，与外界形成隔离。场区后勤办公室设在场外（灌云），用于接待相关外来人员：如兽药和疫苗的销售代表和其他销售人员。从门卫房到员工生活区和生产区、办公区设计宽 2 m 的走道，杜绝车辆进入该走道；员工生活区与生产区、办公区道路相连，与其他区没有设计道路。员工生活区为员工中午和晚上休息的住所，并设计消毒隔离间，进入生产区必须进行淋浴，然后进入猪舍，员工用餐在生产区、办公区完成。饲料储存间是原材料储存的位置，从场区大门进入场区内，先进行车辆消毒，然后通过 4 m 道路进入饲料储存间。

2.入口处控制

（1）访客　所有入场访客得到许可后方可进入猪舍。所有进猪舍的访客必须签署“访客日志”，同时在“我承诺在来之前 48 h 内未接触过猪并且未携带任何违禁物品”声明下签字，访客日志须一直放在保安室。入场访客禁止携带食物。所有进入猪群的访客或者选猪客户须有 48 h 即 2 个晚上 1 个白天的隔离时间，可以选择在灌云县隔离 1 个晚上，在猪场宿舍隔离 1 个晚上；也可以直接在猪场宿舍隔离 2 个晚上，但是在隔离期间，只能待在宿舍，保安会将饭菜带到客户或者访客的房间。如果有特殊原因外出，须得到猪场经理的许可。外出期间，会由专人陪同，若接触到脏的车辆或者其他猪只，隔离时间须重新计算。对于来自其他公司的维修人员，也有 48 h 的隔离期，如果猪舍里有急需要维修的东西，维修人员须确保来之前的 48 h 内未接触过猪并同时得到猪场经理许可方可进入。

（2）消毒　所有访客须经淋浴并更换衣服和鞋子后方可进入生产区。淋浴前，要把手机、眼镜、手表、烟盒、相机等物品放在窗口消毒箱进行臭氧消毒。用洗发水和沐浴露进行彻底的淋浴，尤其注意浸湿和清洗头发，确保淋浴时间不少于 4 min。淋浴室提供干净的工作服、袜子、浴巾和拖鞋（内部区域）。一旦淋浴就不能返回污区（外部区域）。如需返回，要重新进行淋浴。消毒间布局如图 11-18 所示。

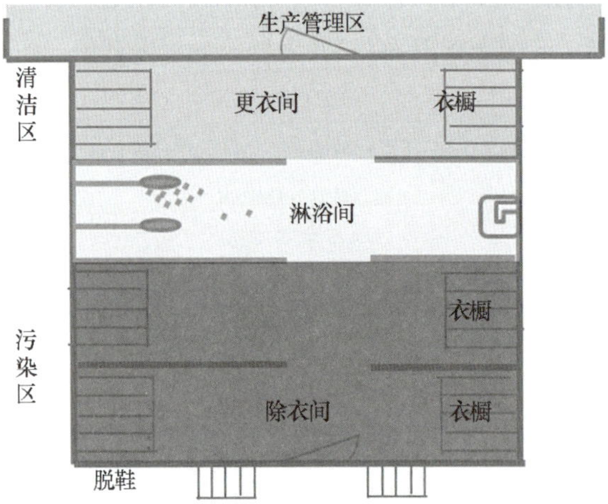

图 11-18　猪舍消毒间

（3）猪舍员工　猪舍员工需遵循作息日程：饲养人员上班 3 周休息 1 周，其他工种上班 5 天，休息 2 天，在上班期间如有事需离场，必须得到猪场经理的许可。当返场的时候，需着干净衣服，提前一天晚上在 7:00 前回到猪场，隔离 12 h。当员工在规定的时间内回场后即自动的获得入场许可，否则保安要记录并汇报给场长（猪场经理可以根据实际工作需要安排其在外场工作或者推迟相应的进入猪舍时间，推迟时间可从加班时间中扣除或者额外加班补回来）。回来时在保安处签署“员工出入记录”并登记出去理由，如果是请假需出示请假条并且在指纹机上打卡。禁止从场外携带食物入场，尤其是肉制品。个人的自行车或机动车不能在猪场内骑乘，须停放在车棚内，任何人禁止把车辆停放在寝室。同时与访客遵循同样的淋浴规则。

(4)保安　每周一早上和周四下午保安需要按时把消毒剂（卫可浩普）放入消毒池里，并且根据需要随时补加。所有未得到允许的人员和物体不得进入猪场。确保所有进入猪场人员都必须在“访客日志”和“员工出入记录”上进行登记。对于迟于 19:00 回来的员工，第二天报告给猪场经理。当从物流部接收到猪场订购的物品后需尽快送到消毒间，但是对于像石灰粉这类通常用于外部维修的物品，可以放到外部隔离间进行隔离。对于访客、外来维修人员或不住在厂里的人员需在保安室换上黄色靴子方可进入其他区域。外部维修人员在开始工作前需要在保安室换上黑色靴子。当发现有其他野生动物进入时，立即驱赶出厂。同时，需要检查入场卡车的卫生状况，如果有污染卡车入场，保安应当和当值司机负有同样责任。

(5)清洁人员　检查盒子里的洗发水和沐浴露，确保里面有充足的量。每天都要用消毒液对淋浴间和卫生间的地面进行消毒。当发现淋浴设备出问题时，立刻通知维修人员。为访客和外来人员准备衣服和拖鞋。

3.猪舍内部

(1)饲养员工　猪场在产房和保育舍严格实行“全进全出”制度，因此对清洗猪舍有着严格的要求，当清洗时一定要严格遵守清洗流程，尤其注意消毒和干燥步骤，如果消毒和干燥没做或者做得不彻底，就难以达到清洗猪舍的目的，对于即将转进舍的猪也是非常危险的。饲养员工须仔细阅读猪舍清洗要求，在员工清洗结束时，会安排当班（副）组长检查，如果不合格须重新清洗直到合格，（副）组长才可以签字确认检查合格。

(2)维修人员和电工　维修人员和电工须确保在猪舍内部工作时用内部的工具，在猪舍外部工作时用外部的工具，不能混用。如果需要把内部的工具拿到外部用，用过后需要放在消毒间消毒至少 12 h，如果猪舍内部急需使用一个外部工具，在拿进舍之前一定要用卫可进行充分消毒。在猪场外部工作时，须穿外部的衣服；在猪场内部工作时，须穿内部的衣服。无论何时，进入猪舍之前都需要淋浴，尤其是头发。

(3)仓管人员　仓管人员负责登记接收到的所有东西和药品的具体时间，确保所有物品得到充分消毒和隔离，登记领取人，尤其是消毒剂和清洁剂的领取人，以便于猪场经理或者生物安全控制员检查相关人员使用情况，这对于生物安全来说尤为重要。消毒间的灯要保持开启状态，确保所有物品（除疫苗之外）保持 24 h 的消毒时间。当得到精液时，把装精液的白色泡沫箱留在消毒室外面，在里边用干净的空箱子或者空袋子装好放到冰箱里。对于猪舍内急需的物品，要确保在进入猪舍前得到充分的消毒。

(4)猪　为保持猪群的健康度和舒适度，夏天使用湿帘、喷雾、负压通风和排气扇降温；冬天关闭湿帘，使用地暖、保温灯、保温箱和加热炮等装置进行保温。每个猪舍门前放置 1 个消毒盒，所有人员进出均需经过消毒盒，消毒盒定期更换，每周 3 次。对于产房猪和保育猪采取全进全出生产模式。每个猪舍设病猪栏。对于死猪，采取化尸处理，化尸炉放在远离猪舍的外部。

4.转猪

采用最短距离进行猪群周转，设 4 m 宽的转群通道。每一个保育舍单元设计出口，猪群单向流动。舍内出猪台情况如图 11-19 所示。

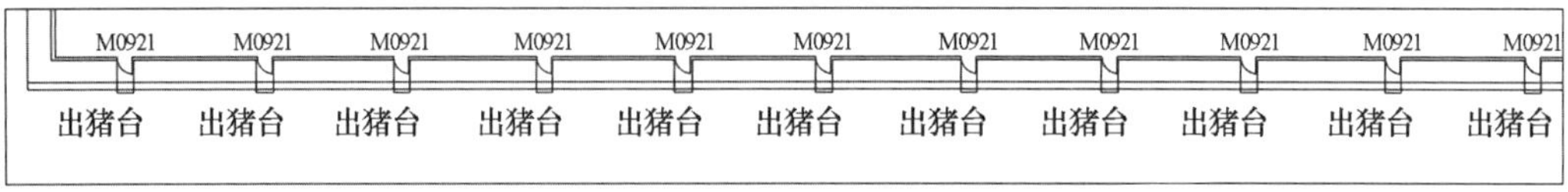

M0921为宽0.9 m，高2.1 m的门。

图 11-19　出猪台

(1)猪舍员工　猪群转群是一个潜在的风险，猪舍管理人员要保持高度警惕，遵守出猪规章。猪舍员工需在出猪前 1 天确保出猪斜坡已进行彻底的清洗和消毒，如果没有，需立即联系负责清洗人员。在出猪前 15～20 min 通知相关人员对出猪台进行再次消毒。必须确保已经到达出猪斜坡的猪不再返回到出猪台(即干净区域)。如果在育肥猪转群结束后，需要继续转后备猪，负责清洁出猪斜坡人员需马上对斜坡进行清洗和消毒，待干燥后再用内部小卡车转猪。在转死猪前 15～20 min，需要对出猪斜坡进行消毒，否则内部员工不可以接触斜坡，当转完后需对斜坡再次进行清洗和消毒。

(2)卡车司机　在转猪前，需在车子上铺木屑。转猪前要确保驾驶室整洁、干净。内部场之间转猪时，如司机把猪赶上卡车，在下一个场就是司机(或者员工)负责把猪从卡车上赶下来；卖屠宰猪时司机从斜坡上车，在出猪台换靴子。当卡车司机到达屠宰场后，换上靴子，把猪全部赶完后再脱下靴子放回车上，到达洗车地点后需把卡车和靴子进行清洗和消毒。确保运输育肥猪的卡车只负责运输育肥猪，运输仔猪的卡车只负责拉小猪。对于每一辆运输育肥猪的卡车，一天只能使用 1 次，即卡车从屠宰场返回后不能再用作其他用途，必须立即彻底清洗和消毒。

(3)转猪工人　每次转猪时，转猪工人需着出猪斜坡上的靴子帮忙把猪赶到车上，清洗时同时把靴子进行清洗和消毒。当转猪结束后，需立即对出猪斜坡和靴子进行清洗和消毒。

(4)客户车辆　客户的车辆在出发前要进行彻底的清洗和消毒，到达场区后需把车停在指定的地方进行 24 h 隔离。当车辆到达后，相关负责人会检查车辆是否清洗干净，如果不干净，需要重新找地方对车辆进行再次清洗和消毒，隔离时间需重新计算，转猪时间相应也要推迟。开始转猪后，车辆停在隔离地点等候，内部的车子将把猪转到隔离地点，在场区内部卡车和客户车辆之间使用升降台转猪，更好地确保生物安全。

5.防鼠

定期检查猪舍外老鼠盒，每周 1 次，如果毒药被吃得很多，将增加剂量，同时记录更换老鼠盒的日期。猪圈内生产人员有责任把所用工具摆放整齐，尤其是稻草的存放，以降低老鼠隐藏概率。一旦发现老鼠洞，维修人员将及时进行修补。当猪舍员工和清洁人员发现地上有漏出或洒出的饲料时，需尽快清理，以减少老鼠接触饲料的机会。猪舍内员工当发现老鼠洞和粪便时，需通知维修人员进行修补或者投放老鼠药。当发现一些配件被老鼠咬坏，如地暖的管子，立即通知负责人在合适的地方投放老鼠药。对于夜班人员，当发现深夜老鼠成群结队出现在某一个区域时，需告诉相关负责人进行处理。

6.卫生

保安需保持保安室干净整洁,整理保安室的靴子。寝室区域和垃圾桶周围区域每天需要早晚打扫 2 次。割草人员应保证离猪舍至少 1 m 的距离内干净,除小石子外不应有其他东西。清洁人员负责办公区域、餐厅、淋浴间、洗衣房和卫生间的卫生,需注意彻底清扫角落里的死苍蝇。猪舍员工需定期打扫负责的猪舍,1 周至少 1 次。换靴子的地方需每天打扫,中央大走廊由猪舍内部清洁人员负责清扫。每隔 3 周,当猪舍里的粪污排干净后,需把盖子盖好,倒入杀死苍蝇和蚊子虫卵的环丙氨嗪。饲料车间人员发现地上有溢出的废料后需尽快清理。医疗垃圾需分类存放在专业医疗垃圾箱里,由专业人员负责处理,生活垃圾要运到灌云县集中处理。

11.3 湖北钟祥聚龙德心农牧公司猪场

11.3.1 猪场概况

1.地理位置

该猪场位于湖北省钟祥市洋梓镇花山村,总占地面积约为 20 000 m^2,猪场为钟祥聚龙德心生态农牧有限公司自繁自养商品猪场。其在谷歌地图上的位置如图 11-20 所示。猪场所处地势较高,四周平坦开阔,距离最近的村庄约 500 m,符合猪场防疫要求。猪场周围有封闭水塘,方便舍内猪只的饮水供应,同时靠近公路,方便猪只与外界的运转。

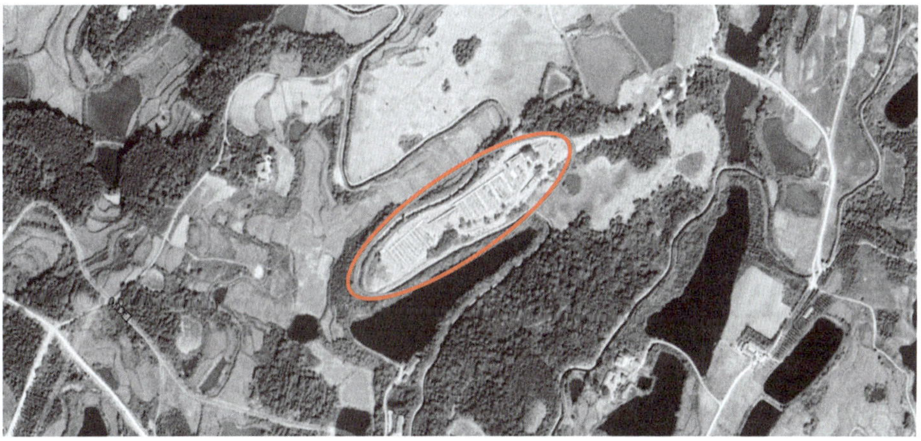

图 11-20 湖北钟祥聚龙德心农牧公司猪场地理位置

注:蓝圈内为猪场所处地理位置。

2.气象条件

钟祥市位于湖北省中部,属北亚热带季风湿润气候区,具有四季分明、热量丰富、光照适宜、雨水充沛、雨热同季、无霜期长等特点。年辐射总量 112.1 kcal/cm^2,年均气温 17.0 ℃,年均相对湿度 72%,无霜期 250～267 d,年降水量 1 100～1 300 mm。

11.3.2 饲养模式

猪场为全年均衡生产,基础母猪 300 头,年出栏肥猪控制在 4 000 头以内,多余仔猪出售。

生产过程以周为节律进行，采用舍饲散养福利化养猪工艺模式。

1.生产工艺流程

种母猪在配种栏 4 周；确认妊娠的母猪转入妊娠栏，在妊娠舍饲养 12 周；临产前 1 周转入分娩栏，分娩完后的部分母猪被淘汰掉，剩下的母猪在仔猪断奶后转入配种舍，进入下一次繁殖周期。哺乳仔猪 28 日龄断奶后转入保育舍，在保育仔猪栏待满 6 周后，转入育成育肥舍，在育成育肥舍待 16 周后即可出栏。

2.主要工艺参数

根据猪只科学的生长、繁殖情况，进行合理的工艺参数设定，从而计算出猪场的猪群结构。该猪场设计时选择的主要工艺参数数值情况见表 11-4。

3.猪群结构、饲养方式和饲养量

根据选定的生产工艺流程和主要工艺参数，可以计算得到该猪场的猪群结构，并进行群体的合理划分，最终确定单元数及栏位数见表 11-5。

表 11-4 主要工艺参数

项目	参数	项目	参数
生产节律	7 d	母猪年产胎次	2.24 胎
成活率/%		产活仔数	13.3 头/胎
哺乳期	92	损失窝数	5%～10%
保育期	95	年更新率	33%
育成育肥期	98	公母比例	1∶100(人工授精)
两胎间隔期	152～163 d	一次情期的受胎率	90%
断奶至受胎	28 d	仔猪断奶日龄	28 日龄
妊娠期	114 d	保育期	29～70 日龄
哺乳期	28 d	育成育肥期	71～180 日龄出栏

表 11-5 群体的划分及结构

猪群类别	饲养量/单元	饲养方式	单元数	栏位数/单元	饲养总量/头
妊娠母猪	200	群养	1	10	200
空怀配种母猪	54	限位栏(可自由出入)	1	54	54
分娩母猪	28	定位(可升降)	2+1	28	56
保育仔猪	320	群养，隔周分栏	3	8	960
育成育肥猪	320	群养	8	8	2 560

4.猪舍配置

猪舍内栏位参考《健康养猪工程工艺模式：舍饲散养工艺技术与装备》一书中设计，主要考虑了猪只生活空间和活动空间需求(表 11-6)。在此基础上，确定猪舍种类、数量、基本尺寸的情况，见表 11-7。

表 11-6 猪舍栏位设计

猪群类别	栏位数	头/栏	单栏面积/m^2	设计尺寸/m	每单元面积/m^2	单元数	总面积/m^2
妊娠母猪	10	20	140	6.6×9.6	683.1	1	683.1
空怀配种猪	54	1	1.26	2.1×0.6	178.2	2	178.2
分娩母猪	84	1	5.75	2.3×2.5	198	3	594
保育仔猪舍	24	40	20	5×4	198	3	594
育成育肥猪舍	64	40	40	4×10	396	8	3 168
猪舍总饲养面积							5 217.3

表 11-7 猪舍种类、数量、基本尺寸情况

猪舍类别	栋数	长(m)×宽(m)	猪舍面积/m^2
母猪+保育猪舍	1	62.1×37	2 297.7
育成育肥舍	1	89.5×36	3 222

5.饲养管理方式

除分娩母猪外，均采用群养方式。猪场设置饲料加工间和贮料塔，用来生产、储存饲料，储存的饲料通过输料机为自动给料设备源源不断地输送饲料，保证饲料的及时供应。后备母猪使用智能饲喂站进行饲料供给，防止采食的不合理分配。饮水设备采用全自动的碗式饮水机，一方面方便猪群饮水；另一方面相比其他饮水设备更加节约用水。

11.3.3 核心技术与关键设备

1.福利化养猪工艺设计

猪舍内栏位设计参考《健康养猪工程工艺模式：舍饲散养工艺技术与装备》的规定进行福利化工艺设计，严格规定猪只的排泄、躺卧、采食和游玩区域。

(1)妊娠母猪栏位布置　妊娠母猪采用圈栏群养饲喂，栏位面积 63.36 m^2。根据猪只数量设置降温猪床，猪床尺寸为 2 m×0.6 m，漏缝地板宽 2 m，一端放置两个碗式饮水机，方便猪只饮水；采用智能饲喂站进行饲料供给，防止采食的不合理分配；同时在两列猪床中部设置蹭痒架，合理考虑动物福利。妊娠母猪栏位设计见图 11-21。

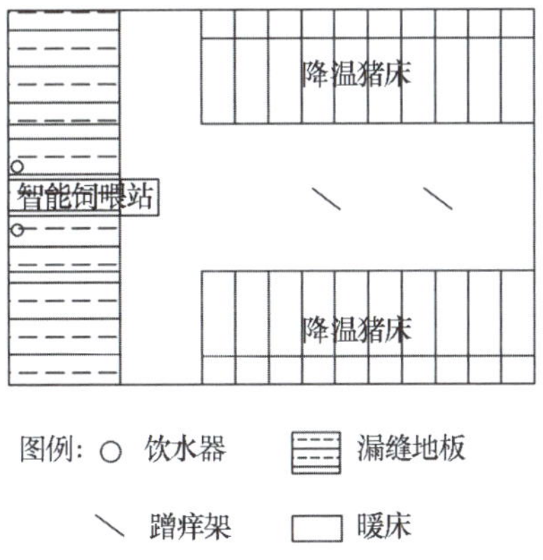

图 11-21 妊娠母猪栏位图

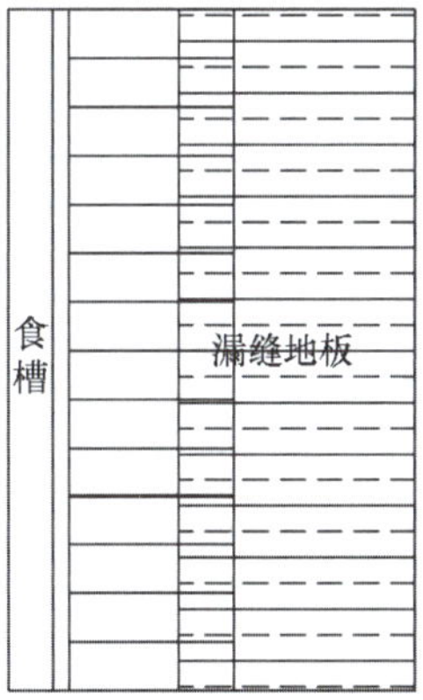

图 11-22 空怀配种母猪栏位图

(2)空怀配种母猪栏位布置　空怀配种母猪采用可自由出入的限位栏饲喂,限位栏尺寸为 2.1 m×0.6 m。漏缝地板从限位栏后部开始布置,总宽 3 m,限位栏前部设桶槽,方便猪只的饮水和饲喂。空怀配种栏位设计见图 11-22。

(3)分娩母猪栏位布置　分娩母猪采用可升降定位栏饲喂,定位栏尺寸为 2.5 m×2.3 m。除走道外定位栏部分采用全漏缝地板;定位栏前端放置食槽和饮水器,方便猪只的饮水和饲喂;定位栏一侧放置暖床,起到对刚出生仔猪的保暖作用,分娩母猪栏位设计见图 11-23。

(4)保育仔猪栏位布置　保育仔猪采用群养饲喂,隔周分栏,栏位面积 20 m^2。根据猪只数量设置猪床,猪床尺寸为 2.1 m×0.8 m,可躺卧仔猪 5 头;漏缝地板宽 0.8 m,一端放置 2 个碗式饮水机,方便猪只饮水;圈栏中央放置食槽,进行饲料供给;同时在食槽两侧设置蹭痒架,方便仔猪的活动和游玩。保育仔猪栏位设计见图 11-24。

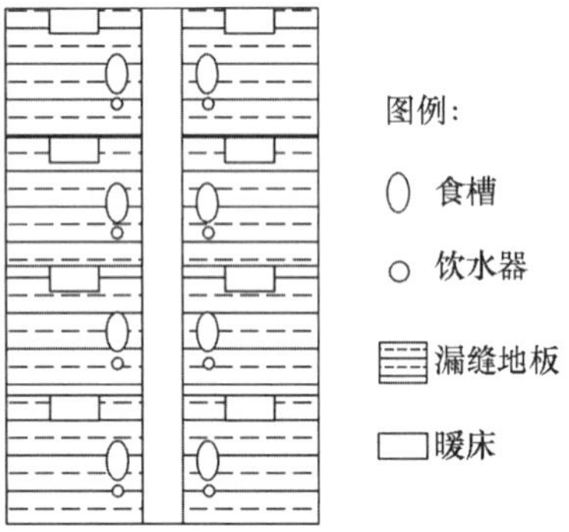

图 11-23　分娩母猪栏位图

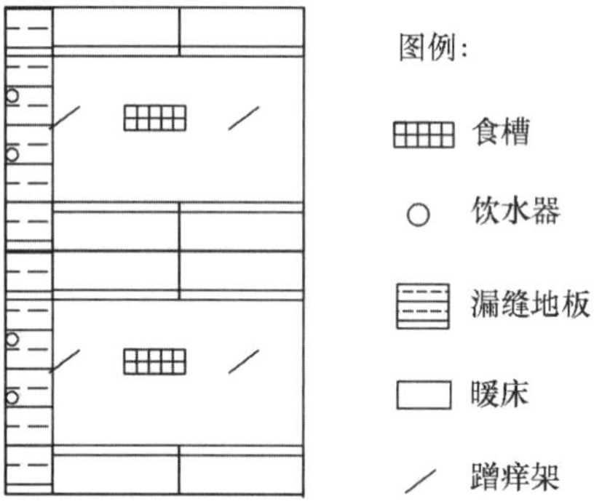

图 11-24　保育仔猪栏位图

(5)育成育肥猪栏位布置　育成育肥猪采用群养饲喂,栏位面积 40 m^2。严格区分栏内躺卧区、采食区、玩耍区和排泄区:躺卧区尺寸为 4 m×6 m;漏缝地板宽 2 m,每端各放置两个碗式饮水机,方便猪只饮水;紧邻漏缝地板放置食槽和蹭痒架,保障饲料的供给和育成育肥猪的玩耍。育成育肥猪栏位设计见图 11-25。

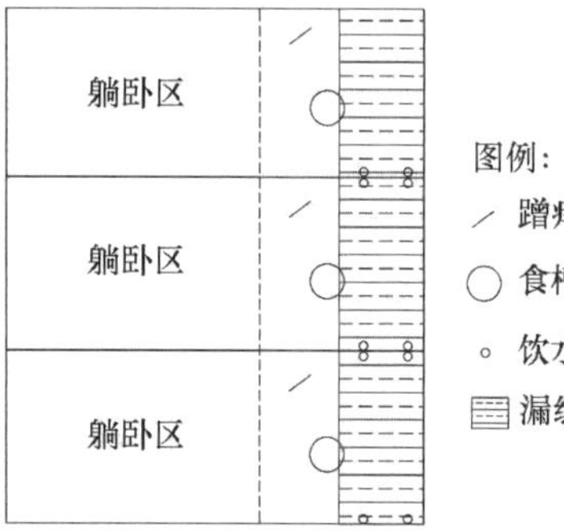

图 11-25　育成育肥猪栏位图

2.工程防疫规划

猪场的工程防疫应该从猪场消毒、规划布局、病死猪处理、粪污处理等方面进行防疫,必须做到“全进全出”,严格饲养工艺,必须将生产区、生活区、粪污处理区严格分开。粪污处理上采用无动力、组合式、循环型的处理模式。

(1)办公消毒间设计　每栋猪舍设置单独的消毒间,包括更衣室、淋浴间、卫生间、办公室,各部分数量遵循人员需求:母猪舍及育肥舍均设置 6 人位淋浴间,其中 3 男 3 女,4 人位卫生间,其中 2 男 2 女。进门后男女更衣室分居两侧,淋浴间紧邻更衣室,卫生间靠近工作间。办公消毒间具体布局情况见图 11-26。

消毒间尺寸设计遵循畜禽舍标准化设计和建筑设计规范。厕位尺寸 0.9 m×1.2 m,淋浴间尺寸 0.9 m×0.9 m,洗手台尺寸 0.4 m×0.55 m。

(2)净污分区防疫制度　外来车辆禁止进入生产区，车辆入场要经过消毒池。场内设净道、污道，净道为场区南侧道路，人员从净道出入，经办公消毒间进出猪舍；污道为场区北侧道路，运送猪场粪污、生猪的车辆从污道出入，排风除臭间位于猪舍北侧，舍内粪污处理的刮粪方向也是自南向北。整场净污分区明确，大大减小了场内污染的情况。

(3)病死猪和粪污处理及其资源化利用　病死猪和胎衣等处理过程进行严格的防疫措施，产生后即刻封装运离猪舍，用专门车辆运至钟祥市无害化处理场集中销毁。运输过程密闭，运输人员和处理人员工作时着防护服，处理后对运输车和工作人员进行消毒，确保安全后允许进入生产区、辅助生产区和生活区。

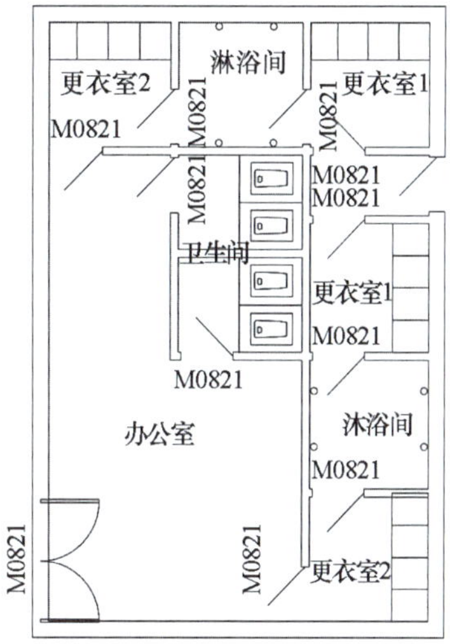

图 11-26　猪舍办公消毒间

猪舍粪污处理方式采用干湿分离工艺，使用刮板平刮清粪的干清粪系统汇总舍内粪污后，用小车进行运输，实现了清粪方式的完全智能化。干湿分离后，猪粪养殖蚯蚓做肥料，猪尿直接用作猪场旁边的玉米地的肥料，最终达到种养结合，用土地消纳养殖场的粪污。粪污全部实现资源利用，做到“零排放”。这种消纳粪污的方式较为科学合理，既减少了处理难度，提高了粪污再利用的效率，又在一定程度上促进了作物的生产。

3.通风除臭系统

猪舍内的排风通道位于猪舍北侧，舍内污浊空气经风机抽出后，汇总到除臭间进行统一处理，除臭间位于排风通道的一侧，其侧壁上设有用于过滤废气中的杂质和有害气体的除臭部，除臭间内的废气通过除臭部排出，能够有效过滤掉舍内排除废气的杂质和有害气体，减小污浊空气排出对环境产生的污染。

4.自动化和数字化设备

场区内的设备采用自动化程度高的设备，包括自动上料、喂料、供水、环控等系统，能够大量减少人力投入及员工的工作强度。同时，猪场建设了猪联网系统，集成应用物联网、AI、互联网、大数据等技术，精准管理猪场，场内的每只猪的妊娠情况，饲料进食情况等都可以在手机上直接看到，实时管控场内人、车、猪、场的情况，实现远程化管理，有效提高了单猪的盈利能力。

11.3.4　应用效果

该猪场于 2019 年 7 月 5 日动工，2020 年 4 月 6 日进猪，建成后的使用效果如图 11-27 至图 11-32 所示。初期引进种猪 317 头，从 2020 年 8 月 28 日开始产仔，已累计产仔 570 窝，窝平均产仔 15.44 头、产活仔(个体重>0.8 kg)11.92 头，有效产仔总计 6 792 头，全程育成率 90.2%，出售生猪 4 296 头，销售收入 959 万元，实现利润近 500 万元。

a.从东至西鸟瞰

b.从西至东鸟瞰

图 11-27　猪场全貌

图 11-28　净道侧

图 11-29　污道侧

图 11-30　分娩舍内景

图 11-31　保育舍内景

图 11-32　育肥舍内景

11.4　楼房养猪的生物安全工程防控体系

11.4.1　概况

在过去的几十年间，为满足人民日益增长的生活需求，中国的集约化和工厂化养猪场的规模日益增大增多，养猪场用地使用成本也迅速提高，尤其是自 2014 年 1 月 1 日《畜禽规模养殖污染防治条例》实施起，环保政策密集出台，养殖用地日见紧张。随着环保要求逐步提高，同时在“非瘟”的催化作用下，楼房式养猪近年来开始大批量兴起，特别是在中国南方，大部分地区都是山地和丘陵且人口众多,猪肉需求量大。2019 年 12 月 17 日,自然资源部、农业农村部联合发布《关于设施农业用地管理有关问题的通知》(自然资规〔2019〕4 号),通知明确了“允许养殖设施建设多层建筑”,也将“楼房养猪”引入公众视野。

楼房养猪作为一种新兴的养猪模式,既节约用地,也便于进行生物安全管理,同时由于不同楼层猪舍有高低落差,方便污水污粪的集中处理。国内的楼房养猪是顺应国内紧缩养殖用地的政策出现的,国外鲜有相关研究报道。

早在 20 世纪 70 年代,国内就出现了“楼房养猪”的雏形。当时哈尔滨香坊农场摸索建造了一栋二层楼房来养猪。在那个“人都住不起楼房”的年代,这种“让猪住楼房”的做法引起了很大的争议,在遇到很多困难后,项目取消,但也开创了国内“楼房养猪”的先河。进入 21 世纪后,伴随着中国的高速发展,土地资源供应越来越紧张。如何利用有限的土地养更多的猪?对于这个问题的思考,使得很多养猪人把目光投向“楼房养猪”模式,即将“平面化”的猪舍布局变为“立体式”,用楼房来进行工业化养殖。随后,“楼房养猪”模式在黑龙江、浙江、河北、辽宁、福建等地开始逐渐尝试。近年来,在非洲猪瘟常态化防控背景下,国家对猪场用地审批和生态环境政策进一步规范,多层楼房养猪模式逐步被各地方政府和大型养殖集团所接受并开始得到大量的推广应用。

楼房式猪舍能够充分挖掘土地潜力,利用高层空间提高土地利用率,以提高单位面积的生猪产量。此种养殖模式为缓解养殖量与土地资源的矛盾提供了较好的解决策略,同时多层猪舍的设施设备利用更加集约化,能够更好地提高生产效率。

11.4.2 饲养工艺

楼房猪舍的猪群密度高,因此整栋楼房应做到楼层相对独立,并采用小单元批次饲养的养殖模式,每个批次做到“全进全出”,杜绝疾病在猪舍内部循环,更加有利于传染病的防控。一栋楼房式的猪舍相对来说是一个较为封闭的生产线,可视为猪场的一个独立的生产区,因此楼房的饲养模式也可按照现代化猪场的饲养模式进行分类,分别为母猪楼房、育肥楼房、全程饲养楼房。

母猪楼房饲养用于繁育的父母代母猪(或增加配套数量的祖代猪),每层作为一条独立的集约化生产线,每条生产线分为分娩区和妊娠区,生产线间的母猪不做层间流动,保证每层楼的独立性与密闭性,避免疾病传播。母猪楼房可在顶层饲养祖代猪,自繁自养后备母猪为生产线更新能繁母猪,这样可有效降低整栋楼的引种频率,降低外界疾病流入的风险。图 11-33 为新希望六和的莱州楼房猪场。

图 11-33 新希望莱州楼房猪场

图 11-34　南京联群楼房猪场(保育育肥一体楼房)

育肥楼房对断奶后至育肥出栏的猪只进行饲养,每批次严格遵循"全进全出"饲养工艺。可对猪只进行分段饲养,也可进行一体化饲养。分段饲养即将仔猪保育和成猪育肥分开进行饲养,中间需进行转猪操作,而一体化饲养则是将仔猪从断奶后一直在一个饲养单元内饲养至出栏。对于楼房内的育肥饲养,保育育肥一体化饲养的模式能够显著降低猪只转群的劳动强度及给猪本身带来的应激反应,对疫病风险的控制和生产效率的保障有着更积极的意义。图 11-34 为南京联群的保育育肥一体化楼房猪场。

全程饲养楼房为全程自繁自养的饲养模式,楼房内部包含妊娠舍、分娩舍、后备舍、公猪舍、保育舍、育成育肥舍,整个楼房采取完全封闭式的闭环饲养管理,独立完成种猪生产、仔猪繁育和肉猪育肥出栏的全部饲养程序。这种饲养模式对生产的各个环节的控制能力更强,而在疫情大面积暴发的环境中,更强的控制力在疫情防控和生产调节中更具优势。

11.4.3　生物安全工程防控体系构建

1.人、物、污单向流动

楼房养猪这种更加集约化的立体养殖模式带来了诸多的挑战。楼房猪舍的建筑结构复杂、饲养密度大,一旦发生重大传染病极易交叉感染,疾病控制比较困难,因此生物安全的防控就变得尤为重要。作为高度集约化的现代高效化猪场,建有楼房猪舍的猪场更应该注意人、物、料、猪、污的安全流转。每层楼之间生产管理严格区分,不得存在交叉感染。一栋楼就相当于一个独立的猪场,需要按照生物安全对猪场各区域分级,并严格遵循"单向流动"原则。

以母猪场为例,母猪场一层为一条生产线,各层单独设置人员物资洗消设施。楼房猪舍设计前要结合整场布局提前做好以分级、定界措施为核心的生物安全规划。例如转猪坡道的分级:后备楼层和母猪场直接的坡道为场内生产区,是高生物安全级别区;各层转出断奶仔猪的坡道就属于场区缓冲区。不同生物安全区域间的界线要明晰,从低生物安全级别区域到高生物安全级别区域要采取相应的措施。当猪场出现病猪或死猪时,及时隔离、严格转运、专人操作、消毒灭菌、全程做好"封、转、消、杀"无害化处理尤为重要。

2.猪只转运

楼房自身的多层立体结构致使猪只存在垂直方向的转运,这对于生产及防疫的难度都大大提升。在设计和生产中应减少跨层中转,以层为周转和生产单元。层间的猪只转运需要严格区分健康猪、淘汰猪和病死猪的流转方向,不得产生交叉。正常猪的转运可以坡道转运为主、中转平台为辅的方式。而淘汰猪、异常猪则可以运用电梯进行转运。病死猪可以封闭后采用电梯转运或采用死猪管道的方式。

3.通风系统

对于集约化的高效养猪场,舍内的热环境和空气质量对动物和养殖者的健康至关重要。研究表明,较差的室内环境条件对猪的生产、行为和健康会产生较大的负面影响,导致饲料效率降低,日增重降低。通风是为舍内猪群提供和保持舒适的室内环境的一种常见而有效方式,它不仅可以除去多余的热量和湿气，还可以引入新风为猪只提供新鲜空气。楼房养猪不同于平房养猪，由于缺少阁楼等建筑结构，在猪舍内的机械通风系统设计上，无法采用屋顶风机和屋顶进风口等通风结构。另外，不同楼层与外部环境的热交换情况有一定差异，如顶层热辐射，底层地板保温等影响，可能导致相同面积，相似的通风系统条件不同楼层中的环境控制效果有差异，从而对养猪生产造成较大的影响。因此，在楼房的整体通风设计中，必须弄清不同楼层猪舍内部环境的规律，并针对不同楼层特点在猪舍通风系统设计以及运行方式上做进一步的调整和优化。

目前，大部分楼房猪舍采用每层独立的进出风系统，部分楼房则尝试采用集中通风的模式。两种模式的主要区别在于出风是层间独立的体系还是整体集成的控制。但无论哪一种模式，最终要解决的就是夏季的降温及冬季的通风均匀性问题。

楼房猪舍夏季的通风模式大多采用传统的隧道通风模式，每层的新风从各层的湿帘端降温进入舍内，利用湿帘的蒸发降温以及风速带来的风冷效应为猪只提供较为舒适的环境温度。冬季则在各层的吊顶处设置进风窗或在舍内布置风管（或风箱）进行垂直通风，为猪舍提供新风进行换气。吊顶进风窗可利用上一层粪沟间的风道作为进风通道，减少层高占用空间，降低建筑成本。图 11-35 所示为楼房猪舍每层楼独立通风系统。

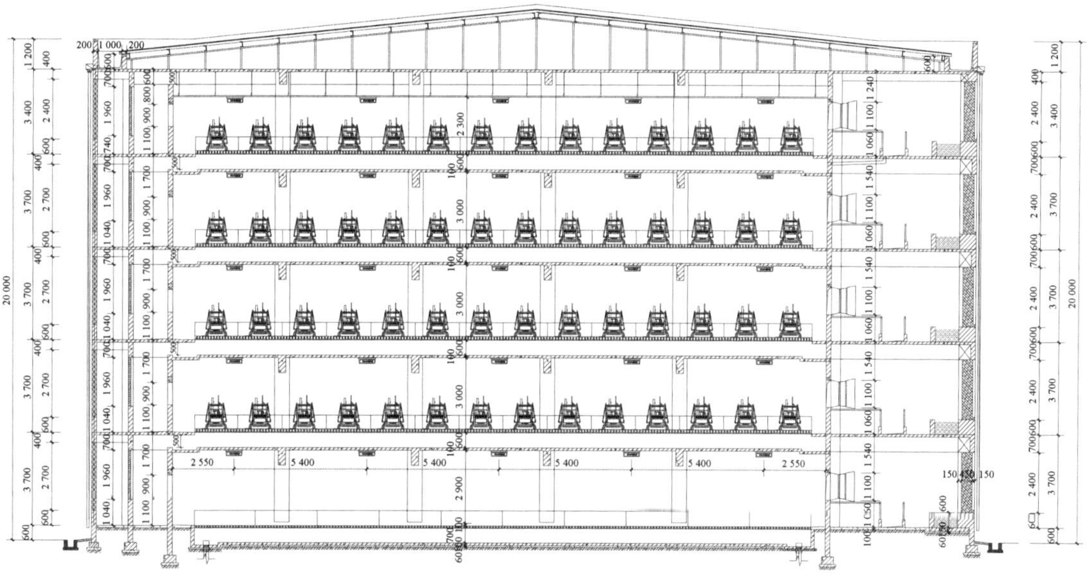

图 11-35　每层独立进行通风（单位：mm）

由于楼房猪舍的出风端比较密集，部分养殖企业尝试进行集中通风模式的探索。这种模式是在顶层设有集中风房，将各层猪舍的出风通过风井合并进行集中排放。此模式宜利用风管或风箱采用精准通风的方式实现对每一头猪进行局部输送新鲜空气，增加猪体周围的有效风速，以提高猪只生活空间的环境舒适度，提高猪舍的温度分布和清洁空气分布的均匀度。精准送风的模式可以用更低的通风量来给猪只提供适宜的小环境条件，而由于通风量需求的减少，猪舍通风系统配置的风机数量也能够随之降低，使得猪舍风机集中放置成为可能。同时，猪舍风机集中放置有利于实现猪舍废气有组织排放，猪舍废气有组织排放有利于实现猪舍废气清洗与消毒，大大减低了猪舍排放对大气的污染。但集中通风的模式对于楼房整体的密封性及设备的抗负压性能是一个巨大的挑战，在实际运用中需要进行更严密的设备和控制设计。图 11-36 为楼房猪舍的集中通风模式。

4.进排风口空气处理

为应对非洲猪瘟带来的风险,以及适应越来越严格的环保要求,目前规模化猪场生物安全等级均大大提高,在通风系统上,目前的楼房猪舍大都加装了新风的过滤系统和尾端的废气处理系统。新风过滤系统和废气处理系统大大降低了疾病通过空气传播的风险,不过也大大增加了通风风阻、风机能耗以及设备的安装空间,在配置通风设备时要注意增加这一部分带来的压降损失。

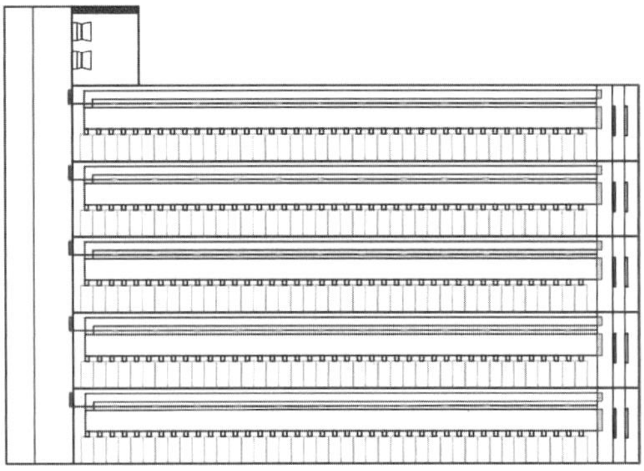

图 11-36 集中通风模式

5.饲料提升运送

楼房猪舍单栋饲养量大,饲料配送难度大,容易被污染。楼房的送料系统的核心就在于室外饲料的提升技术。楼房猪舍饲料提升方式主要分为三种,塞链直接提升、设置中转平台以及垂直提升机提升。

塞链直接提升送料是指将料塔摆放在室外地面,各层的料线(或主料线)直接以一定角度爬升到每层猪舍所需的高度,如图 11-37 所示。这种饲料提升方式的设备和控制方式都比较成熟,对于层数较低的楼房来说成本投入较小。但对于 7 层或更高层的猪舍来说,设备的安装和维修维护难度较大,设备运行的负载相较于设置中转平台的模式来说也会更大。

设置中转平台是指高层猪舍的饲料料塔放置在料塔平台处(如为 4～6 层猪舍提供饲料的料塔平台放置在 3 层位置)。平台料塔的饲料由放置在一层的集中料塔采用气动送料或塞盘送料的方式提供,如图 11-38 所示。由于增加了料塔平台,设备的安装及后期的维护维修更加方便,系统经由搭接中转,使得设备的运行负载降低,能够提升设备的使用寿命,降低故障率,但这种模式会因增加平台而增大建筑成本。

图 11-37 塞链直接提升饲料

图 11-38 设置中转平台提升饲料

垂直提升机主要是采用斗式提升机进行饲料提升,这种设备在饲料厂内普遍应用,如图 11-39 所示。饲料储存于一层的集中料塔内,由机头带动畚斗将饲料提升至最顶部,再通过落料通道落至每层的料塔或料箱(料塔为该层或临近两层提供饲料,如图 11-40 所示)。提升机的饲料运送效率更高,能为料量需求更大的楼房提供垂直提升动力,但设备整体的成本较高,因此对于 10 层左右的高层楼房来说更为适用。

图 11-39 斗式提升机系统

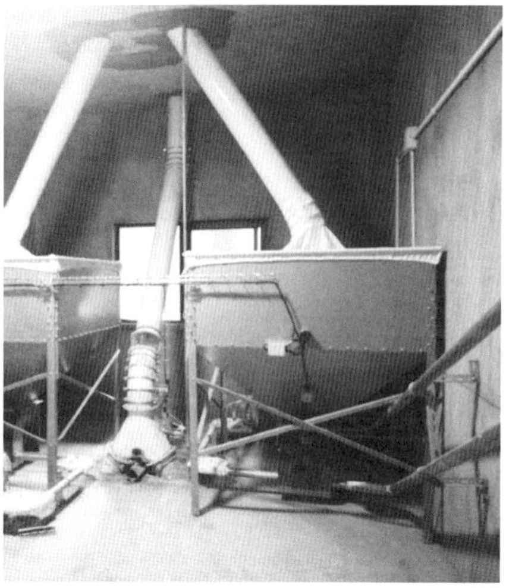

图 11-40 提升机落料至各层料箱

6.清粪模式的选择

在楼房式猪舍中,由于不同楼层猪舍有高低落差,更加便于各楼层粪便污水的集中处理,更能够发挥机械刮板清粪工艺的优势。楼房猪舍目前水泡粪、平刮板、V 形刮板都有项目采用,各有优缺点。

V 形刮板方式是将每层初步粪尿分离的干粪刮至落粪通道内,汇集在一层粪池,再由场内粪车拉走,如图 11-41 所示。这种方式能够实现舍内的干湿分离,但难以要做到各层间完全阻隔,施工也比较困难,难以实现各层猪舍良好的气密性。

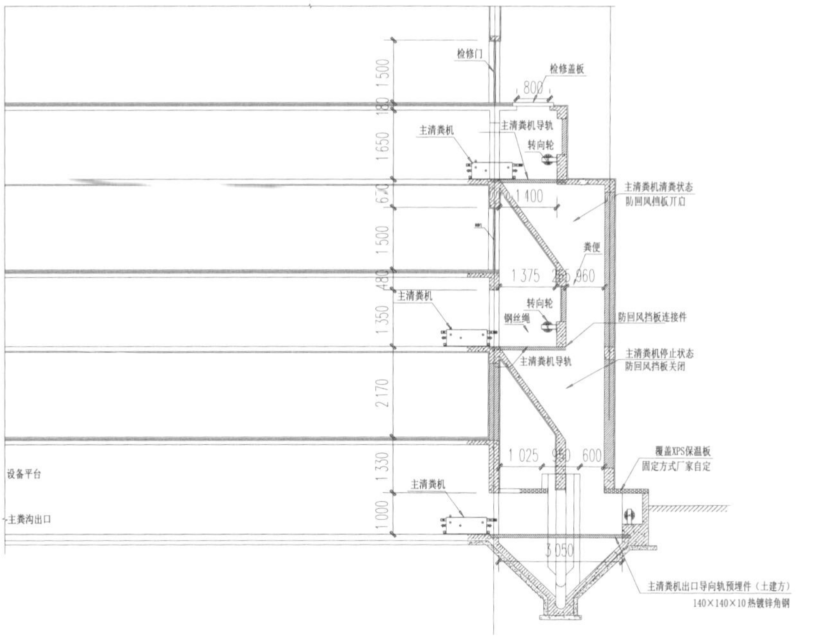

图 11-41 V 形刮板模式

平刮板方式是采用平刮板将每层的猪粪刮至每层的集粪池，再由管道统一排放到一层的集粪池，最后并入排污管网，如图 11-42 所示。这种方式相对于 V 形刮板方式的荷载更小，易于施工，可通过管道排出，做到各层完全阻隔，但相对氨气挥发较大。

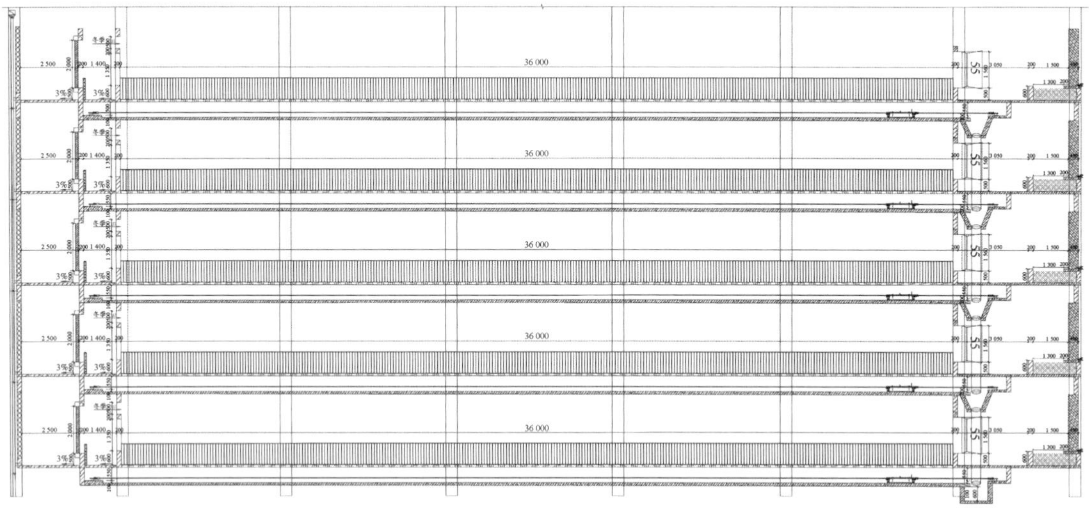

图 11-42　平板刮粪模式（单位：mm）

水泡粪方式是每层的粪沟内进行水泡粪方式储粪，并定期拔塞排放至主排污管内，并最终并入排污管网，如图 11-43 所示。这种方式工艺比较成熟、易于施工，能够实现各层完全阻隔，气密性容易保障，但荷载较大，且对楼房的防水性能要求较高。

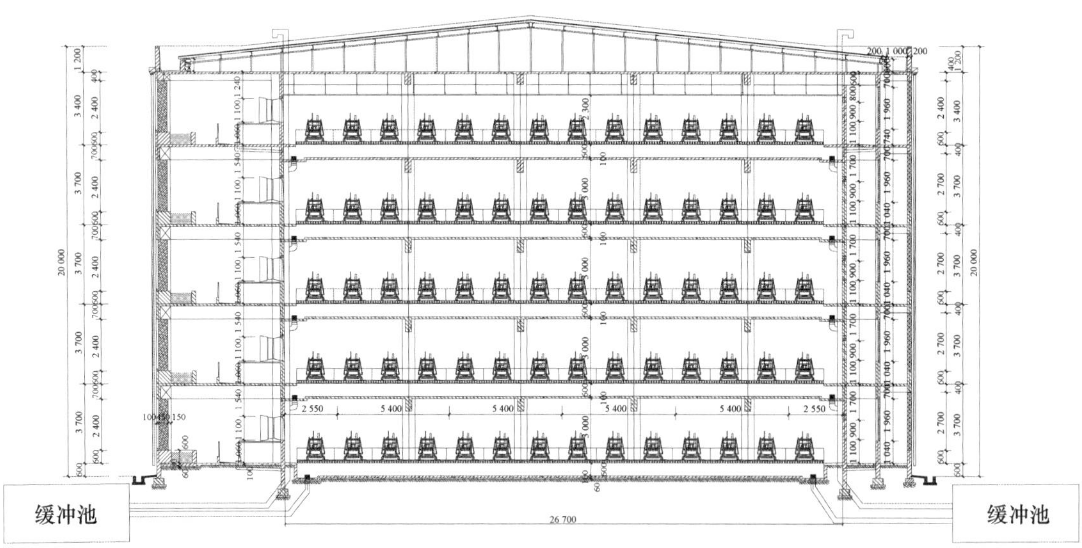

图 11-43　水泡粪模式（单位：mm）

7.建筑结构

用于养猪的楼房不同于普通民宅，它的荷载更大，建筑设计时应全面考虑投入生产后的整体荷载，并通过建筑做法的优化尽可能降低荷载，这对于整体成本的控制非常重要。

楼房猪舍相较单层猪舍施工面小，各专业交叉点多，柱网也更密集，结构设计要结合设备布置，在不影响功能的前提下尽可能减少头均占地面积。楼房猪舍不论粪沟的污水还是舍内冲洗用水都会对建筑的防水产生巨大挑战，因此楼房猪舍的防水做法、防水材料的应用都是尤为重要的。

11.4.4 应用效果

楼房养猪的核心优势就是极高的土地利用率，以 6 750 头基母规模的母猪场（含 750 头基母祖代）为例，建造此规模的 6 层楼房猪舍占地面积不到 10 亩，而采用平层猪舍的模式则需要将近 80 亩的土地面积（包含各猪舍间空地）。楼房猪舍这种层叠式的空间利用就为畜牧用地资源紧张的地区提供了很好的解决方案，也令设备的使用和人员的管理更加高效。

2018 年，华统集团建立了第一个现代化的立体多层猪舍，共投资 3.5 亿元，建筑占地 61 亩，建设设计年出栏 40 万头的华统生猪产业基地，如图 11-44 所示。2019 年，以广西扬翔为代表的大集团在养殖实践中不断总结经验，推出多层猪舍生物安全四层结构“防非”的“铁桶计划”，在疫病防控和养殖生产上效果显著，平均 PSY（每头母猪每年提供的断奶仔猪数量）达 28.7。2020 年，新希望集团母猪楼房示范场落成，年存栏量为 13 500 头基础母猪，投产后预计年出栏仔猪约 30 万头。全场占地 358 亩，但主生产线仅占地 35 亩。新希望集团针对传统楼房养猪的缺点进行优化和创新，推出新的 5S（science 科学、service 服务、settlement 聚落、safe 安全、smart 智能）楼房养猪模式，并大力进行推广建设。

楼房养猪这种有别于任何国家的高楼聚落式养猪，在全球属于新尝试，具有很强的中国特色。多层立体式的楼房式猪舍在多样化的发展中也在不断探索新的工艺模式，因地制宜，让现代猪场更加科学、高效、环保。

图 11-44 仙居华统楼房育肥场

（施正香、齐飞、王雷、李修松）

附录　作者团队指导的研究生与“福利化养猪及生物安全工程防控”相关的学位论文

序号	研究生姓名	论文题目	导师姓名	毕业年份	学位
1	谢菊芳	猪肉安全生产全程可追溯系统的研究	李保明、陆昌华	2005	博士
2	周道雷	断奶仔猪舍饲散养工艺及其相关问题探讨	李保明	2006	博士
3	席　磊	环境丰富度对育肥猪行为与生产性能影响的试验研究	李保明	2007	博士
4	叶章颖	猪舍氨气排放的气流特性参数及模拟研究	李保明、Guoqing Zhang	2009	博士
5	顾招兵	分娩舍设施对猪行为及健康的影响	李保明	2010	博士
6	庞真真	母猪冷水降温猪床的试验研究	李保明	2011	博士
7	李　伟	小群饲养母猪躺卧区环境影响与调控	李保明	2014	博士
8	施正香	健康养猪的空间环境构建与养殖技术模式研究	李保明	2014	博士
9	郝晓霞	微酸性电解水对畜禽场环境微生物控制研究	曹魏、李保明	2014	博士
10	刘同海	基于双目视觉的猪体体尺参数提取算法优化及三维重构	滕光辉	2014	博士
11	李　卓	基于三维数据的生猪体尺与体重监测技术研究	滕光辉	2016	博士
12	石　晨	基于双目视觉技术的生猪体型体重估测系统研究	滕光辉	2019	博士
13	余秋冬	空怀期母猪繁殖行为自动评判方法	滕光辉	2020	博士
14	张建龙	育肥猪“全进全出”饲养模式下智能分群系统研究	滕光辉	2021	博士
15	程勤阳	拱形聚苯板轻钢结构猪舍环境的研究	贾先斌、李保明	1997	硕士
16	张晓颖	饲养环境及工程设施与猪行为关系的实验研究	李保明	2002	硕士
17	成　冰	猪用混凝土微缝地板的应用研究	李保明、陈刚	2006	硕士
18	梁丽萍	饮水温度对断奶仔猪生长性能与行为的影响	李保明	2009	硕士

续表附录

序号	研究生姓名	论文题目	导师姓名	毕业年份	学位
19	李凤鸣	“五件套”生猪健康养殖工艺模式应用研究及推广	李保明、杨凤鸣	2014	硕士
20	黄庭坚	不同类型猪舍氨气状况的测试分析	李保明、史文清	2017	硕士
21	李修松	垂直通风气流组织在广西妊娠母猪舍中应用研究	李保明、郑树利	2018	硕士
22	杨　艳	基于计算机视觉技术的种猪体尺和体重估算方法研究	滕光辉	2006	硕士
23	杜晓冬	种猪体重预估平台补光系统研究	滕光辉	2015	硕士
24	毛涛涛	畜禽养殖环境下监控系统及数据可靠性研究	滕光辉	2016	硕士
25	申志杰	基于机器视觉的母猪体况评分方法	滕光辉	2018	硕士
26	余灵桦	基于气味和声音的母猪试情平台研究	滕光辉	2019	硕士
27	周振宇	基于光电容积脉搏波描记法的生猪呼吸率检测	滕光辉	2020	硕士
28	周　康	非接触式的群养猪饮水行为信息监测系统的研发	滕光辉	2020	硕士
29	庄晏榕	基于机器视觉的育肥猪采食实时估测系统的研发	滕光辉	2020	硕士
30	李陆钦	猪舍加温地板研究	施正香	2005	硕士
31	侯建君	断奶应激对仔猪行为和生长的影响	施正香	2006	硕士
32	王晓雁	北京地区猪舍建筑节能设计研究	施正香	2008	硕士
33	沈　雄	断奶仔猪排泄行为诱导试验研究	施正香	2009	硕士
34	李蕴娴	通风组织方式对猪舍内有害气体影响的试验研究	施正香	2009	硕士
35	林玉涵	猪舍微缝地板及其自动清粪系统研究	施正香	2012	硕士
36	高孟起	不同区域妊娠猪舍环境参数的时空变化分析	施正香	2015	硕士
37	黄金军	基于能质平衡的保育育肥猪舍通风量及冷热负荷研究	施正香	2020	硕士
38	陶胜男	基于微酸性电解水的畜禽车辆高压洗消试验研究	施正香	2021	硕士
39	桂志远	规模猪场轨道式自动刮粪与清粪系统研究与开发	王朝元	2015	硕士
40	胡　彬	基于群体大小与饲养密度的保育仔猪空间环境需求试验研究	王朝元	2015	硕士
41	杨明亮	锯末覆盖降低猪舍氨气挥发效果的研究	陈　刚	2009	硕士

续表附录

序号	研究生姓名	论文题目	导师姓名	毕业年份	学位
42	程科进	猪舍粪尿分离自动清粪系统研究	陈　刚	2014	硕士
43	霍福欣	基于育肥猪智能饲喂器的同圈分饲模式研究	陈　刚	2016	硕士
44	谢美胜	猪用单体精准饲喂器的设计与研究	陈　刚	2015	硕士
45	赵龙春	基于操作性条件反射的猪用回避器研究	陈　刚	2017	硕士
46	袁　凯	育肥猪用螺旋拨料式干湿饲喂器的研究	陈　刚	2018	硕士
47	杨佳乐	猪舍机械清粪系统传动机构优化设计与验证	陈　刚	2019	硕士
48	马占东	猪舍步进式刮粪系统关键部件设计与试验验证	陈　刚	2020	硕士

参考文献

安利民，等. 现代猪病诊断与防治技术[M]. 郑州：中原农民出版社，2019.

曹伟华，章伟建，赵由才，等. 动物无害化处理与资源化利用技术/实用农村环境保护知识丛书[M]. 北京：冶金工业出版社，2018.

陈溥言. 兽医传染病学[M]. 北京：中国农业出版社，2016.

陈杖榴. 兽医药理学[M]. 北京：中国农业出版社，2015.

丁岚峰，刁春文，刘长军，等. 非电解微酸性次氯酸消毒剂在畜牧养殖业中的应用与展望[J]. 中国兽药杂志，2020，54(9)：61-71.

冯霞，曹颖霞，高丽南，等. 饮水温度对 25～45 kg 猪的生产性能和表观消化率的影响[J]. 饲料与畜牧，2011(4)：16-19.

付为森. 基于双目视觉的猪体尺检测与体重预估方法研究[D]. 北京：中国农业大学，2011.

高航，袁雄坤，姜丽丽，等. 猪舍环境参数研究综述[J]. 中国农业科学，2018，51(16)：3226-3236.

郝晓霞. 微酸性电解水对畜禽场环境微生物控制研究[D]. 北京：中国农业大学，2014.

郝永盛. 规模猪场的生物安全体系建设[J]. 兽医导刊，2014(S1)：5-7.

何若钢，覃小荣，曾其恒，等. 冬季饮用温水对断奶仔猪生产性能的影响[J]. 中国畜牧兽医，2008，35(3)：141-142.

惠雪，施正香，李保明. 福利化养猪生产工艺与技术装备[J]. 猪业科学，2016，033(8)：43-46.

姬真真，程璞，惠雪，等. 微酸性电解水消毒技术在畜禽养殖中的应用研究进展[J]. 家畜生态学报，2018，39(11)：83-86.

姜学良，孙考仲，姜学武，等. 如何构建规模化猪场生物安全防控体系建设[J]. 吉林畜牧兽医，2020，41(12)：118-119.

荆凯凯，施正香，武晓红，等. 高能光电除臭设备对猪舍空气净化效果的研究[J]. 中国畜牧杂志，2015，051(023)：72 75.

李保明，施正香. 设施农业工程工艺与建筑设计[M]. 北京：中国农业出版社，2005.

李保明. 家畜环境与设施[M]. 中央广播电视大学出版社，2004.

李航. 规模猪场的消毒与疫病防控[J]. 吉林畜牧兽医，2020，41(12)：11-15.

李洪宇，陈华丽，赵宝凯，等. 非洲猪瘟背景下猪场不同消毒方法效果评价[J]. 今日养猪业，2019(4)：81-83.

李伟，李保明，施正香，等. 夏季水冷式猪床的降温效果及其对母猪躺卧行为的影响[J]. 农业工程学报，2011，27(11)：242-246.

李伟，刘作华，王朝元，等. 猪床单元宽度及群体位次对妊娠母猪行为影响[J]. 农业工程学报，2017，33(22)：248-254.

李卓，毛涛涛，刘同海，等. 基于机器视觉的猪体质量估测模型比较与优化[J]. 农业工程学报，2015，31(2)：155-161.

李卓. 基于立体视觉技术的生猪体重估测研究[D]. 北京：中国农业大学，2016.

林洪金，史东辉. 动物营养与饲料[M]. 北京：中国农业科学技术出版社，2008：71-74.

林秋敏，赖宝色，杨慧，等. 从福建省部分猪场分离的常见细菌对消毒剂抗性情况调查[J]. 黑龙江畜牧兽医，2020(16):83-86.

凌丁，张业怀. 仔猪源沙门氏菌对抗菌药物及消毒剂的耐药性调查[J]. 黑龙江畜牧兽医，2017(9):109-112.

刘长军，刁春文，丁岚峰. 非电解微酸性次氯酸水消毒剂在养猪场整体清洁消毒中的应用模式[J]. 中国猪业，2020,15(4):68-72.

刘同海. 基于双目视觉的猪体体尺参数提取算法优化及三维重构[D]. 北京：中国农业大学，2014.

刘文，蒲施桦，林保忠，等. 微酸性电解水对猪场空气消毒效果的研究[J].猪业科学，2015,32(2):89-90.

陆承平. 兽医微生物学. 北京：中国农业出版社，2016.

吕继蓉，曾凡坤，张克英. 猪乳香味剂对断奶仔猪采食行为和采食量的影响[J]. 动物营养学报，2011,23(5):848-853.

马盘河，安利民. 现代猪病诊断与防治技术[M]. 郑州：中原农民出版社，2019.

梅书棋. 地方猪的利用与高效养殖新技术[M]. 北京:金盾出版社，2017.

南松剑. 微酸性电解水用于奶牛场消毒和对奶牛乳房炎防控的研究[D]. 北京：中国农业大学，2011.

倪莉. 微酸性电解水对蛋鸡场沙门氏菌的杀菌规律研究[D]. 北京：中国农业大学，2016.

庞真真. 母猪冷水降温猪床的试验研究[D]. 中国农业大学，2011.

蒲施桦，解雅东，谢跃伟，等. 臭氧消毒机对猪舍内空气净化效果研究[J]. 家畜生态学报，2017,38(6):55-58.

乔德友，等. 动物无害化处理与资源化利用技术[M]. 北京:冶金工业出版社，2018.

沈荣华，邱新梅，李红伟，等. 畜禽养殖场综合防疫技术[J]. 中国动物保健，2014,16(3):39-41.

施正香，李保明. 健康养猪工程工艺模式：舍饲散养工艺技术[M]. 中国农业大学出版社，2012.

石晨. 基于双目视觉技术的生猪体型体重估测系统研究[D]. 北京：中国农业大学，2019.

石志芳，姬真真，席磊. 规模化猪场 NH_3 排放特征及影响因素研究[J]. 中国畜牧杂志，2017,53(8):100-104.

石志芳，席磊，程璞，等. 微酸性电解水猪场消毒效果研究[J]. 西北农林科技大学学报(自然科学版)，2020,48(5):22-30,41.

孙龙，梁龙华，覃燕灵，等. 传统猪场应对非洲猪瘟的生物安全升级改造[J]. 猪业科学，2020,37(10):92-94.

覃小荣，何若钢，曾其恒，等. 冬季饮用温水对哺乳仔猪生长性能的影响[J]. 养猪，2008(2):12-13.

唐德刚. 猪疫病防治中消毒作用及方法[J]. 畜牧兽医科学(电子版)，2020(15):155-156.

陶秀萍，董红敏. 低温对仔猪生产的影响及其机制[J]. 农业工程学报，1997,13(s1):53-57.

汪开英，代小蓉，李震宇，等. 不同地面结构的育肥猪舍 NH_3 排放系数[J]. 农业机械学报，2010,41(1):163-166.

王海霞，王洪海，陈雪龙，等. 浅析畜禽疫病防控中消毒剂的选择与使用[J]. 现代畜牧科技，2020(1):49-50.

王连纯. 高效养猪技术讲座第二讲猪的生物学与行为学特性[J]. 当代畜牧，2000(2):46-49.

王美芝，赵婉莹，刘继军，等. 湿帘-风机系统对北京育肥猪舍的降温效果[J]. 农业工程学报，2017,33(7):197-205.

王阳，张家发，胡喜军，等. 规模化鸡场饮水系统添加微酸性电解水杀菌效果试验[J]. 农业工程学报，2017,33(18):230-236.

王阳，张家发，李保明. 饮水系统添加微酸性电解水对蛋鸡肠道微生物的影响[J]. 中国农业大学学报，2018,23(01):113-119.

魏建平，朱秋华，王璐璐，等. 微酸性次氯酸分子水改善养殖水质和鸡舍有害气体的试验[J]. 中国兽医杂志，2019，55(10)：29-32.

吴中红，陈泽鹏，臧建军，等. 湿帘冷风机-纤维风管通风系统对妊娠猪猪舍的降温效果[J]. 农业工程学报，2018，34(18)：268-276.

席磊. 环境丰富度对育肥猪行为与生产性能影响的试验研究[D].中国农业大学，2007.

谢丹. 微酸性电解水在断奶仔猪饮水中的应用研究[D]. 雅安：四川农业大学，2017.

熊本海，杨亮，郑姗姗. 我国畜牧业信息化与智能装备技术应用研究进展[J]. 中国农业信息，2018，30(1)：17-34.

杨艳. 基于计算机视觉技术的种猪体尺和体重估算方法研究[D]. 北京：中国农业大学，2006.

易路. 空气源热泵在北京猪舍供暖的应用效果研究[D]. 北京：中国农业大学动物科技学院，2018.

殷宗俊，汪春乾，王自立，等. 饲养密度对断奶仔猪生长和行为的影响[J]. 安徽农业大学学报，2000，27(1)：79-81.

尹洛蓉. 生猪标准化养殖技术[M]. 成都：西南交通大学出版社，2016.

迂斌，颜运秋，徐少勇. 集约化种猪场生物安全措施[J]. 四川畜牧兽医，2020，47(10)：36-38.

余炅桦. 基于气味和声音的母猪试情平台研究[D]. 中国农业大学，2019.

臧一天. 微酸性电解水对进入鸡场物品表面消毒方法研究[D]. 北京：中国农业大学，2015.

张家发. 蛋鸡舍饮水系统的电解处理和饮用效果研究[D]. 北京：中国农业大学，2016.

张建国，王民敏，刘继承. 重大动物疫病防控要切实重视养殖环境的控制[J]. 家禽科学，2015(4)：3-5.

张建亮. 猪场消毒的重要性及常用方法[J]. 畜牧兽医科技信息，2020(1)：112-113.

张巧平. 基于体温检测的猪疾病判断方法[J]. 现代农业科技，2011(20)：352，354.

张秋亭. 保育猪舍不同局部供暖方式热环境效果及猪舍能耗研究[D]. 北京：中国农业大学动物科技学院，2016.

张水成，李海滨. 浅议集约化畜禽养殖场生物安全控制的策略[J]. 中兽医学杂志，2014(10)：68.

赵乔辉，朱世平，刘颖，等. 大白猪和长白猪妊娠周期内背膘厚对繁殖性能的影响[J]. 中国畜牧杂志，2014，50(21)：7-11.

郑炜超. 电解水喷雾对蛋鸡舍空气中粉尘和微生物的影响机制研究[D]. 北京：中国农业大学，2013.

中国养殖网. 饮水对猪发育的影响[J]. 养殖与饲料，2013(10)：49.

中华人民共和国国家质量监督检验检疫总局，中国国家标准化管理委员会. 规模猪场环境参数及环境管理[S]：GB/T 17824.3—2008，2008.

钟德刚. 猪场消毒剂的选择与正确消毒方法[J]. 浙江畜牧兽医，2020，45(3)：31-33.

Allende A，McEvoy J，Tao Y，et al. Antimicrobial effect of acidified sodium chlorite，sodium chlorite，sodium hypochlorite，and citric acid on Escherichia coli O157：H7 and natural microflora of fresh-cut cilantro[J]. Food Control，2009，20(3)：230-234.

Allepuz A，Martín-Valls G E，Casal J，et al. Development of a risk assessment tool for improving biosecurity on pig farms[J]. Preventive Veterinary Medicine，2018，153：56-63.

Andersen I L，Bøe K E，Hove K. Behavioural and physiolgical thermoregulation in groups of pregnant sows housed in a kennel system at low temperatures[J]. Canadian Journal of Animal Science，2000，80(1)：1-8.

Augspurger N R，Ellis M. Weighing affects short-term feeding patterns of growing-finishing pigs[J]. Canadian Journal of Animal Science，2002，82(3)：445-448.

Baxter M R，Schwaller C E. Space requirements for sows in confinement. In：Baxter S H，Baxter M R，MacCormack J A D. Farm Animal Housing and Welfare[C]. The Hague，The Netherlands：Martinus Nijhoff，1983，181-195.

Bea W, Gallmann E, Hartung E, et al. Ethological evaluation of an alternative housing system for fattening pigs. In: Swine housing-Proceedings of the First International Conference[C]. St Joseph, Michigan, USA: American Society of Agricultural Engineers, 2000,54-61.

Beattie V E, Connell N E O, Moss B W. Influence of environmental enrichment on the behavior, performance and meat quality of domestic pigs[J]. Livestock Production Science, 2000,65:71-79.

Beattie V E, Walker N, Sneddon I A. Effects of environmental enrichment on behaviour and productivity of growing pigs[J]. Animal Welfare, 1995,4(3):207-220.

Bergeron R, Gonyou H W. Effects of increasing energy intake and foraging behaviours on the development of stereotypies in pregnant sows[J]. Applied Animal Behaviour Science, 1997,53(4):259-270.

Berry R J, Lewis N J. The effect of duration and temperature of simulated transport on the performance of early-weaned piglets[J]. Canadian Journal of Animal Science, 2001,81(2):199-204.

Blackshaw J K, Thomas F J, Lee J. The effect of a fixed or free toy on the growth rate and aggressive behaviour of weaned pigs and the influence of hierarchy on initial investigation of toys Applied Animal[J]. Behaviour Science, 1997,53:203-212.

Bradshaw R H, Parrott R F, Goode J A, et al. Behavioural and hormonal responses of pigs during transport: effect of mixing and duration of journey[J]. Animal Science, 1996,62(3):547-554.

Broom D M. Welfare assessment and welfare problem areas during handling and transport. In: Grandin T. Livestock handling and transport (2nd edition)[C]. Wallingford, UK: CAB International, 2000,43-61.

Cao W, Zhu Z W, Shi Z X, et al. Efficiency of slightly acidic electrolyzed water for inactivation of Salmonella Enteritidis and its contaminated shell eggs[J]. International Journal of Food Microbiology, 2009,130(2):88-93.

CIGR. Climatization of Animal Houses, Report of working group on climatisation of animal houses, Report of working group. Aberdeen, Scotland, 1984.

Coutellier L, Arnould C, Boissy A, et al. Pig's responses to repeated social regrouping and relocation during the growing-finishing period[J]. Applied Animal Behaviour Science, 2007,105(1-3):102-114.

Cui X D, Shang Y C, Shi Z X, et al. Physicochemical properties and bactericidal efficiency of neutral and acidic electrolyzed water under different storage conditions[J]. Journa of Food Engineering, 2009,91(4):582-586.

De Lorenzi G, Borella L, Alborali G L, et al. African swine fever: A review of cleaning and disinfection procedures in commercial pig holdings[J]. Research in Veterinary Science, 2020,132:262-267.

EC Working Group on Transport of Farm Animals. Report of the Scientific Veterinary Commission on Animal Welfare Section, VI/3404/92, Brussels: EC, 1992.

Ekkel E D, Spoolder H A M, Hulsegge I, et al. Lying characteristics as determinants for space requirements in pigs[J]. Applied Animal Behaviour Science, 2003,80(1):19-30.

Essén-Gustavsson B, Lundstrom K, Larsson G, et al. The effect during growth of moderate exercise on muscle metabolic characteristics in vivo and reaction to meat quality and sensory qualities[C]. Procs 34th International Congress of Meat Science and Technology Brisbane, Australia, 1988,27-30.

European Commission. Council Directive 2001/93/EC of 9 November 2001, amending Directive 91/630/EEC laying down minimum standards for the protection of pigs. Brussels: EC, 2001.

Evans A. Variability in growers a great expense[J]. Pig Progress, 2002,18(5):29-32.

Feddes J J R, Fraser D. Non-nutritive chewing by pigs: implications for tail-biting and behavioral enrichment[J]. Transactions of the ASAE, 1994,37:947-950.

Forghani F, Oh D H. Hurdle enhancement of slightly acidic electrolyzed water antimicrobial efficacy on

Chinese cabbage, lettuce, sesame leaf and spinach using ultrasonication and water wash [J]. Food Microbiology, 2013,36(1):40-45.

Fraser A F, Broom D M. Farm Animal Behaviour and Welfare[M]. Baillière Tindall, London. 1990.

Fukuzaki S. Mechanisms of actions of sodium hypochlorite in cleaning and disinfection processes[J]. Biocontrol Science , 2006,11(4):147-157.

Geers R, Bleus E, Vanschie T, et al. Transport of pigs different with respect to the halothane gene: stress assessment[J]. Journal of Animal Science, 1994,72(10):2552-2558.

Gil M I, Selma M V, López-Gálvez F, et al. Fresh-cut product sanitation and wash water disinfection: problems and solutions[J]. International Journal of Food Microbiology, 2009,134(1-2):37-45.

Gonzalez J, Macgregor-Skinner G. Dangerous Viral Pathogens of Animal Origin: Risk and Biosecurity in: SING A. Zoonoses-Infections Affecting Humans and Animals[M]. Focus on Public Health Aspects. Dordrecht: Springer Netherlands, 2015:1015-1062.

Hao X X, Shen Z Q, Wang J L, et al. In vitro inactivation of porcine reproductive and respiratory syndrome virus and pseudorabies virus by slightly acidic electrolyzed water[J]. Veterinary Journal, 2013,197(2):297-301.

Huang Y R, Hung Y C, Hsu S Y, et al. Application of electrolyzed water in the food industry[J]. Food Control, 2008,19(4):329-345.

Issa-Zacharia A, Kamitani Y, Tiisekwa A, et al. In vitro inactivation of Escherichia coli, Staphylococcus aureus and Salmonella spp. using slightly acidic electrolyzed water [J]. Journal of Bioscience and Bioengineering, 2010,110(3):308-313.

Justino E, Nääs I A, Carvalho T M R, et al. The impact of evaporative cooling on the thermoregulation and sensible heat loss of sows during farrowing[J]. Engenharia Agrícola, 2014,34,1050-1061.

Kashiha M, Bahr C, Ott S, et al. Automatic weight estimation of individual pigs using image analysis [J]. Computers and Electronics in Agriculture, 2014,107:38-44.

Keskinen L A, Burke A, Annous B A. Efficacy of chlorine, acidic electrolyzed water and aqueous chlorine dioxide solutions to decontaminate Escherichia coli O157:H7 from lettuce leaves[J]. International Journal of Food Microbiology, 2009,132(2-3):134-140.

Laanen M, Persoons D, Ribbens S, et al. Relationship between biosecurity and production/antimicrobial treatment characteristics in pig herds[J]. The Veterinary Journal, 2013,198(2):508-512.

Lambooij E, Geverink N A, Broom D M, et al. Pig welfare. Quantifying pigs' welfare using behavioural parameters[J]. Meat Focus international, 1995,4(11):453-456.

Lambooij E. Transport of pigs. In: Grandin T(Eds). Livestock handling and transport (2nd edition) [C]. Wallingford, UK: CAB International, 2000,275-296.

Lambooy E, Engel B. Transport of slaughter pigs by truck over a long distance: some aspects of loading density and ventilation[J]. Livestock Production Science, 1991,28(2):163-174.

Li Y Z, Johnston L J. Behavior and performance of pigs previously housed in large groups[J]. Journal of Animal Science, 2009,87(4):1472-1478.

Lopes R, Kruse A B, Nielsen L R, et al. Additive Bayesian Network analysis of associations between antimicrobial consumption, biosecurity, vaccination and productivity in Danish sow herds[J]. Preventive Veterinary Medicine, 2019,169:104702.

Mcglone J J, Salak J L, Lumpkin E A, et al. Shipping stress and social status effects on pig performance, plasma cortisol, natural killer cell activity, and leukocyte numbers [J]. Journal of Animal Science, 1993,71(4):888-896.

Minagawa H, Hosono D. A light projection method to estimate pig height[D]. 2000.

Montagne L, Boudry G, Favier C, et al. Main intestinal markers associated with the changes in gut architecture and function in piglets after weaning[J]. British Journal of Nutrition, 2007,97(1):45-57.

Morgan C A, Deans L A, Lawrence A B, et al. The effects of straw bedding on the feeding and social behaviour of growing pigs fed by means of single-space feeders[J]. Applied Animal Behaviour Science, 1998,58:23-33.

Nan S J, Li Y Y, Li B M, et al. Effect of slightly acidic electrolyzed water for inactivating Escherichia coli O157: H7 and Staphylococcus aureus analyzed by transmission electron microscopy[J]. Journal of Food Protection, 2010,73(12):2211-2216.

National Pork Board (NPB). Swine Care Handbook. Des Monies, IA, USA: NPB, 2003,1-34.

Pearce G P, Paterson A M. The effect of space restriction and provision of toys during rearing on the behaviour, productivity and physiology of male pigs[J]. Applied Animal Behaviour Science, 1993,36(1):11-28.

Peden R, Akaichi F, Camerlink I, et al. Pig farmers' willingness to pay for management strategies to reduce aggression between pigs[J]. PLOS ONE, 2019,14(11):e224924.

Perin J, Gaggini T S, Manica S, et al. Evaporative snout cooling system on the performance of lactating sows and their litters in a subtropical region[J]. Ciência Rural, 2016,46,342-347.

Perremans S, Randall J M, Allegaert L, et al. Influence of Vertical Vibration on Heart Rate of pigs [J]. Journal of Animal Science, 1998,76(2):416-420.

Perremans S, Randall J M, Rombouts G, et al. Effect of whole-body vibration in the vertical axis on cortisol and adrenocorticotropic hormone levels in piglets[J]. Journal of Animal Science, 2001,79(4):975-981.

Pérez M P, Palacio J, Santolaria M P, et al. Effect of transport time on welfare and meat quality in pigs [J]. Meat Science, 2002,61(4):425-433.

Rahman S M E, Ding T, Oh D H. Effectiveness of low concentration electrolyzed water to inactivate foodborne pathogens under different environmental conditions [J]. International Journal of Food Microbiology, 2010,139(3):147-153.

Robertson I D. Disease Control, Prevention and On-Farm Biosecurity: The Role of Veterinary Epidemiology[J]. Engineering, 2020,6(1):20-25.

Saha C K, Zhang G, Kai P, et al. Effects of a partial pit ventilation system on indoor air quality and ammonia emission from a fattening pig room[J]. Biosystems Engineering, 2010,105(3):279-287.

Simon-Grifé M, Martín-Valls G E, Vilar M J, et al. Biosecurity practices in Spanish pig herds: Perceptions of farmers and veterinarians of the most important biosecurity measures[J]. Preventive Veterinary Medicine, 2013,110(2):223-231.

Sousa Junior V R, Sabino L A, Moura D J, et al. Application of computational fluid dynamics on a study in swine facilities with mechanical ventilation system[J]. Scientia Agricola, 2018,75(3):173-183.

Stolba A, Wood-Gush D G M. The behaviour of pigs in a semi-natural environment[J]. Animal Production, 1989,48(2):419-425.

Stygar A H, Chantziaras I, Toppari I, et al. High biosecurity and welfare standards in fattening pig farms are associated with reduced antimicrobial use[J]. Animal, 2020,14(10):2178-2186.

Suwannakhun S, Daungmala P. Estimating Pig Weight with Digital Image Processing using Deep Learning. In:2018 14th International Conference on Signal-Image Technology & Internet-Based Systems (SITIS) [C]. Beijing, China: IEEE, 2018:320-326.

Villanova N, Azpiroz F, Malagelada J R. Perception and gut reflexes induced by stimulation of gastrointestinal thermoreceptors in humans[J]. Journal of Physiology, 1997,502(1):215-222.

Wang Y, Yang W, Winter P, et al. Walk-through weighing of pigs using machine vision and an artificial neural network[J]. Biosystems Engineering, 2008,100(1):117-125.

Warriss P D, Brown S N, Gade P B, et al. An analysis of data relating to pig carcass quality and indices of stress collected in the European Union[J]. Meat Science, 1998,49(2):137-144.

Warriss P D. The welfare of slaughter pigs during transport[J]. Animal Welfare, 1998,7(4):365-381.

Wechsler B, Bachmann I. A sequential analysis of eliminative behaviour in domestic pigs[J]. Applied Animal Behaviour Science, 1998,56(1):29-36.

Wood-Gush D G M, Jensen P, Algers B. Behaviour of pigs in a novel semi—natural environment[J]. Biology of Behviour, 1990,15(2):62-73.

Ye Z Y, Wang S, Chen T, et al. Inactivation mechanism of Escherichia coli induced by slightly acidic electrolyzed water[J]. Scientific Reports, 2017,7:6279.

Yoshifumi H. Improvement of the electrolysis equipment and application of slightly acidic electrolyzed water for dairy farming[J]. Journal of the Japanese Society of Agricultural Machinery, 2003,65(1):27-29.

Zeng X P, Tang W W, Ye G Q, et al. Studies on Disinfection Mechanism of Electrolyzed Oxidizing Water on *E.coli* and Staphylococcus aureus[J]. Journal of Food Science, 2010,75(5):253-260.

Zonderland J J, Vermeer H M, Ter Avest A, et al. Measuring a pig's preference for suspended toys by using an automated recording technique. In: Proceedings of the International Symposium of the CIGR Animal Welfare Considerations in Livestock Housing Systems, 2nd Technical Section[C], 2001,147-156.